全国高等院校新能源专业规划教材

全国普通高等教育新能源类"十三五"精品规划教材

风能转换原理与技术

Principles and Technology for Wind Energy Conversion

主　编　田　德

副主编　汪建文　许　昌　邢作霞　李　岩

U0238391

中国水利水电出版社

www.waterpub.com.cn

·北京·

内 容 提 要

本书主要内容包括绪论、风特性与风资源、风电机组、风电场建设、风电并网技术、海上风力发电等。本书的特点是遵循国际和国家标准，坚持理论与工程实际相结合，体现风能转换原理与技术的系统性和完整性，重点突出风能转换的理论基础。

本书既可作为普通高等院校新能源科学与工程本科生的教材，也可作为新能源专业教师、科研人员和工程技术人员参考书。

图书在版编目（CIP）数据

风能转换原理与技术 / 田德主编. -- 北京：中国
水利水电出版社，2018.6(2023.1重印)
全国高等院校新能源专业规划教材　全国普通高等教
育新能源类"十三五"精品规划教材
ISBN 978-7-5170-6541-8

Ⅰ．①风… Ⅱ．①田… Ⅲ．①风力发电－高等学校－
教材 Ⅳ．①TM614

中国版本图书馆CIP数据核字(2018)第128505号

书　名	全国高等院校新能源专业规划教材 全国普通高等教育新能源类"十三五"精品规划教材 **风能转换原理与技术** FENGNENG ZHUANHUAN YUANLI YU JISHU
作　者	主　编　田　德 副主编　汪建文　许　昌　邢作霞　李　岩
出版发行	中国水利水电出版社 （北京市海淀区玉渊潭南路1号D座　100038） 网址：www.waterpub.com.cn E-mail：sales@mwr.gov.cn 电话：(010) 68545888（营销中心）
经　售	北京科水图书销售有限公司 电话：(010) 68545874、63202643 全国各地新华书店和相关出版物销售网点
排　版	中国水利水电出版社微机排版中心
印　刷	天津嘉恒印务有限公司
规　格	184mm×260mm　16开本　14.75印张　350千字
版　次	2018年6月第1版　2023年1月第2次印刷
印　数	3001—4500册
定　价	**49.00元**

丛 书 编 委 会

本 书 编 委 会

主　　编：田　德（华北电力大学）

副 主 编：汪建文（内蒙古工业大学）

许　昌（河海大学）

邢作霞（沈阳工业大学）

李　岩（东北农业大学）

编写人员：（按姓氏笔画排序）

王绍龙（华北理工大学）

邓　英（华北电力大学）

冯　放（东北农业大学）

邢军强（沈阳工程学院）

孙育宏（华能新能源股份有限公司广东分公司）

李　莉（华北电力大学）

李林敏（河海大学）

陈　静（华北电力大学）

孟鹏飞（华能新能源股份有限公司广东分公司）

钟淋涓（河海大学）

温彩凤（内蒙古工业大学）

丛 书 前 言

总算不负大家几年来的辛苦付出，终于到了该为这套教材写篇短序的时候了。

这套全国高等院校新能源专业规划教材、全国普通高等教育新能源类"十三五"精品规划教材建设的缘起，要追溯到 2009 年我国启动的国家战略性新兴产业发展计划，当时国家提出了要大力发展包括新能源在内的七大战略性新兴产业。经过不到十年的发展，我国新能源产业实现了重大跨越，成为全球新能源产业的领跑者。2016 年国务院印发的《"十三五"国家战略性新兴产业发展规划》，提出要把战略性新兴产业摆在经济社会发展更加突出的位置，强调要大幅提升新能源的应用比例，推动新能源成为支柱产业。

产业的飞速发展导致人才需求量的急剧增加。根据联合国环境规划署 2008 年发布的《绿色工作：在低碳、可持续发展的世界实现体面劳动》，2006 年全球新能源产业提供的工作岗位超过 230 万个，而根据国际可再生能源署发布的报告，2017 年仅我国可再生能源产业提供的就业岗位就达到了 388 万个。

为配合国家战略，2010 年教育部首次在高校设置国家战略性新兴产业相关专业，并批准华北电力大学、华中科技大学和中南大学等 11 所高校开设"新能源科学与工程"专业，截至 2017 年，全国开设该专业的高校已超过 100 所。

上述背景决定了新能源专业的建设无法复制传统的专业建设模式，在专业建设初期，面临着既缺乏参照又缺少支撑的局面。面对这种挑战，2013 年华北电力大学力邀多所开设该专业的高校，召开了一次专业建设研讨会，共商如何推进专业建设。以此次会议为契机，40 余所高校联合成立了"全国新能源科学与工程专业联盟"（简称联盟），联盟成立后发展迅速，目前已有近百所高校加入。

联盟成立后将教材建设列为头等大事，2015 年联盟在华北电力大学召开了首次教材建设研讨会。会议确定了教材建设总的指导思想：全面贯彻党的教育方针和科教兴国战略，广泛吸收新能源科学研究和教学改革的最新成果，认真对标中国工程教育专业认证标准，使人才培养更好地适应国家战略性新兴产业的发展需要。同时，提出了"专业共性课＋方向特色课"的新能源专业课程体系建设思路，并由此确定了教材建设两步走的计划：第一步以建设新能源各个专业方向通用的共性课程教材为核心；第二步以建设专业方向特色课程教材为重点。此次会议还确定了第一批拟建设的教材及主编。同时，通过专家投票的方式，选定中国水利水电出版社作为教材建设的合作出版机构。在这次会议的基础上，联盟又于 2016 年在北京工业大学召开了教材建设推进会，讨论和审定了各部教材的编写大纲，确定了编写任务分工，由此教材正式进入编写阶段。

按照上述指导思想和建设思路，首批组织出版 9 部教材：面向大一学生编写了《新能源科学与工程专业导论》，以帮助学生建立对专业的整体认知，并激发他们的专业学习兴趣；围绕太阳能、风能和生物质能 3 大新能源产业，以能量转换为核心，分别编写了《太阳能转换原理与技术》《风能转换原理与技术》《生物质能转化原理与技术》；鉴于储能技术在新能源发展过程中的重要作用，编写了《储能原理与技术》；按照工程专业认证标准对本科毕业生提出的"理解并掌握工程管理原理与经济决策方法"以及"能够理解和评价针对复杂工程问题的工程实践对环境、社会可持续发展的影响"两项要求，分别编写了《新能源技术经济学》《能源与环境》；根据实践能力培养需要，编写了《光伏发电实验实训教程》《智能微电网技术与实验系统》。

　　首批 9 部教材的出版，只是这套系列教材建设迈出的第一步。在教育信息化和"新工科"建设背景下，教材建设必须突破单纯依赖纸媒教材的局面，所以，联盟将在这套纸媒教材建设的基础上，充分利用互联网，继续实施数字化教学资源建设，并为此搭建了两个数字教学资源平台：新能源教学资源网（http：//www.creeu.org）和新能源发电内容服务平台（http：//www.yn931.com）。

　　在我国高等教育进入新时代的大背景下，联盟将紧跟国家能源战略需求，坚持立德树人的根本使命，继续探索多学科交叉融合支撑教材建设的途径，力争打造出精品教材，为创造有利于新能源卓越人才成长的环境、更好地培养高素质的新能源专业人才奠定更加坚实的基础。有鉴于此，新能源专业教材建设永远在路上！

丛书编委会

2018 年 1 月

本 书 前 言

    风能在世界范围内作为一种清洁的替代能源，已经实现商业化应用，对于保证能源安全，减排温室气体，保护生态环境，具有重要促进作用。

    在"全国新能源科学与工程专业联盟"的组织下，在中国水利水电出版社的大力支持下，本教材由全国风能行业的知名专家教授共同编写完成。本教材能适应国家战略性新兴产业的发展需要，吸收了风能行业科学研究与工程技术开发的最新成果，坚持理论与工程实际相结合，突出基础性、系统性和完整性。

    本教材共6章。第1章为绪论，包括风电发展历程、风电特点、风电系统、风电现状与发展趋势；第2章为风特性与风资源，包括风的形成、大气边界层风特性、风特性的测量、风能资源评估；第3章为风电机组，包括风电机组分类、风电机组结构与工作原理、风能转换原理、风电机组控制和安全保护、垂直轴风电机组；第4章为风电场建设，包括风电场规划与选址、风电场设计与施工、风电场的运行与维护、风电场后评价；第5章为风电并网技术，包括风电场电力系统、风电场数学模型、风电并网对电力系统的影响；第6章为海上风力发电，包括海上风能利用特点、海上风电机组、海上风电场、海上风电场运行与维护等。

    本教材有田德任主编，汪建文、许昌、邢作霞、李岩任副主编。第1章由田德、汪建文、温彩凤、陈静编写；第2章由李莉编写；第3章由田德、李岩、王绍龙、冯放、邓英、陈静编写；第4章由许昌、李莉、孟鹏飞、孙育宏编写；第5章由邢作霞、邢军强编写；第6章由许昌、李林敏、钟淋涓编写。全书由田德统稿。

    本书在编写过程中，参考了国内外有关文献资料，在此谨向相关文献资料的作者表示诚挚的谢意。

    本书为普通高等院校新能源科学与工程专业本科生教材，并可供有关专业教师、科研人员和工程技术人员参考。

    由于编者水平所限，书中难免存在疏漏与不足之处，诚请广大同行和读者批评指正。

编者

2018 年 1 月

目　　录

第 1 章 绪论

1.1 风电发展历程

1. 全球风电发展

人类对风能的利用可以追溯到公元前，已有数千年的历史。在蒸汽机发明以前，风能曾作为重要的动力，其最早的利用方式是"风帆行舟"。约在几千年前，古埃及人的风帆船在尼罗河上航行，中国在商代出现了帆船。风车的起源可追溯到 3000 年前，人们利用风车灌溉田地、磨面、舂米，一直持续到了 19 世纪。

将风能用于发电的设想源于 1887 年，提出这种设想的是美国电力工业奠基者之一的查尔斯 F. 布拉什（1849—1929 年）。1887—1888 年冬，查尔斯 F. 布拉什在美国俄亥俄州的克里夫兰安装了一台被认为是第一台用于发电的自动运行的风电机组，其叶轮直径达到 17m，并有 144 个材质为雪松木的叶片，采用 12kW 的直流发电机，输出电压为 70V。虽然这个风电机组是个庞然大物，但由于其转速很低，发电功率仅为 12kW，因此在其运行的 20 年间，仅仅被用来为地窖里的蓄电池充电。

随后，丹麦气象学家保罗·拉·库尔（1846—1908 年）发现叶片数少且快速转动的风电机组的发电效率要远高于低转速的风电机组。1891 年，他成功研制出了第一台四叶片的风电机组，将其发出的电力用于电解生产氢气，供瓦斯灯使用。1897 年，他又发明了两台实验风电机组，安装在丹麦的 Askov Folk 高中。保罗·拉·库尔同样也是现代风电机组空气动力学的鼻祖，他建造了一个属于他自己的风洞来对风电机组进行空气动力学实验。

此后，保罗·拉·库尔的设计理念在一定范围内得到了应用，到 1908 年为止，丹麦已建成数百个小型风力发电站，其额定功率为 5～25kW 不等。而到了 1918 年，丹麦已经约有 120 台单机容量为 20～35kW 的风电机组，均采用保罗·拉·库尔的设计理念，总装机容量达到 3MW，发电量约占当时丹麦总电力消耗量的 3%。

1919 年，德国物理学家艾伯特·贝茨（1885—1968 年）对风轮空气动力学进行了深入研究，提出了贝茨理论，指出在理想情况下风能所能转换成动能的极限比值约为 59.3%，为现代风电机组空气动力学奠定了基础。

1931 年，法国一位名叫乔治斯·达里厄的工程师发明了一种升力型垂直轴风电机组，称为达里厄（Darrieus）风电机组。但一直未得到重视，直到 20 世纪 60 年代末才开始引起注意。

　　20世纪40年代前后，在第二次世界大战期间，丹麦工程公司 F. L. 史密斯在波波岛上安装了一批两叶片和三叶片的风电机组，仍旧采用的是直流发电机，用于给小岛供电。1950年，约翰尼斯·尤尔在丹麦的 Vester Egesborg 发明了世界上第一台交流风电机组。1951年，约翰尼斯·尤尔将波波岛安装的采用直流发电机的风电机组用35kW的交流异步发电机所取代，成为世界上第二台交流风电机组。

　　1957年在丹麦南部的盖瑟海岸，约翰尼斯·尤尔为 SEAS 电力公司安装了盖瑟风电机组，其功率以及达到200kW，三叶片，上风向，具有电动机械偏航、交流异步发电机和失速型叶片等结构，并实现了并网发电。盖瑟风电机组是失速调节型风电机组，约翰尼斯·尤尔发明了紧急气动叶尖刹车，在风电机组过速时通过离心力的作用释放。这种结构的风电机组被称为"丹麦概念风电机组"，被认为是现代风电机组的设计先驱。这台风电机组在随后的很多年内一直保持着世界最大风电机组的地位。它在无需维护的情况下，运行了11年，风电机组的机舱和风轮现在收藏于丹麦比耶灵布罗电力博物馆中。

　　在上述半个多世纪里，由于内燃机的广泛使用，人类开始大规模开发利用化石能源，使用化石燃料的发电机组成为主要的电力来源。风电由于高成本和低效率的缺点，没有被广泛应用。直到20世纪70年代，世界范围内爆发了两次石油危机，使发达国家意识到化石能源终将消耗殆尽，必须大力开发可再生能源，以丹麦、美国、德国、英国、瑞典为代表的欧美国家纷纷加大对风能的研究，建立风电机组试验场对样机进行测试，政府也出台相关补贴的激励政策来促进风电技术的研究与发展，风电由小型逐渐向大中型发展。20世纪80年代初期，美国加利福尼亚出现风电装机热潮，建成早期的风电场，拉动了风电机组制造业的发展。

　　20世纪80年代后，制造商开始设计具有独特风格的风电机组。许多设计都是以古典盖瑟风电机组或古典低转速多叶片的美国"风能玫瑰"的经验为基础，但大部分都只有为5～11kW。与此不同的是 Tvind 2 MW 风电机组，它是一台下风向变速风电机组，风轮直径为54m，发电机为同步发电机。最后，经过不断的研究与验证，由盖瑟风电机组改良的古典三叶片、上风向风电机组设计获得了最大的认可，在激烈的竞争中成为赢家。随着风力发电技术逐渐成熟起来，丹麦一些农用机械生产商，如维斯塔斯、Nordtank 和 Bonus 等开始涉足风电产业，进行风电设备的制造，并很快在风电行业占据了主导地位，为之后风电大规模的发展奠定了基础。

　　20世纪90年代后，现代风力发电技术开始发展起来，风电日益走向商业规模化并网运行，风电的装机容量开始以平均每年20%以上的速度增长，成为当时世界上各种能源中增长最快的一种。到20世纪末，全球的风电装机容量已达到13600MW，主要风电机组容量有300kW、600kW、750kW、850kW、1MW、1.5MW 等。1995年，恩德公司制造了世界上第一台兆瓦级风电机组，维斯塔斯1.5MW风电机组的样机也于1996年研制出来，自此风电机组逐渐向着更大的单机容量发展起来。与此同时，海上风电机组也开始进入研究阶段，丹麦、荷兰和瑞典首先完成了样机的研制，通过对样机的试验，获得了海上风电机组的工作经验。1991年丹麦在温讷比建成了世界上第一个海上风电场，由11台单机容量为450kW的风电机组组成，总装机容量为4.95MW，经过25年多的运行后，温讷比海上风电场已于2017年退役。

进入 21 世纪以后，全球经济发展较快，能源需求不断增长，同时环境污染问题日益突出，风电以其清洁、无污染、可再生的优势和成熟的技术条件，成为最具有潜在开发价值的能源之一。目前，三叶片、上风向、水平轴、变速变桨距等兆瓦级大型风电机组已成为主流，同时海上风电也已经走向了兆瓦级以上风电机组商业应用阶段。2002 年，欧洲 5 个海上风电场的建设，功率为 1.5～2MW 的风电机组向公共电网输送电力，开始了海上风电机组发展的新阶段。2010 年，英国 Thanet 海上风电场，总装机容量达到 300MW，安装了 100 台 3MW 的维斯塔斯风电机组，为英国成为全球最大海上风电市场奠定了基础。2013 年建成的英国伦敦矩阵海上风电场，由德国西门子公司的 175 台 3.6MW 风电机组组成，总装机容量为 630MW，现在依旧保持着世界最大海上风电场的地位。据世界风能协会统计，截至 2017 年底，全球风电市场新增装机容量 52.57GW，累计装机容量达到 539.58GW；全球海上风电新增装机容量达到 4.3GW，累计装机容量达到 18.81GW，实现创纪录突破。

2. 中国风电发展

中国风电技术的研究始于 20 世纪 70 年代末，主要是从离网型小风电机组的研发推广开始的。在国家相关部门的支持下，经过对国外先进技术的不断学习，实现了 55kW 以下的小型风电机组的应用和推广，成为离网型风电机组的主力，解决了农村无电地区的电力供应问题，对保证边远地区的居民基本生活用电做出了巨大贡献。

20 世纪 80 年代，中国在研发离网型小型风电机组的经验上，开始了对大型风电机组技术的研究。1977 年，首次成功研制出单机容量为 18kW 的 FD-13-18 中型风电机组，并在浙江嵊泗岛茶园子镇上实施并网安装；1986 年，中国第一个并网型风电场在山东省荣城建成投运，马兰风力发电场的建成，意味着中国商业风力发电场开始进入运营，其引进维斯塔斯公司生产的 3 台 55kW 的风电机组；同年 10 月，福建省平潭风电场建成，安装了比利时 Windmaster 公司的 4 台 200kW 风电机组。

1990 年以来，为了促进风电并网的发展，中国政府推出了一系列的风电发展支持政策，风电技术不断提升，风电装机容量和并网容量不断提高。1994 年，新疆达坂城风电总装机容量达 10.1MW，成为中国第一个装机容量达到万千瓦级的风电场，其最大单机容量为 500kW。1996 年，原中华人民共和国国家计划委员会推出的"乘风计划""双加工程""国债风电项目"，使中国风电事业正式进入大规模发展阶段。

从 2003 年开始，中华人民共和国国家发展与改革委员会（以下简称国家发改委）开始实施风电特许权招标项目，2005 年《中华人民共和国可再生能源法》颁布，2006 年，国家又陆续颁布一系列配套法规和实施细则，这些法律法规为促进可再生能源产业的快速发展起到了重要的推动作用，中国风电也步入了快速增长时期。2008 年以后，中国风电实现了逐年翻番式增长，2008 年新增装机容量增速为 85.87%，而 2009 年新增装机容量增速达到 124.29%。该阶段风电的高速发展，形成了中国自主创新的风电机组研发技术，提升了中国在国际风电技术市场上的竞争力。

2010 年以后，风电增速逐渐放缓，2011 年，风电新增装机容量增速降至 48%，进入稳定发展阶段。随着陆上风电的发展，中国大型兆瓦级海上风力发电技术逐渐成熟。2010 年，中国第一个海上风电场——上海东海大桥海上风电场实现并网发电，总装机容量

102MW，全部采用中国自主研发的 3MW 海上风电机组，标志着中国海上风电技术的成熟，为之后的大规模发展海上风电奠定了基础。2018 年 6 月 30 日，作为当时亚洲最大容量海上风电场的滨海风电场实现并网发电，总装机容量 400MW，共安装 100 台 4MW 风力发电机组。

截至 2017 年，中国风电新增装机容量为 1966 万 kW，累计装机容量达到 1.88 亿 kW，继续位居世界首位。其中，海上风电新增装机容量为 116 万 kW，累计总装机容量达到 279 万 kW，排名全球第三，仅次于英国和德国。风电已成为中国继煤电、水电之后的第三大电力来源。

1.2 风 电 特 点

1.2.1 风能的特点

风能是一种可再生的清洁能源。风电产业规模化发展对提高可再生清洁能源在能源结构中的比例，加强节能减排、低碳经济增长、能源安全起到重大作用。此外，风电经济效益较好，资源有效性较高，且商业化潜力较大，近年来得到了各国政府、科研机构、高等院校和企业的高度关注，成为世界范围内发展较快的新能源之一。

风的能量来源于太阳辐射。太阳光以热辐射的形式将能量带到地表，地表各处受热不均产生温差，大气中的对流换热过程是形成风的主要原因。太阳辐射的光和热是风取之不尽的动力源泉，故风能作为可再生清洁能源为人们提供了一种新的能源利用形式。

1. 风能的优点

（1）储量大。据世界气象组织有关专家估算，在全球范围内，风能总功率为 1.3×10^{15} W，平均每年约有 1.14×10^{16} kW·h 的风能，相当于目前能源消费水平全世界每年化石燃料燃烧总量的 3000 倍左右。

（2）可再生。风能是太阳能的一种转化能源。太阳内部氢元素间发生核聚变，释放出大量光和热，这就是太阳能风能的来源。根据科学家测算，氢核稳定燃烧时间可达 60 亿年以上，也就是说太阳能至少还可以像现在这样近乎无期限地被利用。故人们常以"取之不尽，用之不竭"来形容太阳能和风能利用的长久性。

（3）分布广。一般将 10m 高处、密度大于 $150 \sim 200$ W/m² 的风能称为有利用价值的风能，其覆盖了全世界约 2/3 的地区。与化石燃料、水能和地热能等其他能源相比，其分布相对广泛。风电系统可根据实际需要配置相应的装机容量，便于风能分散利用。

（4）无污染。化石燃料在使用过程中会产生大量有害物质，使人类赖以生存的环境受到破坏和污染。风能的开发利用避免了传统能源导致的空气污染，保护生态环境，是一种清洁安全的能源。

2. 风能的缺点

（1）密度低。这是风能的一个重要缺陷。由于空气本身的密度极低，而风能来源于空气流动，因此风携带的能量密度也很低，只有水能的 1/816。风能能量密度低的缺陷给风能利用带来诸多不便。

（2）不稳定。由于气流瞬息万变，风的脉动、月变化、季变化以及年变化都十分明显，因此具有波动性、间歇性、随机性和明显的不稳定性。

（3）地区差异大。由于受地形影响，风能的地区差异性非常明显。两个临近区域，一个有利地形的风能往往是不利地形风能的几倍甚至几十倍。

虽然具有上述不可避免的缺点，风能仍具有巨大的发展优势与潜力。

风能是地球上最重要的能源之一。据世界气象组织估计，虽然到达地球的太阳能中大约只有2%转化为风能，但其总量仍十分可观，整个地球上可以利用的风能为$2\times10^7\,MW$，为地球上可利用水能总量的10倍。且风资源可转化的能量远远超过人类迄今为止所能控制的所有能量的总和。全世界每年燃烧煤炭所能得到的能量还不及风能的1%。全球风电已形成年产值超过50亿美元的产业，特别近几十年来随着社会进步与经济迅猛发展，风电这一风能利用形式已越来越受到世界各国的高度重视。

1.2.2　世界风能资源分布

世界上的风能资源十分丰富，根据世界气象组织相关资料统计，每年来自外层空间的辐射能约为$1.5\times10^{18}\,kW\cdot h$，其中2.5%，即$3.8\times10^{16}\,kW\cdot h$的能量被大气吸收，产生大约$4.3\times10^{12}\,kW\cdot h$的风能，远远超过全世界火电厂年产总电量。

由于风能资源受地形影响很大，世界风能多集中在沿海及开阔大陆收缩的地带，如加利福尼亚州沿岸和北欧一些国家。世界气象组织发表过全世界风能资源估计分布表（表1.1），按平均风能密度和相应的年平均风速将全世界风能资源分为10个等级。8级以上的风能高值区，主要分布于南半球中高纬度洋面和北半球的北大西洋。北太平洋以及北冰洋的中高纬度部分洋面、陆地风能一般不超过7级，其中以美国西部、西北欧沿岸、乌拉尔山顶部和黑海地区等多风地带较大。

表 1.1　　　　　　　　　　世界风能资源估计分布表

国家和地区	陆地面积/km^2	风力为3~7级所占的面积/km^2	风力为3~7级所占的比例/%
北美	19339	7876	40.7
拉丁美洲和加勒比	18482	3310	17.9
西欧	4742	1968	41.5
东欧和独联体	23049	6783	29.4
中东和北非	8142	2566	31.5
撒哈拉以南非洲	7255	2209	30.4
太平洋地区	21354	4188	19.6
中国	9597	1056	11.0
中亚和南非	4299	243	5.6
总计	116259	30199	26.0

1.2.3　中国风能资源及分布

中国风能资源特点之一是明显的季节性，主要表现在夏季匮乏，春秋冬三季较为丰富。这是由于中国大陆主要受季风影响明显，春、冬两季风速较大且持续时间长，故风能资源较为丰富。

中国风能资源另一个特点是地理分布不均。在中国大陆北方地区有非常丰富的风能资源，但其电力负荷较少，导致风能建设得不到有效发展；而沿海地区对电力需求较大，但陆地面积稀少制约了丰富风资源的有效利用，尽管海上风力发电弥补了一些不足，仍存在较多风能资源浪费的情况。总体上，很多地区风能利用效率低，没有形成规模化开发。

1. 三级区划指标

中国幅员辽阔，海岸线长，风能资源比较丰富。据国家气象局估算，全国风能密度为 $100W/m^2$，风能资源总储量约 $1.6×10^5 MW$，特别是东南沿海及附近岛屿、内蒙古和甘肃走廊、东北、西北、华北和青藏高原等部分地区，每年风速在 $3m/s$ 以上的时间有近 $4000h$ 左右，一些地区年平均风速可达 $6～7m/s$ 以上，具有很大的开发利用价值。国家气象局专家对中国风能区域划分采用三级区域指标体系。

（1）第一级区划指标。主要考虑有效风能密度大小和全年有效累积小时数。将年平均有效风能密度大于 $200W/m^2$、风速 $3～20m/s$ 的年累积小时数大于 $5000h$ 的地区划为风能丰富区，用"Ⅰ"表示；将年平均有效风能密度 $150～200W/m^2$、风速 $3～20m/s$ 的年累积小时数在 $3000～5000h$ 的地区划为风能较丰富区，用"Ⅱ"表示；将年平均有效风能密度 $50～150W/m^2$、风速 $3～20m/s$ 的年累积小时数在 $2000～3000h$ 的地区划为风能可利用区，用"Ⅲ"表示；将年平均有效风能密度 $50W/m^2$ 以下、风速 $3～20m/s$ 的年累积小时数在 $2000h$ 以下的地区划为风能贫乏区，用"Ⅳ"表示。另外，在代表这 4 个区的罗马数字后面加大写英文字母，表示各个地理区域。

（2）第二级区划指标。主要考虑一年四季中各季风能密度和有效风速出现小时数的分配情况。利用 1961—1970 年每日 4 次定时观测的风速资料，先将 483 个气象站风速大于等于 $3m/s$ 的有效风速小时数点连成年变化曲线。然后，将变化趋势一致的归在一起，作为一个区。再将各季有效风速累积小时数相加，按大小次序排列。这里，春季指 3—5 月，夏季指 6—8 月，秋季指 9—11 月，冬季指 12 月至翌年 2 月。分别以"1""2""3""4"表示春、夏、秋、冬四季，如果春季有效风速（包括有效风能）出现小时数最多，冬季次多，则用"14"表示；如果秋季最多，夏季次多，则用"32"表示；其余依此类推。

（3）第三级区划指标。风电机组最大设计风速一般取当地最大风速。在此风速下，要求风电机组能抵抗垂直于风向平面上所受压力，使风电机组保持稳定、安全，不致产生倾斜或被破坏。由于风电机组寿命一般为 $20～30$ 年，为了安全，取 30 年一遇最大风速值作为最大设计风速（国家标准规定取 50 年一遇最大风速值作为最大设计风速）。

2. 4 级风速

根据中国建筑结构规范规定，"以一般空旷平坦地面、离地 $10m$ 高、30 年一遇、

10min 平均最大风速"作为计算标准,计算了全国 700 多个气象台及气象站 30 年内的最大风速。按照风速,将全国划分为 4 级:风速在 35～40m/s 以上(瞬时风速为 50～60m/s),为特强最大设计风速,称特强压型;风速 30～35m/s(瞬时风速为 40～50m/s),为强设计风速,称强压型;风速 25～30m/s(瞬时风速为 30～40m/s),为中等最大设计风速,称中压型;风速 25m/s 以下,为弱最大设计风速,称弱压型。4 个等级分别以字母 a、b、c、d 表示。

3. 风能资源划分

根据上述原则,可将中国风能资源划分为 4 个大区、30 个小区。各区的地理位置如下:

(1) I 区:风能丰富区。I A34a——东南沿海及台湾岛屿和南海群岛秋冬特强压型;I A21b——海南岛南部夏春强压型;I A14b——山东、辽东沿海春冬强压型;I B12b——内蒙古北部以西和锡林郭勒盟春夏强压型;I B14b——内蒙古阴山到大兴安岭以北春冬强压型;I C13b-c——松花江下游春秋强中压型。

(2) II 区:风能较丰富区。II D34b——东南沿海(离海岸 20～50km)秋冬强压型;II D14a——海南岛东部春冬特强压型;II D14b——渤海沿海春冬强压型;II D34a——台湾东部秋冬特强压型;II E13b——东北平原春秋强压型;II E14b——内蒙古南部春冬强压型;II E12b——河西走廊及其邻近春夏强压型;II E21b——新疆北部的夏春强压型;II F12b——青藏高原春夏强压型。

(3) III 区:风能可利用区。III G43b——福建沿海(离海岸 50～100km)和广东沿海冬秋强压型;III G14a——广西沿海及雷州半岛春冬特强压型;III H13b——大小兴安岭山地春秋强压型;III I12c——辽河流域和苏北春夏中压型;III I14c——黄河、长江中下游春冬中压型;III I31c——湖南、湖北和江西秋春中压型;III I12c——新疆、陕西、甘肃、青海、宁夏以及西北的一部分、青藏的东部和南部春夏中压型;III I14c——四川西南和云贵的北部春冬中压型。

(4) IV:风能欠缺区。IV J12d——四川、甘南、陕西、鄂西、湘西和贵北春夏弱压型;IV J14d——南岭山地以北冬春弱压型;IV J43d——南岭山地以南的冬秋弱压型;IV J14d——云贵南部春冬弱压型;IV K14d——雅鲁藏布江河谷春冬弱压型;IV K12c——昌都地区春夏中压型;IV L12c——塔里木盆地西部春夏中压型。

1.2.4　风电的优势与不足

当前中国风电装机容量较大,但在中国电源总装机容量中所占的比例依然很小,风能利用在中国依然有相当大的发展前景。风力发电被广泛关注并且不断发展,主要有以下方面原因:

(1) 可再生、无污染。风能资源取之不尽用之不绝,利用风力发电可以减少环境污染,节省煤炭、石油等常规能源。

(2) 建设周期短。一个万千瓦级的风电场建设期不到一年。

(3) 装机规模灵活。可根据当下的资金情况决定。装机的规模,有一台风电机组的资金就可安装投产一台。

（4）可靠性高。把现代科技应用于风电机组可使风力发电可靠性大大提高。中大型风电机组可靠性从 20 世纪 80 年代的 50％提高到 98％，高于火力发电，并且机组寿命可达 20 年。

（5）造价低。从国外建成的风电场看，单位千瓦造价和单位千瓦时电价都低于火力发电，和常规能源发电相比具有竞争力。

（6）运行维护简单。现在中大型风电机组自动化水平很高，由于采用了远程监控技术，实现了风电机组自诊断功能，安全措施更加完善，并且实现了单台风电机组独立控制，多级群控和遥控，完全可以无人值守，只需定期进行必要的维护，不存在火力发电中的大修问题。

（7）实际占地面积小。据统计，风电机组监控、变电等建筑仅占火电场 1％的土地。

（8）发电方式多样化。风电既可并网运行，也可与其他能源，如柴油发电、太阳能发电、水力发电等组成互补系统，还可以独立运行，对于边远无电地区的用电问题提供了多种解决方案。

此外，风力发电仍存在以下问题：

（1）风力发电较强的地域性。由于风能受天气、气候、地形和海陆等影响很大，在空间和时间分布上有非常明显的地域性和时间性，所以选择品位较高的风电场是有规律可循的。国际上规定年平均风速 6m/s、7m/s、8m/s，分别为一般、较佳、最佳风电场。也就是说风电场最低风速为年平均风速在 6m/s 以上，中国 2000 多个气象台站，气象台站测得年平均风速在 6m/s 以上，再排除高山站外，所剩无几，选址仍是很突出的问题。

（2）"弃风率"高。中国的弃风情况比其他国家严重得多。2011 年的有些省电力公司的数据显示，有 10％～20％的电量未能并入电网，仅仅一年之后，这个比例在部分地区已经超过 50％。反观美国，德州电力可行性委员会公布的数据显示，该州弃风比例在 2009 年达到顶峰，为 17％，而到 2012 年则大减至 3.7％。造成如此巨大差距的原因有两个：一是中国对煤炭的过度依赖，导致适应电力产能变化的能力有限而迟缓，逐渐增加的燃煤电厂让这个现象愈加明显；二是自 2006 年实施"上大压小"政策以来，新的燃煤电厂都被设计成热电联供，即能同时满足居民供暖和工业用电需求，所以在风力强劲的冬季夜晚，为保障居民家中的温度，燃煤电厂的最小输出提高了，风电的空间随之被压缩。

（3）对环境的影响。陆上风电场对环境的不利影响主要包括水环境影响、大气环境影响、噪声影响、固体废弃物影响、电磁环境影响、生态影响、鸟类及其生境影响等内容。

1）水环境影响。陆上风电场水环境影响主要来自施工废水和生活污水，由于污废水量较小，影响程度有限。

2）大气环境影响。陆上风电场大气环境影响主要来自施工车辆机械废气和扬尘。

3）噪声影响。陆上风电场的噪声影响分为施工期和营运期。施工期施工机械的运行和车辆运输产生的噪声会对周围声环境造成恶劣影响。营运期风电机组运转和升压站变压器等设备运行时产生的噪声均会对周围声环境造成影响。

4）固体废弃物影响。陆上风电场固体废弃物影响主要来自土方开挖和平整场地多余的弃土弃渣和施工人员及运行人员产生的生活垃圾。

5）电磁环境影响。陆上风电场电磁辐射影响包括升压变电站和输电线路两部分，风电场在运行过程中产生的电磁辐射及无线电干扰对当地居民、无线电和电视等设备影响较小。

6）生态影响。陆上风电场建设对生态环境的影响主要表现为施工期地基开控、施工道路、取土场、弃土场、施工机械车辆碾压及风电机组基础压占等对风电场周边地区地表植被的破坏以及由此引发的水土流失；对风电场周围土地利用格局的影响；对动物、植物物种迁移的阻隔的影响等。

7）鸟类及其生境影响。陆上风电场对鸟类的影响主要包括对周边鸟类栖息、觅食的影响，鸟类碰撞风电机组致死的影响，风电机组对直接迁徙过境鸟类迁飞的影响等方面。陆上风电场对鸟类生境的影响应分析施工期和营运期可能扰动和占用的鸟类生境类型，特别是特定鸟种生境类型，并分析影响范围、面积。

1.3 风 电 系 统

1.3.1 风电场系统

风电场是将多台并网型风电机组安装在风力资源好的场地，按照地形和主风向排成阵列，组成机群向电网供电。风电场一般由电气系统、风电场建筑设施和风电场组织机构三部分构成。其中，风电场电气系统由电气一次系统和电气二次系统组成。风电场电气一次系统由风电机组、集电系统（包括无功补偿装置）、升压变电站及场内用电系统组成，主要用于能量生产、变换、分配、传输和消耗；风电场电气二次系统由电气二次设备如熔断器、控制开关、继电器、控制电缆等组成，主要对一次设备如发电机、变压器、电动机、开关等进行监测、控制、调节和保护等。风电场建筑设施包括场内各种土建工程项目，如管理、运行与维护人员办公、生活建筑及道路等。风电场组织机构是风电场运行与维护的管理部门。

随着风电机组单机容量的不断增加，风电场的装机容量也在大幅增长，尤其是中国，规划了若干千万千瓦级的风电基地，形成了集中的、大规模的风电场群。在技术方面，风资源评估、风电机组设计、风电场规划、海上风电场开发等都是有待提高和急需深入研究的领域。

随着陆地可用风场的逐步减少，人们将目光转向海上风电场开发，且已经开始了大容量风电机组的开发。另外，更精细化的风资源评估软件正在研发之中，为保障风电的快速发展，电网建设也是人们关注的重要内容。

风电场按其所处位置可分为陆地风电场、海上风电场和空中风电场三种类型。其中陆地风电场和海上风电场发电技术日趋成熟，商业化运营效果显著。

1. 陆地风电场

陆地风电场一般设在风资源良好的丘陵、山脊或者海边。陆地风电场的发电技术较成熟。

2. 海上风电场

海上风电场位于海洋中。海上的平均风速相对较高，风电机组的风能利用率远远高于陆地风电场。因此，海上风电场大多采用兆瓦级风电机组，但在海上风电场的安装及维护费用要比陆地风电场高。陆地风电场与海上风电场最根本的区别就是基础结构。中国的海洋风能资源丰富，具有开发利用风电的良好市场条件和巨大资源潜力，其发展速度较为迅速。

简单来说，海上风电发展可以分为风电场阶段和风电机组阶段两个阶段。在风电场阶段，各台风电机组所发的电通过一条各阵列间的连接线汇集起来，输送到一个或几个海上风电场变电站。所发的电采用交流电（AC）或直流电（DC）的形式，通过海底输电线路，输送到陆上。

早期的海上风电场多建在距离海岸 10km 以内，水深不到 20m 的地方。随着此类区域逐步用完，新的海上风电场已移至离岸更远、水更深的区域。例如，全球在建的最大风电场之一，英国的道格海岸（Dogger Bank）风电场，建在距离海岸 100km 以外的海面上，目前，选址最长的离岸距离为 260km。通常来说，建设离岸更远、更大的风电场能够取得更高的能源获得率，以及更高的经济回报。

未来，在海上风电开发中，扩大风电场规模，增加风电场的离岸距离，都将是不可避免的。为了降低对浅水水域的依赖，利用更远、更深的海上水域的风能，已经提议采用漂浮式风电机组。而且，漂浮式风电机组也取得了较好的发展和突破。漂浮式风电机组技术尽管在近几年取得了跨越式发展，但仍然存在诸多问题，例如负载应力降低、设计边际计算、运行稳定性等。这些问题都有待解决，以实现漂浮式风电机组实用性。

3. 空中风电场

大约在 4500m 以上的高空中存在一种稳定的高速气流，若能用风电机组加以利用会获得很高的风功率。高空风电机组即气囊式发电装置的外观像飞机机翼下的涡轮发动机，发电机的外层是圆筒状的气囊，其中充满了比空气轻很多的氦气，这样它就可以悬浮在空中，因此也被称为气囊式发电机。

气囊式发电机的发电部件和地面风电机组一样，主要是一个装有数个叶片是的涡轮。当高空狂风推着涡轮转动时，就能产生电能。有一根细长的电线与发电机相连，电能顺着电线传输到地面。与固定在地面的风电机组相比，这种设计令高空风电机组能够移动，拽着电线的一头，就像收风筝那样，便可轻松地把发电机拉到地面上。然后放掉气囊中的氦气，把气囊折叠起来，发电机就可以很方便地被运送到其他急需的地方。可见空中气囊式发电装置具有便捷、稳定、环保等特点。

在空中风电场这一领域仍面临着很多的障碍和挑战，对于空中风电场的技术研发还是处于初级阶段，有待深入探索。

1.3.2　风电机组系统

风力发电系统主要由风轮、齿轮箱、发电机、以及由变流器等设备构成的电控系统组成。风电机组系统，首先通过风轮捕获波动的风能并转换为旋转的机械能，再由发电机将机械能转换为电能后经由变压器馈入电网。

风轮由叶片、轮毂和变桨系统组成，是吸收风能的单元，用于将空气的动能转换为叶轮转动的机械能。叶片具有空气动力外形，在气流作用下产生力矩驱动风轮转动，通过轮毂将转矩输入到主传动系统。轮毂的作用是将叶片固定在一起，并且承受叶片上传递的各种载荷，然后传递到发电机转动轴上。

齿轮箱作为风电机组中一个重要的机械部件，其主要功用是将风轮在风力作用下所产生的动力传递给发电机。使用齿轮箱，可以将风电机组转子上的较低转速、较高转矩，转换为用于发电机上的较高转速、较低转矩。

发电机将叶轮转动的机械动能转换为电能输送给电网。与其他发电形式相比，风电机组使用的发电机类型较多，既可采用笼型、绕线型的异步发电机，也有采用电励磁或永磁的同步发电机。

风电机组的电控系统贯穿于风电机组的每个部分，相当于风力发电系统的神经。电控系统主要包括主控系统、变流器、变桨和偏航控制系统，由控制柜、变流柜、机舱控制柜、变桨柜、传感器和连接电缆等组成。其主要作用是保证风电机组的可靠运行，获取最大风能转化效率，以及提供良好的电力质量。其控制系统的作用包括正常运行控制、安全保护、运行状态监测等三方面。

1.4 风电现状与发展趋势

1.4.1 全球风电产业发展情况

2018年2月14日，全球风能理事会发布了全球风电市场年度统计报告，如图1.1、图1.2所示。具体数据见表1.2～表1.4。报告统计：2017年全球市场新增装机容量52.49GW，累计装机容量达到539.77GW。其中，欧洲、印度和海上风电装机容量实现创纪录突破。而2017年中国风电增速放缓，实现了19.5GW装机。

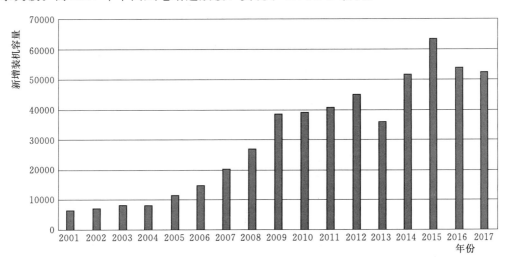

图1.1 2001—2017年全球风电年新增装机容量（单位：MW）（数据来源：CWEA）

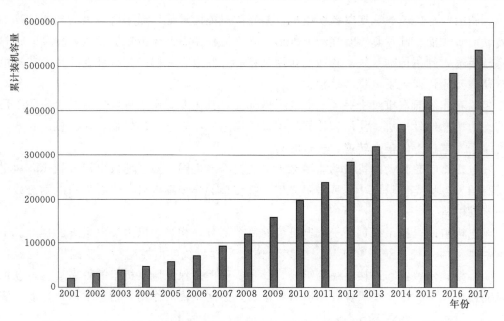

图 1.2　2001—2017 年全球风电累计装机容量（单位：MW）（数据来源：CWEA）

表 1.2　　　　　　　　　　2017 年全球风电装机容量在各大洲的分布　　　　　　　　单位：MW

地区	截至 2016 年底累计装机	2017 年新增装机	截至 2017 年底累计装机
亚洲	204281	24412	228693
欧洲	161342	16803	178145
北美洲	97485	7836	105321
南美和加勒比	15312	2578	17890
非洲加中东	3911	618	4529
大洋洲	4948	245	5193
全球总计	487279	52492	539771

注：数据来源：CWEA。

表 1.3　　　　　　　　　2017 年全球新增装机容量排名前十的国家

序号	国　　家	装机容量/MW	占全球比例/%
1	中国	19500	37
2	美国	7017	13
3	德国	6581	13
4	印度	4270	8
5	巴西	4148	8
6	法国	2022	4
7	土耳其	1694	3
8	荷兰	766	1
9	英国	478	1
10	加拿大	467	1

注：数据来源：CWEA。

表1.4	2017年全球累计装机容量排名前十的国家		
序号	国　　家	装机容量/MW	占全球比例/%
1	中国	188232	35
2	美国	89077	17
3	德国	56132	10
4	印度	32848	6
5	西班牙	23170	4
6	英国	18872	3
7	法国	13759	3
8	巴西	12763	2
9	加拿大	12239	2
10	意大利	9479	2

注：数据来源：CWEA。

全球风能理事会秘书长史蒂夫·索耶表示：2017年的装机容量数据显示，风电是一个日渐成熟的产业，正在转型成为一个以市场为基础的系统，成功地与接受补贴的化石燃料发电技术进行竞争，而某些国家在完全转向商业化和市场基础系统的过程中还有一些政策上的差距，2017年的数据反映了这一点，这也将会在2018年的装机容量数据中显现出来。

风电是目前最具价格竞争优势的风能转换技术之一，伴随风电与光伏复合系统，以及更加复杂的电网管理系统和价格日益下降的储能系统的出现，这一切都正在描绘一个完全商业化、无化石能源电力系统的绿色能源未来景象。此外，海上和陆上风电价格在不同的市场中呈现日益下降趋势，在摩洛哥、印度、墨西哥和加拿大，风电价格在0.03美分/（kW·h）左右，其中墨西哥最近的招标价格更是降到0.02美分/（kW·h）。而2017年，在德国的招标项目中出现了全球首个"无需补贴"的海上风电项目，这一项目的装机容量达到1GW，该项目的电价将不会超过传统电力市场的批发价格。

在亚洲，中国继续引领亚洲风电发展；虽然印度2017年新增装机实现了强劲增长，但由于缺乏政策延续性，印度2018年的风电增长前景堪忧；巴基斯坦、泰国、越南等的新增装机都显著增长；亚洲其他国家，如日本和韩国，也出现不同程度的增长幅度。

欧洲风电实现创纪录突破，其中德国新增装机容量超过6GW，英国的装机增速也非常强劲，紧随其后的是法国市场的重振，芬兰、比利时、爱尔兰和克罗地亚都突破了装机容量纪录，此外，欧洲海上风电装机容量超过3GW的成绩也预示着海上风电的宏伟未来。

美洲一直注重风电技术发展。尤其2017年美国市场以7.1GW装机容量再次经历了强劲增长的一年，同时在建项目数据显示未来几年的装机容量增长也将非常稳健，大型贸易企业购买可再生能源的行为进一步推进新能源市场发展，这其中不乏脍炙人口的品牌，如：谷歌、苹果、耐克、脸书、沃尔玛、微软等，美国越来越多公司与风电、光伏电站签署购电协议；此外，加拿大和墨西哥2017年都经历了平稳增长：在加拿大，阿尔伯塔州新政府将为风电的发展带来新希望；在墨西哥，坚实政策基础将确保未来十年风电的持续稳健增长。

在拉丁美洲，巴西引领区域市场装机容量实现了 2GW 的增长。乌拉圭在实现其电力系统 100% 可再生能源的目标上又走出了坚实一步。阿根廷在 2016—2017 年完成的招标将从 2018 年开始实现实质性的风电装机容量增长态势。

在非洲和中东地区，过去一年风电快速发展，但是真正带来实际装机容量的国家仅限南非，其中 621MW 实现并网发电。肯尼亚和摩洛哥也有装机项目完成，并将在 2018 年完成并网。

相比之下，大洋洲相对沉寂，澳大利亚 2017 年新增装机容量 245MW，很多风电新项目在 2017 年签署，预计会在未来几年实现装机。

史蒂夫·索耶总结：风电电价的大幅下降正在给产业链的上下游带来巨大压力，挤压其利润空间，但是风电产业正在实现提供大量和低价可再生能源电力的承诺，高经济性是这一行业推动能源革命的必经之路。

1.4.2　中国风电产业发展情况

风电行业在 2005 年出台的国家发改委《关于风电建设管理有关要求的通知》（发改能源〔2005〕1204 号）中有关"风电设备国产化率要达到 70% 以上"等一系列要求的推动下，国内风电机组设备生产行业迅速壮大，2005 年至 2009 年中国新增风电装机容量始终保持着 80% 以上的年增长率。根据《关于取消风电工程项目采购设备国产化率要求的通知》（发改能源〔2009〕2991 号），尽管风电设备国产化率 70% 的要求已经取消，但经过多年发展，国内整机厂商已经具备了较强竞争力。

2008 年以后，中国风电行业实现了逐年翻倍式增长，2008 年新增装机容量增长 85.87%，而 2009 年新增装机容量增长 124.29%。然而，在风电场大规模发展的同时，风电本地消纳能力不足、调峰困难、输送通道有限、产能过剩等问题逐步显现。2011 年，风电行业步入低谷，"弃风限电"成为行业阵痛期的主题。2011 年中国新增风电装机容量首次出现萎缩，2012 年中国弃风率创下历史最高的 17.12%，新增风电装机容量更是同比减少 26.49%。此外，风电行业的过度发展引发了众多问题，诸如风电机组脱网事故频发、产能严重过剩等问题。2011 年上半年，国家发改委收回风电项目的审批权，要求各省核准风电项目前须先向国家能源局上报核准计划，通过限制项目审批以遏制地方政府冲动，缓解风电过剩的产能风险。2011 年至 2013 年，风电行业经历了大规模整合，缺乏竞争力的企业遭到淘汰，余下企业更加关注自主研发以提升自身竞争实力，在此过程中整个行业逐渐走向成熟，进入稳定有序的增长阶段。

自 2013 年 5 月起，国务院将核准企业投资风电场项目的权限下放到地方政府，国家能源局也为未来数年设定了较高规划装机容量，这些举措正不断开拓行业发展前景。风电项目审批权的下放说明风电行业开始走向成熟，市场调节开始发挥作用。相比于之前"有条件"的下放，2013 年 5 月起，5 万 kW 及以上风电项目的审批权也被下放，大型风电项目核准权首次归于地方。根据 2014 年 10 月 19 日发布的《中国风电发展路线 2050》（2014版），预计中国 2020—2030 年年均新增装机容量将达 20GW，2030—2050 年年均新增装机容量将达 30GW。按正常发展情况，到 2020 年、2030 年和 2050 年，风电累计装机容量将分别达到 200GW、400GW 和 1000GW。

此外，2008—2017年，中国累计装机容量从743MW增长至188GW，占全球风电累计装机总量的35%。2017年，全国新增装机容量19.5GW，同比下降15.9%；累计装机容量达到188GW，同比增长11.7%，增速放缓，如图1.3所示。

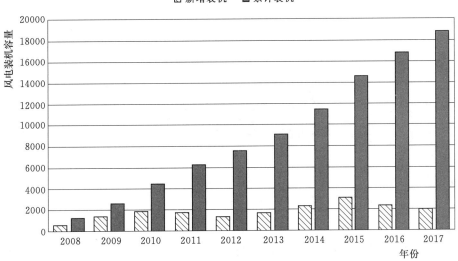

图 1.3　2008—2017年中国新增和累计风电装机容量
（单位：万 kW）（数据来源：CWEA）

2017年，中国六大区域的风电新增装机容量所占比例分别为华北25%、中南23%、华东23%、西北17%、西南9%、东北3%。"三北"地区新增装机容量占比为45%，中东南部地区新增装机容量占比达到55%。与2016年相比，2017年中国中南地区出现增长，同比增长44%，新增装机容量占比增长至23%；中南地区主要增长的省份有：湖南、河南、广西、广东。另外，西北、西南、东北、华北、华东装机容量同比均出现下降，西北、西南同比下降均超过40%，东北同比下降32%，华北同比下降9%，华东同比下降5%（图1.4、图1.5）。

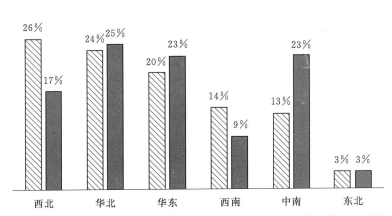

图 1.4　2016—2017年中国各区域新增风电装机容量对比（数据来源：CWEA）

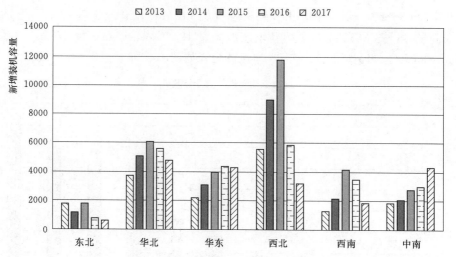

图 1.5　2013—2017 年中国各区域风电新增装机容量趋势

（单位：MW）（数据来源：CWEA）

　　如图 1.6～图 1.9 所示，2017 年，中国新增的风电机组平均功率为 2.1MW，同比增长 8％；截至 2017 年底，累计安装的风电机组平均功率为 1.7MW，同比增长 2.6％。据统计 2017 年，中国新增风电机组中，2MW 以下（不含 2MW）装机容量市场占比达到 7.3％，2MW 风电机组装机容量占全国新增装机容量的 59％，2～3MW（不包括 3MW）风电机组新增装机容量占比达到 85％。3～4MW（不包括 4MW）风电机组新增装机容量占比达到 2.9％，4MW 及以上风电机组新增装机容量占比达到 4.7％。与 2016 年相比，变化幅度较大，其中 2.1～2.9MW 风电机组市场份额增长了 11％；1.5MW 风电机组市场份额下降了 11％～6.2％。截至 2017 年底，中国已安装风电机组中，2MW 以下（不含 2MW）累计装机容量市场占比达到 53.1％，其中，1.5MW 风电机组累计装机容量占总装机容量的 45.8％，同比下降约 5％；2MW 风电机组累计装机容量占比上升至 35％，

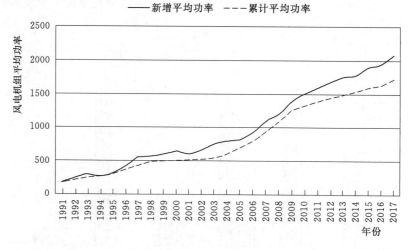

图 1.6　1991—2017 年中国新增和累计装机的风电机组平均功率变化趋势

（单位：kW）（数据来源：CWEA）

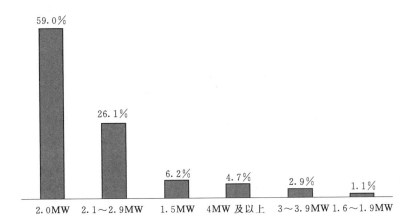

图 1.7 2017 年中国不同功率风电机组新增装机容量比例（数据来源：CWEA）

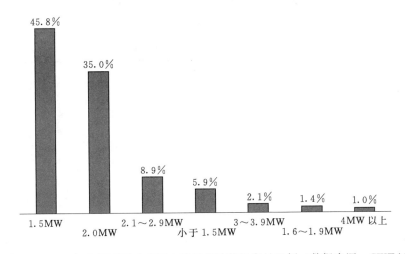

图 1.8 2017 年中国不同功率风电机组累计装机容量比例（数据来源：CWEA）

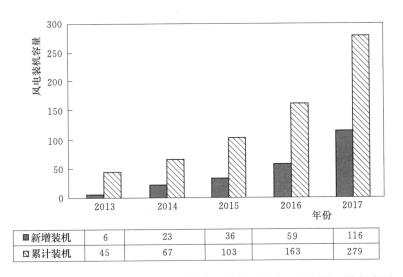

	2013	2014	2015	2016	2017
新增装机	6	23	36	59	116
累计装机	45	67	103	163	279

图 1.9 2013—2017 年中国海上风电新增和累计装机容量（单位：万 kW）（数据来源：CWEA）

同比上升约3％；2～3MW（不包括3MW）累计装机容量占比达到8.9％；3～4MW（不包括4MW）风电机组累计装机容量占比达到2.1％，4MW及以上风电机组累计装机容量占比达到1.0％。

依据CWEA所汇总数据（图1.9～图1.11，表1.5）：2017年中国海上风电取得突破进展，新增装机共319台，新增装机容量达到116万kW，同比增长97％，累计装机容量达到279万kW；2017年共有8家制造企业有新增装机，其中，上海电气新增装机最多，共吊装147台，装机容量为58.8万kW，占比达到50.5％；截至2017年底，海上风电机组整机制造企业共11家，其中累计装机容量达到15万kW以上的有上海电气、远景能源、金风科技、华锐风电，这4家企业海上风电机组累计装机容量占海上风电总装机容量的88％，并且上海电气以55％的市场份额遥遥领先；截至2017年底，在所有吊装的海上风电机组中，单机容量为4MW的风电机组最多，累计装机容量达到153万kW，占海上装机容量的55％；5MW风电机组装机容量累计达到20万kW，占海上总装机容量的7％；6MW风电机组吊装的仍是样机，尚未批量吊装。

表1.5 　　　　　　2017年中国风电制造企业海上风电新增装机容量

制 造 企 业	额定功率/kW	风电机组数/台	总装机容量/MW
上海电气集团股份有限公司（以下简称上海电气）	4000	147	588
新疆金风科技股份有限公司（以下简称金风科技）	2500	77	192.5
	3000	5	15
	3300	1	3.3
	金风科技汇总	83	210.8
远景能源（江苏）有限公司（以下简称远景能源）	4000	50	200
重庆海装风电设备有限公司（以下简称重庆海装）	5000	21	105
明阳智慧能源集团股份公司（以下简称明阳智能）	3000	10	30
国电联合动力技术有限公司（以下简称联合动力）	3000	5	15
太原重工股份有限公司（以下简称太原重工）	5000	2	10
中国东方电气集团有限公司（以下简称东方电气）	5000	1	5
总　计		319	1163.8

注：数据来源：CWEA。

从全球范围发展趋势来看，在当前可再生能源发电技术中，风电的技术进步和成本已达到预期水平，未来与常规能源电力相比具有一定经济竞争力。根据国家发改委能源研究所与国际能源署执行并发布的《中国风电发展路线图2050》（2014版），预计到2020年前后，风电规模将扩大，技术也更为成熟，风电机组单位成本有可能与煤电机组单位成本持

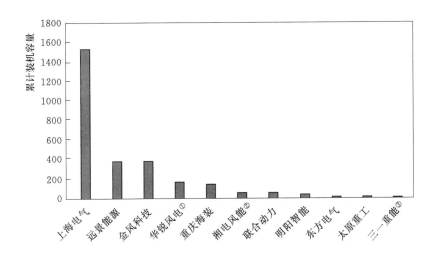

图 1.10　2017 年中国海上风电制造商累计装机容量（单位：MW）（数据来源：CWEA）

①—华锐风电科技（集团）股份有限公司（以下简称华锐风电）；②—湘电风能有限公司（以下简称湘电风能）；③—湖南三一重能有限公司（以下简称三一重能）

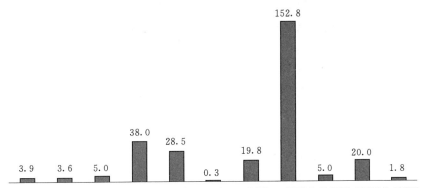

图 1.11　2017 年中国海上风电不同功率机组累计装机容量
（单位：万 kW）（数据来源：CWEA）

平。因此，风电机组价格、风电场投资和运行维护成本的降低将相应地降低风力发电成本。与此同时，还要考虑煤电价格上涨因素以及出台化石能源资源税（或环境税、碳税等）的可能性，预计 2020 年后，风电价格将低于煤电价格。因此，中国风电行业由于发电成本高而依赖国家补贴支持的风险将有望逐步减小。

1.4.3　风电机组制造企业的发展趋势

根据 FTI 报告显示（图 1.12），2017 年，全球新增风电机组共 2 万多台，装机容量达到 52GW，共由 46 家风电整机制造企业提供。在世界范围内排名前十五的制造企业中，中国企业有 8 家，分别为：金风科技第三（10.5%），远景能源第六（6.0%），明阳智能第八（4.7%），联合动力第十一（2.6%），重庆海装第十二（2.3%），上海电气第十三（2.1%），湘电风能第十四（1.8%），东方电气第十五（1.6%）。其他国家制造企业分别有：丹麦的维斯塔斯仍稳居全球第一（16.7%）；西门子歌美飒合并后全球排名升至第二（16.6%）；美国的 GE 风能退至第四（7.6%）；德国的爱纳康仍保持第五（6.6%），恩德第七（5.2%），森维安第九（3.7%）；印度的苏司兰位居第十（2.6%）。

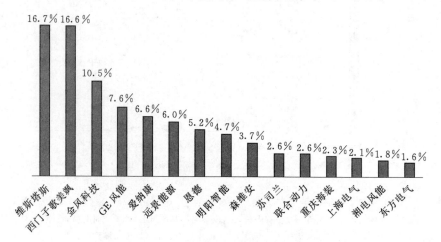

图 1.12　2017 年新增装机排名前十五家整机制造企业（数据来源：FTI）

纵观世界风电产业技术现实和前沿技术的发展，目前全球风电制造技术发展主要呈现如下特点：

（1）产业集中是总的趋势。2016 年，世界排名前十位的风电机组制造企业占据了全球 75% 的市场份额，其中仅丹麦维斯塔斯、美国 GE 风能、中国金风科技、西班牙歌美飒、德国爱纳康这前 5 家企业，就占据了世界 54.5% 市场份领。可以看出：世界风电机组制造企业形成了由十多家大型风电机组制造企业控制或垄断的局面。

近几年，风电设备制造企业之间的兼并、重组、收购愈演愈烈。例如：金风科技收购了德国湾色斯公司；湘电风能收购荷兰达尔文公司；连云港中复连众复合材料集团有限公司（以下简称中复连众）收购了德国 NOI 公司；中航惠腾风电设备有限公司（以下简称中航惠腾）2009 年收购了 CTC 叶片公司。此外，上海电气与西门子实现战略合作，大唐集团与华创风能有限公司（以下简称华创风能）实现战略重组，华创风能正式并入大唐集团序列。国内各大风电制造公司完成了产业布局，在主要市场集中地都建立了生产基地，一个大公司相当于多个公司的集成。

（2）水平轴风电机组技术成为主流。水平轴风电机组技术，因具有风能转换效率高、转轴较短等特点，以及在大型风电机组上具有显著的经济性等优点，使水平轴风电机组成为世界风电发展的主流机型，并占到 95% 以上的市场份额。同期垂直轴风电机组由于其全风向对风、变速装置及发电机可以置于风轮下方或地面等优点，国际上相关研究和开发也在不断进行并取得一定进展。但是由于其总体效率比较低，无论装机容量还是单机容量都比较小。

（3）风电机组单机容量持续增大。近年来，世界风电市场中风电机组的单机容量持续增大，随着单机容量不断增大和利用效率提高，世界上主流机型的装机容量已经从 2000 年的 500～1000kW 增加到 2017 年的 6～10MW。

中国主流机型的装机容量已经从 2005 年的 600～1000kW 增加到 2017 年的 1.5～3MW，2017 年中国陆地风电场安装的风电机组最大装机容量为 6MW。

近年来，海上风电场的开发进一步加快了大装机容量风电机组的发展，2017 年底世界上已运行的风电机组单机最大装机容量已达到 10MW，风轮直径达到 127m，并已经开始进行装机容量为 10～15MW 的风电机组的设计和制造。目前，华锐风电、金风科技、东云电气、联合动力、湘电风能、重庆海装等公司均在研制 12MW 或 13MW 的大容量风电机组。

（4）变桨变速功率调节技术的广泛采用。由于变桨距功率调节方式具有载荷控制平稳、安全高效等优点，近年在大型风电机组上被广泛采用。结合变桨距技术的应用以及电力电子技术的发展，大多风电机组开发制造厂商开始使用变速恒频技术，并开发出了变桨变速风电机组，使得在风能转换上有了进一步完善和提高。

（5）双馈异步发电技术仍占主导地位。以丹麦维斯塔斯公司的 V80、V90 为代表的双馈异步发电型变速风电机组，在国际风电市场中所占的份额最大。德国瑞能公司利用该技术开发的风电机组单机容量达到 5MW。西门子公司、德国恩德公司、西班牙歌美飒公司、美国 GE 风能公司和印度苏司兰公司都在生产双馈异步发电型变速风电机组。中国内资企业华锐风电、东方电气、联合动力、明阳智能等企业也在生产双馈异步发电型变速风电机组。

（6）直驱式、全功率变流技术得到迅速发展。无齿轮箱的直驱方式能有效地减少由于齿轮箱问题而造成的风电机组故障，可有效提高系统运行的可靠性和寿命，减少风电场维护成本，因而逐步得到了市场的青睐。中国新疆金风科技与德国湾色斯公司合作研制的 1.5MW 直驱式风电机组，已有上千台安装在风电场。金风科技研制的 2.5MW 直驱式风电机组已经批量投放国内外市场。金风科技在 2011 年、2012 年和 2013 年连续成为我国风电市场的第一大供应商。同时，湘电风能的 2MW 直驱风电机组也已大批量进入市场，5MW 直驱风电机组也已安装运行。其他如华创风能有限公司（以下简称华创风能）、广西银河艾迈迪斯风力发电有限公司（以下简称银河艾迈迪斯）、中国航天万源国际（集团）有限公司（以下简称航天万源）、山东瑞其能有限公司（以下简称瑞其能）等制造企业也开发研制了永磁直驱风电机组。而就 2013 年新增大型风电机组中，永磁直驱式风电机组约占 31%。

（7）智能化控制技术的应用。鉴于风电机组的极限载荷和疲劳载荷是影响风电机组及部件可靠性和寿命的主要因素之一，近年来，风电机组制造厂家与有关研究部门积极研究风电机组的最优运行和控制规律，通过采用智能化控制技术，与整机设计技术结合，努力减少和避免风电机组在极限载荷和疲劳载荷下运行，并逐步成为风电控制技术的主要发展方向。

（8）叶片技术发展趋势。随着风电机组尺寸的增大，叶片的长度也变得更长，为了使叶片的尖部不与塔架相碰，通常在长度大于 50m 的叶片上将广泛使用强化碳纤维材料，设计的主要思路是增加叶片的刚度。为了减少重力和保持频率，则需要降低叶片的重量。好的疲劳特性和好的减振结构有助于保证叶片长期的工作寿命。此外，额外的叶片状况检测设备将被开发出来并安装在风电机组上，以便在叶片结构中的裂纹发展成致命损坏之前或风电机组整机损坏之前警示操作者。对于陆上风电机组来说，这种检测设备不久就会成为必备品。

为了方便兆瓦级风电机组叶片的道路运输，某些公司已经把叶片制作成两段。例如德国爱纳康公司的 E126 6MW 风电机组的叶片由内、外两段叶片组成，靠近叶根的内段由钢制造，外包玻璃钢壳体形成气动形状表面。

智力材料例如压电材料将被使用，以使叶片的气动外形能够快速变化。为了减少叶片和整机上的疲劳载荷，可控制的尾缘小叶可能被逐步引入叶片市场。热塑材料的应用：艾尔姆玻璃纤维制品公司正开展一项耗资 800 万欧元的研究项目，目的是用玻璃钢、碳纤维和热塑材料的混合纱丝去制造叶片。一旦这种纱丝铺进模具，加热模具到一定温度后，塑料就会融化，并将纱丝转化为合成材料，这将使叶片生产时间缩短 50%。

（9）风电场建设和运营的技术水平日益提高。随着投资者对风电场建设前期的评估工作和建成后对运行质量越来越高的要求，国外已经针对风资源的测试与评估开发出了许多先进测试设备和评估软件。在风电场选址，特别是选址方面已经开发了商业化的应用软件，如 WAsP、GH WindFarm 等软件；在风电机组布局及电力输配电系统的设计上也开发出了成熟的软件，如 GH SCADA、AREVA T&D 与 E-terra wind 等软件。国外还对风电机组和风电场的短期及长期发电量预测做了很多研究，取得了重大进步，预测精确度可达 90% 以上。

（10）恶劣气候环境下的风电机组可靠性得到重视。中国北方的沙尘暴、低温、冰雪、雷暴，东南沿海的台风、盐雾，西南地区的高海拔等，这些恶劣地理特点、气候环境对风电机组造成很大影响，包括增加维护工作量，减少发电量，严重时还导致风电机组损坏。因此，在风电机组设计和运行时，必须具有一定的防范措施，以提高风电机组抗恶劣气候环境的能力，减少损失。因此，中国风电机组研发单位在防风沙、抗低温、防雷击、抗台风、防盐雾等方面逐步开展研究，以确保风电机组在恶劣气候条件下能可靠运行，提高发电量。

（11）低电压穿越技术得到应用。随着风电机组单机容量的不断增大和风电场规模的不断扩大，风电机组与电网间的相互影响已日趋严重。一旦电网发生故障迫使大面积风电机组因自身保护而脱网的话，将严重影响电力系统的运行稳定性。因此，随着接入电网的风电机组装机容量的不断增加，电网对其要求越来越高，通常情况下要求风电机组在电网故障出现电压跌落的情况下不脱网运行（fault ride—through），并在故障切除后能尽快帮助电力系统恢复稳定运行，也就是说，要求风电机组具有一定低电压穿越（low voltage ride—through，LVRT）能力。况且随着风电机组装机容量的不断增大，很多国家的电力系统运行导致对风电机组的低电压穿越（LVRT）能力做出了规定。因此，中国风电机组在电网电压跌落情况下，也必须采取应对措施，确保风电系统的安全运行并实现 LVRT 功能。目前，中国已有多家企业的风电机组产品通过了低电压穿越性能试验。

1.4.4 全球海上风电场建设情况

1. 全球海上风电场装机情况

表 1.6、表 1.7 中，2016 年，全球新增海上风电装机容量 221.9MW，全球累计安装

海上风电机组的装机容量为 1438.4MW，比 2015 年同比增长 18.2%，占全球风电累计装机容量的 2.6%。其中，欧洲新增 1558MW 海上风电装机容量。从表 1.8 可以看出，这 1558MW 的海上风电机组装机容量中，北国电力风电机组占 23%，东能源占 20.4%，全球基础设施合伙公司占 10.5%，西门子占 7.7%，Vattenfall 占 7.6%。

表 1.6   **2016 年全球各国海上风电装机情况**   单位：MW

国家	2015 累计	2016 新增	2016 累计
英国	510.0	5.6	515.6
德国	329.5	81.3	410.8
中国	103.5	59.2	162.7
丹麦	127.1	0.0	127.1
荷兰	42.7	69.1	111.8
比利时	71.2	0.0	71.2
瑞典	20.2	0.0	21.2
日本	5.3	0.7	6.0
韩国	0.5	3.0	3.5
芬兰	3.2	0.0	3.2
美国	0.0	3.0	3.0
爱尔兰	2.5	0.0	2.5
西班牙	0.5	0.0	0.5
挪威	0.2	0.0	0.2
葡萄牙	0.2	—0.2	0.0
合计	1216.6	221.7	1438.3

注：数据来源：CWEA。

表 1.7   **全球海上风电装机容量年度变化**

年度	2011	2012	2013	2014	2015	2016
累计装机容量/MW	4117	5415	7046	8759	12167	14384
累计装机增长率/%		31.5	30.1	24.3	38.9	18.2

注：数据来源：CWEA。

表 1.8   **2016 年欧洲海上风电机组制造商的业绩**

序号	公司名称	并网风电机组功率容量/MW	占欧洲新增并网机组容量的比例/%
1	北国电力	358.4	23
2	东能源	317.8	20.4
3	全球基础设施合伙公司	163.6	10.5
4	西门子	120.0	7.7
5	大瀑布电力	118.4	7.6

注：数据来源：CWEA。

2. 欧洲海上风电场向大型化发展

2013 年 7 月 4 日，伦敦矩阵风电场正式投入运营，该海上风电场位于泰晤士河口，距离肯特郡和埃塞克斯郡海岸约 20km。该项目由丹麦东能源公司和德国意昂能源集团公司等企业联合投资建设，安装了 175 台西门子风轮直径为 120m 的 3.6MW 海上风电机组，总功率达到 63 万 kW，是迄今为止世界上最大的海上风电场。

2013 年 8 月 26 日，德国在大西洋东北部北海的第一个大型商业风电场"巴尔德海上 1 号风电场"正式投入运营。该风电场位于距德国下萨克森州博尔库姆岛西北约百公里处的北海海域中，涉水深达到 40m，由德国下萨克森州埃姆登的风电园企业巴德公司建造，采用了巴德公司特有的地基设计理念，使每个发电设备都稳固地建在"三只脚"底座上，安装了 80 台 5MW 大型风电设备，总装机容量为 40 万 kW，全部并网发电将能满足至少 40 万户居民的日常用电需求。德国媒体表示，这是迄今为止世界上距岸最远、涉水最深的大型海上风电场。此外，2018 年，德国在北海还有 7 个风电场，大部分已于 2014 年投入运营，剩余也即将完工并投入使用。根据德国海上风电计划，到 2030 年，德国海上风电装机容量将达到 2500 万 kW，总投资预计为 750 亿欧元。

3. 欧洲海上风电场向深海领域发展

经研究表明，在欧洲沿海的深海区域建设浮动式风电机组能提高发电量，并可降低海上风电成本。新的浮动式海上风电机组在成本上能够与底部固定的深海风电机组相竞争，并在 2017 年之前投入市场。在欧洲目前有 4 个浮动式海上风电机组在进行测试，另外 3 个正在全球范围进行测试。

深海风电公司 CEO 杰弗里·格里勃斯基称，海上风电要比太阳能"便宜很多"，比如拟建的 1000MW 罗德岛海上风电场，电力成本将在 0.13～0.14 美元/(kW·h)，马萨诸塞州鳕鱼岬海上风电场的供电合同价格为 0.185 美元/(kW·h)，而罗德岛国家电网的 18 份太阳能供电合同价格则为 0.185～0.33 美元/(kW·h)。

此外，从 Prognos 公司和菲德内尔公司研究人员编制的《德国海上风电成本削减潜力》报告中得出：德国目前在北海和波罗的海投入运营的 400MW 海上风电成本约为 12.8～14.2 欧分/(kW·h) [即 0.169～0.188 美元/(kW·h)]；该报告估计，随着技术投入、运营科学化和维护成本降低，这些费用可下降 32%～39%，从而减少融资项目成本。该报告透露，在建项目有 200 万 kW，北海已获审批的项目有 400 万 kW，而波罗的海批准项目有 120 万 kW，到 2020 年，德国海上风电装机容量预计将达到 600 万～1000 万 kW。

欧洲风能协会（EWEA）最新发布报告显示，深海风电场将在 2030 年为欧洲创造 31.8 万人的就业，为 1.45 亿家庭提供电力，仅北海深海风电场的发电能力就足以满足整个欧盟的电力需求。

1.4.5　风电产业未来发展预测

从全球市场来看，风能产业发展方兴未艾。全球风能产业从探索阶段逐渐走向成熟，无论是制造商、开发商还是运营商，都有明显的国际化、大型化和一体化的趋势。2000 年后，全球发展最迅速的可再生能源是风能，其最主要利用形式是发电。

最近几年来，国际社会开始深入探讨可再生能源的未来长期发展前景和路径，领跑者主要集中在目前的发达国家。欧盟《2050 年能源路线图》提出到 2050 年可再生能源将占到全部能源消费的 55% 以上；德国《能源方案》提出到 2050 年可再生能源将占能源消费总量的 60% 和电力消费的 80%；英国能源与气候变化部在《2050 年能源气候发展路径分析》中探讨了远期可再生能源满足约 60% 能源需求的前景；美国能源部支持完成的《可再生能源电力未来研究》认为可再生能源能够满足 2050 年 80% 的电力需求。美国新增电力装机容量中，可再生能源也占到了 63%。

在良好政策的惠利下，世界多国风电行业皆迅速发展。美国领土面积较大，风资源也较好。从装机容量来看，到 2017 年底，风电装机容量达 89GW，位居全球第二。而美国风电市场增长主要依赖于税务减免以及可再生能源配额。欧盟国家早在 20 世纪 70 年代就在政府优惠政策扶持下，逐步形成了完整的风能产业链。在丹麦、荷兰等一些欧洲国家，因为其丰富的风能资源、风力发电技术发展比较早、风能产业也受到国家大力支持等，风力发电技术和设备制造业的发展在国际上逐步领先。高效的风能利用，增强了欧盟核心竞争力，使其在国际新能源格局中处于有利地位。截至 2015 年，欧盟风电装机容量达到了 100GW 的里程碑，凭借这一数据，欧盟进一步巩固了风力发电世界领先地位。欧洲花了大约 20 年时间才实现了最初 10GW 风电并网，但只用了 13 年，完成了后来的 90GW 风电并网，这 100GW 装机容量中有近一半是在 2010 年之后完成的。如此快速的增长符合欧盟应对气候变化的努力。预计到 2020 年实现欧盟能源 20% 来自太阳能、风能等可再生能源。截至 2017 年底，德国风电装机容量最大，为 56GW；西班牙为 23GW；法国为 13GW。在欧盟，虽然大多数装机容量为陆上风电，但是其海上风电的增长也很迅速，其中英国海上风电增速世界领先。尽管 100GW 装机容量只利用了欧洲丰富风能资源的小部分，但风电对欧洲能源安全和环境保护发挥了重大作用，还为欧洲创造了众多绿色就业机会和技术出口收益。在英国 18GW 的风电装机容量中，主要为海上风电。

由于风能低风险特点及世界各国对清洁可靠能源的需求，风能行业仍将会持续、多维地发展，具体预测趋势如下：

（1）风电的高速增长是由其越来越有竞争力的价格驱动，同时风电不受燃料价格波动影响，价格相对稳定，可提高能源安全性。风电（特别在中国等国家）可以帮助缓解大气污染，而大气污染问题在一些国家正在成为多数城市或地区面临的最大生存挑战。在亚洲、非洲和拉丁美洲，经济发展对清洁、可持续的本地能源需求可以不断地被风能所满足，这一趋势将在未来长期继续。

（2）世界风能协会预测 2018 年全球新增风电装机容量将达到 60GW。亚洲将接替欧洲成为世界风电发展重心，中国将继续引领全球增长，并有把握实现 2020 年并网 200GW的目标。而 2017 年印度新增装机容量已达到 4.27GW，这一显著发展成果让其位列亚洲第二，印度市场也将在未来几年实现稳步增长。

（3）欧洲市场将呈现比较稳定的发展趋势，德国和英国仍将引领欧洲风电产业的发展，并将在海上风电场建设方面做出突出贡献。

（4）美国风电市场在经历了 2013 年的低谷后，在 2014 年开始恢复，并将在未来两年内保持较为强劲的增长势头。2017 年新增装机容量已达到 7.02GW。此外，加拿大 2017

年新增装机容量已达到 0.47GW，未来的增长势头也比较迅猛。

（5）拉丁美洲也正在成为一个强劲的区域市场，其中领头国家是巴西，墨西哥紧随其后。

（6）非洲和中东 2017 年累计装机容量达到了 4.54GW。非洲市场目前由南非、埃及和摩洛哥引领，而且将有更多的新市场从非洲涌现，这将使非洲在未来几年成为发展速度最快区域。

习 题

1. 中国风能资源分布的主要特点。
2. 简述风能的特点。
3. 简述风电优缺点。
4. 简述风能相比于传统化石能源的优势。
5. 简述中国目前风电产业结构可完善之处。
6. 简述世界风电产业未来发展趋势。
7. 针对风电现状，风电标准主要包括哪些内容？

参 考 文 献

［1］ 刘琳. 风力发电发展预测与评价［M］. 北京：中国水利水电出版社，2013.
［2］ 汪建文. 可再生能源［M］. 北京：机械工业出版社，2011.
［3］ Tony Burton. Wind Energy Handbook［M］. John Wiley & Sons, Ltd. 2001.
［4］ European Wind Energy Association. Wind Energy—The Facts：A Guide to the Technology, Economics and Future of Wind Power［M］. Earthscan Publications，2009.
［5］ Pramod Jain. Wind Energy Engineering［M］. McGraw—Hill Professional Publishing，2010.
［6］ Wayne Benjamin. Wind Energy：Science and Engineering［M］. Syrawood Publishing House，2017.
［7］ Sorensen, John Dalsgaard. Wind Energy Systems［M］. Woodhead Publishing，2016.
［8］ 周双喜，鲁宗相. 风力发电与电力系统［M］. 北京：中国电力出版社，2011.
［9］ 吴佳梁，李成锋. 海上风力发电机组设计［M］. 北京：化学工业出版社，2012.
［10］ 张秀芝，朱蓉，Richard Boddington. 中国近海风电场开发指南［M］. 北京：气象出版社，2010.

第 2 章　风特性与风资源

风能资源测量与评估是风电场建设成败的一个关键环节。建设风电场过程中首先要进行风资源测量，然后根据测量数据预测风能转化成电能的潜力，并进行风电场选址工作。本章讲述风的形成，以及风能资源的测量与评估。

2.1　风　的　形　成

大气相对于地球表面的流动称为风。由于地面附近大气运动的垂直分量较小，通常讲的风是指水平方向的大气运动。

大气运动的能量来源是太阳能。太阳的辐射引起地球表面温度升高，各个纬度辐射强度的差异、地球表面热容量差异等造成不同地区温升不一致，进而引发气压梯度力，推动大气的流动；除气压梯度外，大气运动还受到地转偏向力（科里奥利力）、摩擦力和离心力等的影响，在多种力的作用下形成常见的自然风。其中：①纬度不同的地区日地距离不同，因而辐射强度存在差异，引起大气环流；②海洋和陆地热容量不同，导致温度变化快慢不同，引起季风环流和海陆风；③山谷不同位置受热程度不同，引起山谷风。

2.1.1　大气环流

1. 单圈环流

1735 年英国人哈德里首先提出纯粹经度方向的单圈环流模型。该模型假设地球不自转，地表性质均一，高低纬度之间的受热不均，因而在终年炎热的赤道地区，大气受热膨胀上升，在终年严寒的两极地区，大气冷却收缩下沉。在高空，赤道形成高气压，极地形成低气压，气压梯度力的方向由赤道指向两极，大气由赤道上空流向两极上空。在近地面，赤道形成低气压，两极形成高气压，气压梯度力的方向由两极指向赤道，大气由两极流回赤道，从而赤道和极地之间形成了单圈闭合环流。

该模型未考虑地球自转带来的影响，因此对赤道与极地的描述比较接近实际情况，但是对中纬度地区的描述却与事实相去甚远。

2. 三圈环流

1856 年美国人费雷尔考虑了地球自转带来的影响，提出了更加接近实际的三圈环流模型。三圈环流模型反映了地球上大气运动的基本情况，与实际的地面气压分布和风的流动情况接近。

地球自转形成了地球偏向力，也叫科里奥利力（简称科氏力或地转偏向力）。在这个力的作用下，北半球流体向右偏转，南半球流体向左偏转。地转偏向力在赤道为零，随着纬度的增高而增大，在极地达到最大。

以北半球为例来说明三圈环流模型，如图 2.1 所示。

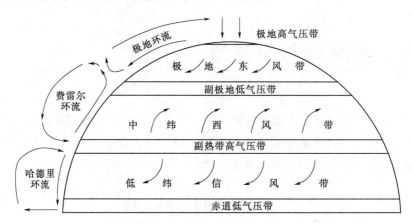

图 2.1　三圈环流示意图

首先，由于日地距离影响，高低纬度之间的受热不均，赤道及低纬度地区辐射强、温度高，极地地区辐射弱、温度低。这种温差在南北之间形成了气压梯度。赤道附近的地球表面受太阳辐射最强，温度最高，空气被加热上升。在气压梯度力作用下，上升空气由赤道上空流向北极上空。受地转偏向力影响，由南风逐渐右偏成西南风，到北纬 30°附近上空时偏转成了西风，此时地转偏向力和气压梯度力平衡，气流无法继续向北流动。由于赤道上空的空气源源不断地流过来，在北纬 30°附近上空受到阻塞而聚积，气流下沉，致使近地面气压升高，形成副热带高气压带。

在近地面，副热带高压下沉气流分为两支。向南的一支流向赤道低气压带，在地转偏向力影响下，由北风逐渐右偏成东北风，称为东北信风。这一支气流补充了赤道上升气流，构成了一个闭合环流圈，称为哈德利环流，也叫正环流圈。从副热带高气压向北流的一支气流，在地转偏向力的作用下逐渐右偏成西南风，称为盛行西风。极地高气压带向南流的气流在地转偏向力影响下逐渐向右偏成东北风，称为极地东风。较暖的盛行西风与寒冷的极地东风在北纬 60°附近相遇，形成锋面（极锋）。暖而轻的气流爬升到冷而重的气流之上，形成了副极地上升气流，在北纬 60°附近形成了副极地低压带。

副极地低压带的上升气流又向南北分为两支，向南的一支气流在副热带地区下沉，于是在副热带地区与副极地地区之间构成中纬度环流圈，也称费雷尔环流圈；向北的一支气流在北极地区下沉，在副极地地区与极地之间构成了高纬度环流圈，称为极地环流。

在南半球，受气压梯度力、向左偏转的科氏力等力的共同作用，也有类似的极地环流、费雷尔环流和哈德利环流，在高、中、低纬度地区，分别形成极地东风、盛行西风、东南信风。

三圈环流模型是一种理论模型，实际环流要复杂得多。

2.1.2　季风环流

盛行风向随季节周期性改变的风称为季风，在古代中国也称为信风，表明这种风的风向总是随着季节而变化。

季风环流（图 2.2）是海陆热力差异、大气环流及地形三者综合影响的结果。海陆热力性质差异引起的海陆气压中心季节性变化，是形成季风环流最主要的原因。海陆之间热力差异越大，季风现象就越明显。由于海水的比热（容）远高于陆地，在冬季，陆地表面温度比海洋低，这使得陆地表面的气压比海洋高，陆地的干冷气流向海洋流动，形成冬季季风，风向从陆地吹向海洋；反之，在夏季，陆地表面的温度高于海洋，使得陆地表面的气压比海洋低，海洋的暖湿气流向陆地流动，形成夏季季风，风向从海洋吹向陆地。

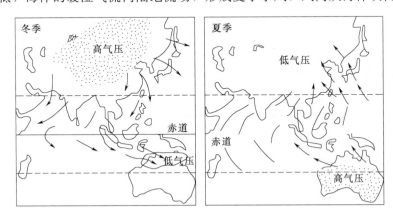

图 2.2　季风环流示意图

季风主要发生在亚洲东部和南部、西非几内亚、澳大利亚北部沿海地带、西伯利亚的蒙古、俄罗斯等地区。中国位于亚洲东部，是一个典型的季风气候国家。这里是全球海陆差异引起的季风最强的地区。在季风气候的影响下，中国冬季盛行西北风，夏季盛行东南风。在夏季，由于太阳直射区域北移，东南信风带跨过赤道，受地转偏向力影响，转为西南风，所以中国西南地区夏季盛行西南风。春秋则为过渡季节。此外，青藏高原对中国季风环流也产生重要影响，它使季风得到进一步加强。在冬季，大陆高压气压梯度较强，而夏季低压气压梯度较弱，因而夏季风比冬季风弱，这是中国季风的重要特征。

2.1.3　局地风

1. 海陆风

海陆风（图 2.3）是一种在海岸附近因海陆热力性质差异而产生的中尺度热力环流，属于小范围天气系统，对滨海地区的影响较大。海水的比热（容）高于陆地，在白天，陆地表面温度上升快，地面附近空气受热上升，形成低气压，海洋表面温度低，气压相对高，风从海上吹向陆地，称为海风；在夜晚，陆地表面降温快，海洋表面降温慢，正好形成与白天相反的气压差，风从陆地吹向海洋，称为陆风。海风与陆风合称为海陆风。由于海陆温差较小，导致海陆风的周期较短且风力较弱，在陆地上的影响范围一般为 20～50km。海风相对较大，风速可达 4～7m/s，而陆风风速一般在 2m/s 左右。但在海岸附近的海陆风强度较大，是近海地区风能的重要来源。

2. 山谷风

山谷风（图 2.4）是山风和谷风的合称，是山区经常出现的一种局地环流。山谷风多

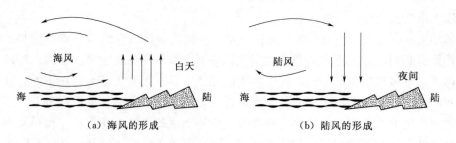

图 2.3　海陆风形成示意图

发生在山脊的南坡（北半球）。白天，山坡上的空气经太阳辐射加热后，空气密度降低，形成低气压，山谷中的的空气由于无法受到阳光的充分照射，升温较慢，形成高气压，气流沿山坡上升，形成谷风；夜晚，山头散热更快，空气密度升高，形成高气压，气流顺着山坡下降，形成山风。山谷风也以日为周期，谷风的平均速度为 2～4m/s，当通过山隘的时候，风速加大，有时可达 7～10m/s；山风比谷风风速小一些，平均速度为 1～2m/s，但在峡谷中，风力加强，可以作为风能的来源。

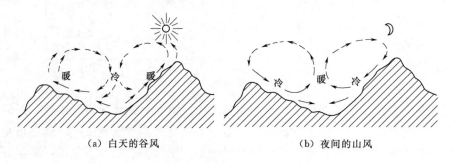

图 2.4　山谷风形成示意图

2.2　大气边界层风特性

2.2.1　基本概念

风是矢量，通常由风速和风向两个参数表示，风速是单位时间内空气移动的距离，风向是风的来向。风速和风向在时间上都是随机变化的，通常认为风是由平均风和脉动风组成的。

1. 平均风速

平均风速是在某时间间隔内，空间某点各瞬时风速的平均值，计算为

$$\overline{v} = \frac{1}{t_2 - t_1} \int_{t_1}^{t_2} v(t)\,\mathrm{d}t \tag{2.1}$$

平均风速的计算结果与时间间隔 $\Delta t = t_2 - t_1$ 的选取密切相关。目前国际通行的时间间隔取值范围在 10min 至 2h，中国规定的计算时间间隔为 10min，评估风资源时为减少计算量，时间间隔常采用 1h。

平均风速计算时间间隔的确定依据是范德霍文得到的平均风速特性实测分析结果。范

德霍文在美国布鲁克海文国家实验室连续多年测量了当地 100m 高度处平均风速，根据测量数据分析得到平均风速功率谱曲线，如图 2.5 所示，反映了平均风速的周期性波动情况。图 2.5 中横坐标为平均风速波动周期（时间/循环），纵坐标为谱密度。曲线中 3 个峰值对应平均风速 3 个不同时间尺度的变化周期，前两个分别在 4 天和 10h 附近，主要是大气大尺度运动（大气环流）造成的波动；第三个周期约为 1min，是由于大气微尺度运动（大气湍流）产生的周期性波动。在曲线 10min 至 2h 段风速功率谱低且趋于平缓，平均风速较稳定，可忽略湍流影响。因此，国际上通行的计算平均风速的时间间隔范围为 10min 至 2h。

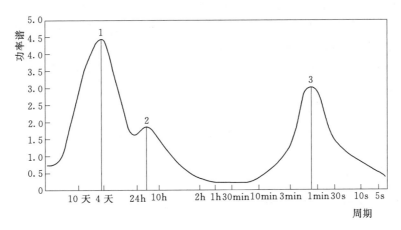

图 2.5　水平风速功率谱曲线

气象学中，根据风对地面或海面物体的影响程度划分了风速等级。目前国际上采用的风力等级划分方法是 1805 年英国人蒲福最初拟定的。他将风速划分为 13 个等级，1946 年第 12 级飓风又被分为 6 个等级。

2. 脉动风速

脉动风速是某时刻空间某点瞬时风速与平均风速的差值。瞬时风速是某时刻的风速大小。它们的关系可表示为

$$v = \overline{v} + v' \tag{2.2}$$

式中　v——瞬时风速，m/s；

　　　$\overline{v}$——平均风速，m/s；

　　　v'——脉动风速，m/s。

脉动风速可正可负，其时间平均值为 0，即

$$\overline{v'} = \frac{1}{t_2 - t_1} \int_{t_1}^{t_2} v' \mathrm{d}t = 0 \tag{2.3}$$

脉动风速的概率密度函数近似于正态分布，可将其概率密度函数表示为

$$p(v') = \frac{1}{\sigma \sqrt{2\pi}} \exp\left[-\frac{v'^2}{2\sigma^2}\right] \tag{2.4}$$

式中　σ——脉动风速的均方根。

为反映脉动风速的相对强度，引入了湍流强度来描述风速变化程度。湍流强度 ε 为脉动风速方均根值与平均风速的比值，其中 u'、v'、w' 分别为 3 个正交方向上的脉动风速分量，即

$$\varepsilon = \frac{\sigma}{\overline{v}} = \frac{\sqrt{(u'^2 + v'^2 + w'^2)/3}}{\overline{v}} \tag{2.5}$$

式中　u'、v'、w'——3 个正交方向上的脉动风速分量。

3. 最大风速和极大风速

最大风速，是指在给定的时间段内平均风速中的最大值。极大风速，是指在给定的时间段内，瞬时风速的最大值。50 年一遇最大 10min 平均风速和极大 3s 风速是风电机组设计和风电场机组选型的关键指标之一。

极端风是平时很少出现的强风，主要有热带气旋、寒潮大风和龙卷风。风电机组设计中要考虑极端风的影响，从而合理确定设计最大风速值。设计最大风速可计算为

$$v_{\mathrm{d}} = \overline{v_{\mathrm{a}}} + \mu' \sigma_{\overline{v_{\mathrm{a}}}} \tag{2.6}$$

式中　μ'——保证系数，50 年一遇极端风速下的设计保证系数为 2.59；

　　　$\overline{v_{\mathrm{a}}}$——年平均最大风速，m/s；

　　　$\sigma_{\overline{v_{\mathrm{a}}}}$——年平均最大风速的均方根值。

2.2.2　平均风速随高度的变化

在大气边界层中，由于空气运动受到近地面层的影响，平均风速随高度增加产生变化，这种变化称为风剪切或风速廓线，可采用对数分布或指数分布进行描述。近地面层对空气运动的影响主要有动力和热力两方面，动力影响主要是由于地面的摩擦效应，与地表粗糙度密切相关，热力影响主要表现在与大气垂直稳定度的关系。

1. 对数分布

当大气为中性时，距地面高度 100m 内，风速随高度变化规律只受动力因素影响，服从普朗特经验公式

$$\overline{v} = \left(\frac{v_*}{\kappa}\right) \ln \frac{z}{z_0} \tag{2.7}$$

$$v_* = \sqrt{\frac{\tau_0}{\rho}} \tag{2.8}$$

式中　z——距地面高度，m；

　　　z_0——地表粗糙度，m；

　　　κ——卡门系数，值为 0.4 左右；

　　　v_*——摩擦速度，m/s；

　　　τ_0——地面剪切应力；

　　　ρ——空气密度，kg/m³。

地表粗糙度是一个空气动力学参数，具有长度的量纲，数值上定义为在假定垂直风廓线随离地面高度按对数关系变化的情况下，平均风速为 0 时推算出的高度。不同地表状态下的地表粗糙度见表 2.1。

表 2.1   地 表 粗 糙 度

地形	沿海区	开阔场地	建筑物不多的郊区	建筑物较多的郊区	大城市中心
z_0/m	$0.005\sim0.010$	$0.030\sim0.100$	$0.200\sim0.400$	$0.800\sim1.200$	$2.000\sim3.000$

考虑大气层垂直方向温度变化对风切变的影响，将风切变方程修正为

$$\overline{v}=\left(\frac{v_*}{\kappa}\right)\left[\ln\frac{z}{z_0}-\mathit{\Psi}\left(\frac{z}{L}\right)\right] \tag{2.9}$$

式中　L——莫宁—奥布霍夫稳定长度，是摩擦力和热浮力的比值，可由测量确定，m；

$\mathit{\Psi}\left(\dfrac{z}{L}\right)$——修正温度变化影响的经验公式，在不稳定层为正，稳定层为负，中性层为零。

不稳定层

$$\mathit{\Psi}\left(\frac{z}{L}\right)=4.5\,\frac{z}{L},\quad z\leqslant L;$$

$$\mathit{\Psi}\left(\frac{z}{L}\right)=4.5\left[1+\ln\frac{z}{L}\right],\quad z\geqslant L$$

稳定层

$$\mathit{\Psi}\left(\frac{z}{L}\right)=-0.5\,\frac{z}{L},\quad z\leqslant L;$$

$$\mathit{\Psi}\left(\frac{z}{L}\right)=-0.5\left[1+\ln\frac{z}{L}\right],\quad z\geqslant L \tag{2.10}$$

2. 指数分布

由于指数律计算不同高度的风速更加准确简便，国际上多数采用指数分布率描述近地面层平均风速随高度的变化。风速廓线的指数分布可表示为

$$\overline{v}=\overline{v_{\text{h}}}\left(\frac{z}{z_{\text{h}}}\right)^{\alpha} \tag{2.11}$$

式中　$\overline{v_{\text{h}}}$——高度 h 处平均风速，m/s；

α——经验风切变指数，其取值与大气环境和地表状态有关。

在中性大气环境下风切变指数约为 1/7，内陆白天风切变指数较低，而夜晚会变高。在中国建筑结构载荷标准中将地表分为四类：A 类系指近海海面、海岛、海岸、湖岸及沙漠等，风切变指数取 0.12；B 类系指空旷田野、乡村、丛林、丘陵及房屋比较稀疏的中小城镇和大城市郊区，取值 0.16；C 类系指有密集建筑群的城市市区，取值 0.22；D 类系指有密集建筑物且有大量高层建筑的大城市市区，取值 0.3。

风切变指数也可根据不同高度 z_1 和 z_2 的风速测量数据推算得到，见式（2.12）。严格意义上讲，计算得到的风切变指数只适用于所测量地区的高度 z_1 和 z_2。

$$\alpha=\frac{\lg\dfrac{v_2}{v_1}}{\lg\dfrac{z_2}{z_1}} \tag{2.12}$$

2.2.3　平均风速随时间的变化

大气边界层中的平均风速不断变化，且随时间呈现出不同的变化规律。

1. 平均风速的日变化

短期的风速变化具有较大的不确定性，这种不确定性往往取决于天气差异，与大范围

的天气类型有关，如该地区的气压高、低，同时还与经过地球表面的天气锋面有关。而平均风速的日变化一般是由于当地的热效应造成的，太阳辐射引起当地温度的昼夜变化，导致平均风速 24h 内随温度呈现相应的变化。图 2.6 为某地实测不同高度处平均风速的日变化曲线。

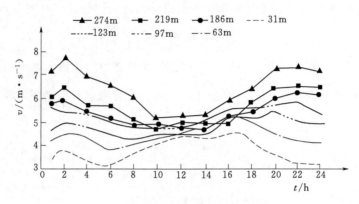

图 2.6　平均风速的日变化

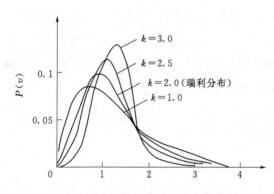

图 2.7　威布尔分布函数概率密度曲线

2. 平均风速的季变化

一年中太阳和地球相对位置发生变化，使地球表面存在季节性的温差，由此产生平均风速的季节变化。不同地区平均风速的季节变化不同，主要取决于纬度及地貌特征。在中国，大部分地区平均风速春冬季较强，夏秋季较弱。

3. 平均风速的分布

平均风速随时间随机变化，但其分布特性存在着一定的统计规律，通常用概率密度来表示，威布尔分布（图 2.7）是风资源分析中普遍应用的一种分布形式，其表达式为

$$p(v) = \frac{k}{c}\left(\frac{v}{c}\right)^{k-1}\exp\left[-\left(\frac{v}{c}\right)^{k}\right] \tag{2.13}$$

式中　k——形状参数；

　　　c——尺度参数。

威布尔分布通过形状参数 k 和尺度参数 c 来表征，两个参数可以通过测风数据求出，常用方法有最小二乘法、平均风速和标准差法、平均风速和最大风速法等。

（1）最小二乘法估计。风速分布用威布尔分布描述，则小于某有效风速 v_g 的累计风频为

$$P(v \leqslant v_g) = \int_0^{v_g} \frac{k}{c}\left(\frac{v}{c}\right)^{k-1}\mathrm{e}^{-\left(\frac{v_g}{c}\right)^k} \tag{2.14}$$

经公式变化可得

$$\ln\{\ln[1-P(v \leqslant v_g)]\} = k(\ln v_g - \ln c) = k\ln v_g - k\ln c \tag{2.15}$$

令 $y=\ln\{\ln[1-P(v{\leqslant}v_{\mathrm{g}})]\}$，$x=\ln v_{\mathrm{g}}$，$a_0=-k\ln c$，$b_0=k$，则式（2.15）可表示为 $y=a_0+b_0x$，可用最小二乘法求出各项系数。应用最小二乘法，需获得离散的测风数据，具体做法如下：

将风速分为 n 个区间，即 $0-v_1$，v_1-v_2，$\cdots$，$v_{n-1}-v_n$，并以各区间中值代表区间风速值。统计各风速区间出现的频率 f_1，f_2，$\cdots$，f_n；计算累计频率 $P_1=f_1$，$P_2=P_1+f_2$，$\cdots$，$P_n=P_{n-1}+f_n$；取变换 $x_i=\ln v_i$，$y_i=\ln[\ln(1-P_i)]$，其中，$i=1$，2，$\cdots$，n。可得

$$
\left.
\begin{aligned}
a_0 &= \frac{\sum x_i^2 \sum y_i - \sum x_i \sum x_i y_i}{n\sum x_i^2 - (\sum x_i)^2} \\
b_0 &= \frac{-\sum x_i \sum y_i - n\sum x_i y_i}{n\sum x_i^2 - (\sum x_i)^2}
\end{aligned}
\right\}
\tag{2.16}
$$

则，威布尔分布的形状参数 $k=b_0$，尺度参数 $c=\mathrm{e}^{-\frac{a_0}{b_0}}$。

（2）平均风速和标准差估计。由威布尔分布数学期望（均值）和方差公式为

$$
E(v)=c\Gamma\left(\frac{1}{k}+1\right)
\tag{2.17}
$$

$$
D(v)=c^2\left\{\Gamma\left(\frac{2}{k}+1\right)-\left[\Gamma\left(\frac{1}{k}+1\right)\right]^2\right\}
\tag{2.18}
$$

则有

$$
\frac{D(v)}{[E(v)]^2}=\frac{\Gamma\left(\frac{2}{k}+1\right)}{\left[\Gamma\left(\frac{1}{k}+1\right)\right]^2}-1
\tag{2.19}
$$

若已知 $E(v)$ 和 $D(v)$，通常用上式的近似关系式求解 k 为

$$
k=\left(\frac{\sqrt{D(v)}}{E(v)}\right)^{-1.086}
\tag{2.20}
$$

由数学期望公式可得

$$
c=\frac{E(v)}{\Gamma\left(\frac{1}{k}+1\right)}
\tag{2.21}
$$

在应用中，通常用平均风速 $\bar{v}$ 来估计 $E(v)$ 和 $D(v)$，即

$$
E(v)\cong\bar{v}=\frac{1}{N}\sum v_i
\tag{2.22}
$$

$$
D(v)\cong\frac{1}{N}\sum(v_i-\bar{v})^2
\tag{2.23}
$$

（3）平均风速和最大风速估计。最大风速指任一 10min 的最大风速值，假设 $v_{\max}$ 为在时段 T 内观测到的 10min 平均最大风速，则其出现频率可表示为

$$
P(v{\geqslant}v_{\max})=\mathrm{e}^{-\left(\frac{v_{\max}}{c}\right)^k}=\frac{1}{T}
\tag{2.24}
$$

则

$$T = e^{\left(\frac{v_{\max}}{c}\right)^k} \tag{2.25}$$

$$(\ln T)^{\frac{1}{k}} = \frac{v_{\max}}{c} \tag{2.26}$$

由数学期望公式，可得

$$\Gamma\left(\frac{1}{k} + 1\right) = \frac{\overline{v}}{c} \tag{2.27}$$

$$c = \frac{\overline{v}}{\Gamma\left(\frac{1}{k} + 1\right)} \tag{2.28}$$

有

$$\frac{v_{\max}}{\overline{v}} = \frac{(\ln T)^{\frac{1}{k}}}{\Gamma\left(\frac{1}{k} + 1\right)} \tag{2.29}$$

由上，可近似解得

$$k = \frac{\ln(\ln T)}{\ln\left(\dfrac{0.90 v_{\max}}{\overline{v}}\right)} \tag{2.30}$$

$$c = \frac{\overline{v}}{\Gamma\left(\frac{1}{k} + 1\right)} \tag{2.31}$$

2.2.4　湍流强度

湍流指短时间（一般小于 10min）内的风速波动。大气湍流的两个主要致因是剪切力和热对流。剪切力引起的湍流是由风速在垂直方向上的剪切所引起的，主要与地面粗糙度有关。热对流引起的湍流源于空气密度差异和地面上、下层气流温度差导致的热对流。两种作用往往相互关联。

湍流通常用湍流强度来衡量，反映脉动风速的相对强度。三个正交方向瞬时风速分量的湍流强度分别定义如下：纵向湍流强度是与平均风速平行方向的湍流强度分量，横向湍流强度是在水平面内与纵向分量垂直的横向分量，竖向湍流强度为垂直方向分量。在大气边界层的地表层中，三个正交方向上瞬时风速分量对应湍流强度是不相等的，一般有 $\varepsilon_u >$ $\varepsilon_v > \varepsilon_w$。在地表层以上，三个方向的湍流强度逐渐减小，并随高度增加趋于一致。工程中，主要考虑纵向湍流强度 ε_u。

湍流强度不仅与离地面高度 z 有关，还与地表粗糙长度 z_0 有关。有关文献中给出了 3 个方向上湍流强度的表达式为

$$\varepsilon_u = \frac{\sigma_u}{\overline{v}} = \frac{7.5 \eta [0.538 + 0.09 \ln(z/z_0)]^p u^*}{[1 + 0.156 \ln(u^*/f z_0)] \overline{v}} \tag{2.32}$$

$$\varepsilon_v = \frac{\sigma_v}{\overline{v}} = \varepsilon_u \left[1 - 0.22 \cos^4\left(\frac{\pi z}{2h}\right)\right] \tag{2.33}$$

$$\varepsilon_w = \frac{\sigma_w}{\overline{v}} = \varepsilon_u \left[1 - 0.45 \cos^4\left(\frac{\pi z}{2h}\right)\right] \tag{2.34}$$

其中各参数定义为

$$\eta = 1 - 6fz/u^* \tag{2.35}$$

$$f = z\Omega\sin(|\lambda_0|) \tag{2.36}$$

$$p = \eta^{16} \tag{2.37}$$

$$h = u^*/(6f) \tag{2.38}$$

式中　f——科里奥利参数；

　　　Ω——地球自转的角速度；

　　　λ_0——纬度值（在赤道，$\lambda_0 = 0$，所以上述公式仅适用于温带）。

2.2.5　风向

气象上将风吹来的水平方向定义为风向。因此，自北方吹来的风为北风，自西南吹来的风为西南风。风向用角度表示，其基准 $0°$ 为正北方向，按顺时针方向确定其角度。如东风角度为 $90°$，南风角度为 $180°$，西风角度为 $270°$，北风角度为 $360°$（亦即 $0°$）等。在陆地上，一般用 16 个方位表示风向，即把 $360°$ 圆周 16 等分，每个方位的范围是 $22.5°$，风向方位如图 2.8 所示。

风向频率指一定时间内某一风向出现的频率，常用风向玫瑰图（图 2.9）表示。风向玫瑰图有两种表现形式：其一，极坐标方式，将各风向频率用一引自圆心的射线表

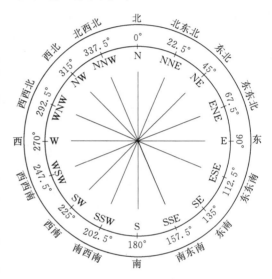

图 2.8　风向方位图

示，长度则表示了频率高低，最后将各射线端点连接在一起，形成风向玫瑰图如图 2.9（a）所示；其二，将各风向频率用扇形区域在风向方位图上表示出来，其中，各扇形的半径表示风向频率值，如图 2.9（b）所示。

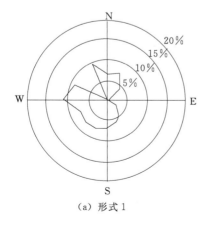

（a）形式 1

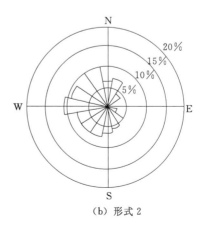

（b）形式 2

图 2.9　风向玫瑰图

2.3　风特性的测量

2.3.1　测风塔

在风能资源的开发和利用过程中，测风塔处于十分重要的位置。前期开发中，测风塔主要用于风电场的风资源评估、风电场微观选址、风电场规划设计。在风电场建成后，测风塔还应用于风电场风况实时监测、风功率预测等方面。

1. 测风塔结构与类型

测风塔由塔底座、塔柱、传感器支架、避雷针、拉线等部分组成。按塔架类型的不同，测风塔可以分为桁架式和圆筒式，桁架式结构型式较为稳定，塔架承受风的载荷作用较小，抗风能力强，如图 2.10 所示；圆筒式测风塔受力较为合理，可靠性高，塔体截面小，塔架材料用量小，如图 2.11 所示。按测风塔矗立方式的不同，可以分为自立型和拉线型，目前国内风电场大多数采用桁架拉线型测风塔。拉线型测风塔基础数量多，施工工艺复杂。自立型测风塔不用拉线，但对基础要求很高。

图 2.10　桁架式测风塔

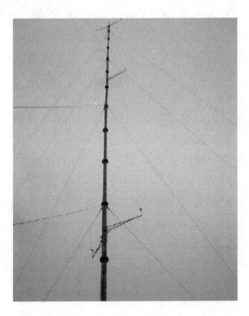

图 2.11　圆筒式测风塔

2. 测风塔要求

根据《风电场风能资源测量方法》（GB/T 18709—2002），风电场仅在一处安装测风塔时，其高度不应低于拟安装风电机组轮毂中心高度；风电场在安装多座测风塔时，其高度可按 10m 的整数倍选择，但至少有一处测风塔的高度不应低于拟安装风电机组轮毂中心高度；测风塔无论采用何种结构型式，在当地 30 年一遇风载时，都不应由于其基础（包括地脚螺栓、地锚、拉线等）承载能力不足而造成测风塔整体倾斜或坍塌；在沿海地区，结构需能承受当地 30 年一遇的最大风载的冲击，表面应防盐雾腐蚀；对于有结冰凝冻气候现象的风电场，在测风塔设计、制作时应予以特别考虑；测风塔顶部应有避雷装置，接地电阻不应大于 4Ω，特别对于多雷暴地区，测风塔的接地电阻应引起高度重视；测风塔应悬挂有"请勿攀登"的明显安全标志；当测风塔位于航线下方时，应根据航空部门的要求决定是否安装航空信号灯；在有牲畜出没的地方，应设防护围栏。

3. 测风塔位置及数量选择

测风塔安装应选择具有代表性的位置，所选测量位置的风况应基本代表该风电场的风况，避免安装在风电场最高点或者最低点；测风塔安装点靠近障碍物如树林或建筑物等会影响风能资源测量的准确性，所以选择安装点时应尽量远离障碍物。如果没法避开，则要求与单个障碍物距离应大于障碍物高度的3倍，与成排障碍物距离应保持在障碍物最大高度的10倍以上；测量位置应选择在风电场主风向的上风向位置。

立塔前还要确认拟安装位置的土地属性，明确是否占用基本农田、耕地、林地等；调查拟安装测风设备场地，避免安装在军事保护区、自然保护区、文物区、矿区内；安装位置还应具备必要的交通运输和施工安装条件。

测风塔数量依风电场地形复杂程度而定：对于地形较为平坦的风电场，可选择在场中央只安装一座测风塔；对地形复杂的风电场，即存在大型沟壑、地势起伏明显，尤其是处于多山地区的风电场，单个塔的测风数据不足以反映整个风电场的风能资源情况，需要根据场内地形情况布置多个测风塔，以提高风能资源评估的精度。一般情况下，每5万 kW 装机容量的风电场至少应安装两座测风塔。

前期资料收集齐全后先进行测风塔室内选址，对拟开发风电场进行初步分析，并推荐出具有代表性的测风点坐标并在地形图上确定。室内选址完成后到现场踏勘，对测风点进行复核、调整并最终确定。

4. 测风塔传感器的布置

一座测风塔上应安装多层测风仪，以确定风速随高度的变化（风剪切效应）。至少在10m 高度和拟安装风电机组的轮毂中心高度处各安装一套风速风向仪，其他层可选择10m 的整数倍高度安装。温度计一般安装在10m 高度处，压力计一般与记录仪安装在同一高度。图2.12是一座典型的80m 高桁架式测风塔及搭载设备安装示意图。

测风传感器在塔架上用支架安装，必须想方设法减小塔架、支架、传感器和其他设备对所测参数的影响。风速、风向传感器要安装在单独的横梁上，支架应水平地伸出塔架以外至少3倍桁架式塔架的宽度，或6倍圆筒式塔架的直径；传感器迎主风向安装（横梁与主风向成90°），并进行水平校正；应有一处迎主风向对称安装两套风速、风向传感器；风向标应根据当地磁偏角修正，保证按真"北"定向安装。

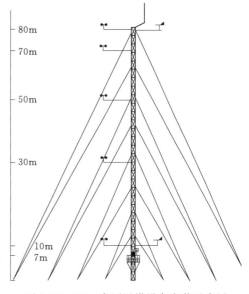

图 2.12　80m 高测风塔设备安装示意图

在数据采集器内放置干燥剂包以防潮，把数据采集器、连接电缆、通信设备放入安全的防护箱内锁住，保证设备安全，同时抵御酸雨、冰冻、沙尘等恶劣天气。防护箱在塔架的安装位置要足够高，高于平均积雪深度，并能防止故意破坏。

2.3.2　测风仪器

2.3.2.1　风速计

风速计根据测量风速的原理不同分为旋转式风速计、声学风速计、激光风速计、压力式风速计、散热式风速计等。

1. 风杯风速计

旋转式风速计主要有风杯式风速计和螺旋桨式风速计。风杯风速计（图 2.13）应用最

为广泛，常见于风电机组机舱风速测量。由 3~4 个风杯组成风速的感应元件，风杯连接在可以自由旋转的垂直轴上。在水平来流的驱动下，风杯将作用在杯面的压力转化成扭矩，带动垂直轴向其凹面方向旋转，并通过转换器将其转换为电信号记录下来。

风杯组件部分的各项参数对风速计的性能（表 2.2）有决定性影响，如风杯的回转半径、杯口直径、杯碗深度及风杯材质等。其中影响风速计线性性能的最主要因素是回转半径和杯口直径，参数的细微变化会对风速计的线性性能和动态响应特性产生很大影响。

图 2.13　风杯风速计

表 2.2　　　　　　　　　　　某风杯风速计技术指标

参　　数	技术指标	参　　数	技术指标
测量范围/(m·s⁻¹)	0~96	运行温度范围/℃	−55~60
启动风速/(m·s⁻¹)	0.78	运行湿度范围/%	0~100
距离常数/m	3.0	记录精度/(m·s⁻¹)	0.1

距离常数是风速传感器的动态特性参数之一，表示风速计的惯性性能，可通过试验测定。距离常数在数值上等于风速计在经过一个风速突然变化后恢复到 63.2% 的均衡速度所需的时间内，气流相对风杯所流过的路程。风杯的距离常数主要取决于风杯的材料密度、厚度、风杯个数，尽量选用密度小、厚度薄、强度高的材料。

风杯风速计成本较低且具有较好的灵敏度，维护简单。缺点是只能测量水平方向的风速；风杯有惯性，影响测量精度。

2. 超声波风速计

超声波风速计（图 2.14）由 3 对扬声器和麦克风组成，可测量沿任意指定方向的风速分量。其测量的基本原理是超声波在传播中受空气流动影响，其频率、相位、速度等参数发生变化，并与空气流动速度有确定关系。根据具体测量原理的不同，主要可分为时差法、相位差法、频

图 2.14　超声波风速计

差法、多普勒法、卡门涡街法等。目前时差法应用最广泛，其原理为超声波信号在空气中传播时，气体运动导致超声波传播速度发生变化，顺风传播和逆风传播产生时间差，通过测量传播时间差可以反推出气体流动速度。

超声波风速计不仅可以测量风速，还可以测量风向。优点是可靠性高、响应速度快。缺点在于成本较高；在测量时气流受到传感器头部和传感器杆的扰动产生误差；测量受到温度的影响，并且其中感应元件容易老化。

3. 多普勒激光测风雷达

激光雷达以激光为光源，通过探测激光与大气尘埃等粒子作用的辐射信号获取信息，如图 2.15 所示。多普勒激光测风雷达利用光的多普勒效应工作，即通过测量发射的激光光束从大气中散射回波信号的多普勒频移来反演空间不同高度处风速风向分布。多普勒频移的检测技术分为相干检测技术和直接检测技术，故可将多普勒激光雷达分为相干多普勒激光雷达和直接探测多普勒激光雷达。

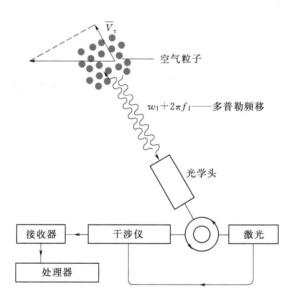

图 2.15　激光雷达测量风速原理

多普勒激光测风雷达采用发射和接收激光信号的测量方式，对流场没有干扰，具有较高的时空分辨率，可以提供丰富的流场信息。此外，多普勒频率与速度是线性关系，与该点温度、压力无关，是测量精度较高的测风仪。但其价格昂贵，且由于工作时需通过空气中的气溶胶粒子反射信号，导致空气中气溶胶粒子浓度对测量量程影响较大。其工作原理如图 2.15 所示。

压力式风速计最常用的是皮托管，散热式风速计最常用的是热线风速仪。

2.3.2.2　风向标

风向标（图 2.16）为最常用的风向测量仪器，有单翼型、双翼型和流线型。风向标通常由尾翼、指向针、平衡锤和旋转轴组成。其重心在支撑轴的轴心上，整个风向标可以绕垂直轴自由摆动。在风的动压力作用下指向风的来向的一个平衡位置，即为风向的指示。

2.3.2.3　温度传感器

温度传感器（图 2.17）由温度传感模块、变送模块、飘零及温度补偿模块、4～20mA 模块组成。国内外温度传感器多采用热敏电阻，也有基于铂电阻等技术的温度传感器。为避免阳光直射影响测量精度，需在温度传感器外增加遮阳罩。

2.3.2.4　压力传感器

压力传感器（图 2.18）主要分为压阻式压力传感器、电容式压力传感器等。压阻式压力传感器灵敏度高，稳定性好，得到广泛应用。电容式压力传感器测量量程宽，但温度变化会引起部件形变，从而改变附加电容；抗干扰能力弱，容易与外界物质产生寄生电容，在使用时需注意接地和屏蔽。

图 2.16　风向标　　　　图 2.17　温度传感器　　　图 2.18　压力传感器

2.3.3　测量数据的采集

安装测风仪器后，需对测量数据进行采集，并进行整理，以便于风电场风能资源评估。

测量数据的采集方法一般为两种，人工数据采集和远程数据采集。

1. 人工数据采集

这种方法是直接去现场采集测量数据。通常为以下两步：赶往现场，取出并更换现有储存设备（如数据卡）或直接把数据传输到便携式计算机；回到办公室，把数据装载到中心计算机。

人工数据采集方法采集周期视储存设备容量（储存设备容量至少 40 天）而定，人工数据采集需在储存设备容量充满之前进行。其优点是促进了对设备的现场检查，缺点是增加了额外的数据处理步骤，导致数据丢失的可能性增大。

2. 远程数据采集

远程数据采集是以通信系统将现场数据测量设备与中心计算机连接起来。通信系统包括直接电缆、调制解调器、电话线、移动电话设备或遥测设备。

远程数据采集方法采集周期视需求而定，最高可进行实时采集。这种方法的优点是可以更频繁地获取和检查数据，且能在不去现场的情况下更加及时地发现现场问题。其缺点是成本较高。

2.4 风能资源评估

2.4.1 测量数据的整理

在采集测量数据后，需对数据进行验证及订正，具体方法可参考国家标准《风电场风能资源评估方法》（GB/T 18710—2002）。

1. 数据验证

数据验证的目标，是通过对风电场测得的原始数据进行完整性、合理性检验，以及对不合理和缺测数据再处理，整理出至少连续一年相对完整的风电场测风数据。

（1）测风数据的检验。对测风数据的检验分为完整性检验和合理性检验。

完整性检验是对原始数据进行整理，并根据测风塔的维护记录或其他运行记录等整理出缺测数据。合理性检验包含3个方面：测风数据的范围检验，测风数据的相关性检验，测风数据的趋势检验。

范围检验是检验各测量参数是否超出实际极限，测量参数的合理范围参考值见表2.3。趋势检验是检验各测量参数在时间上的变化趋势是否合理，趋势检验参考值见表2.4。相关性检验是检验同一测量参数在不同高度的差值是否合理，主要参数的合理相关性参考值见表2.5。各地气候条件和风况变化很大，三个表中所列范围仅供检验时参考，在超出范围时应根据当地风况分析。

表 2.3 主要参数的合理范围参考值

测量参数	合理范围	测量参数	合理范围
风速	0～60m/s	风向	0～360°
湍流强度	0～1	气压	94～106kPa

表 2.4 主要参数的合理变化趋势参考值

主要参数	合理趋势	主要参数	合理趋势
1h平均风速变化	<6m/s	3h平均气压变化	<1kPa
1h平均气温变化	<5℃		

表 2.5 主要参数的合理相关性参考值

主 要 参 数	合理相关性	主 要 参 数	合理相关性
50m/30m高度小时平均风速差值	<2.0m/s	50m/30m高度风向差值	<22.5
50m/10m高度小时平均风速差值	<4.0m/s		

（2）不合理数据和缺测数据的处理。列出所有不合理数据和缺测数据及其发生时间，对不合理数据再次进行判别，分析原因，挑选出符合实际情况的有效数据，回归原始数据序列；将备用的或可供参考的传感器同期记录数据，经过分析处理，替换已确认为无效的数据或填补缺测数据。

（3）数据检验结论。根据《风电场风能资源评估方法》（GB/T 18710—2002）的要求，经过数据检验和处理，测风塔各高度风速、风向有效数据完整率应在 90% 以上。

$$有效数据完整率 = \frac{应测数目 - 缺测数目 - 无效数目}{应测数目} \times 100\% \tag{2.39}$$

2. 测风数据的订正

数据订正的目的，是根据风电场附近长期观测站（如气象站）的观测数据，将检验后的风电场测风数据订正为一套能反映风电场长期平均水平的代表性数据，即风电场测风高度上代表年的逐小时风速风向数据。

（1）数据订正的理想条件。理想条件包括：同期测风结果与气象站数据的相关性较好；气象站具有长期规范的测风记录；气象站与风电场具有相似的地形条件；气象站距离风电场比较近。

（2）数据订正方法。可采用分象限绘制风电场测站与对应年份长期测站的风速相关曲线的方法进行数据订正。某一风向象限内风速相关曲线的具体做法是：建立一直角坐标系，横坐标轴为基准站（气象站）风速，纵坐标为风电场测站的风速。取风电场测站在该象限内的某一风速值（某一风速值在一个风向象限内一般有许多个，分别出现在不同时刻）为纵坐标，找出长期测站各对应时刻的风速值（这些风速值不一定相同，风向也不一定与风电场测站相对应），求其平均值，以该平均值为横坐标即可定出相关曲线的一个点。对风电场测站在该象限内的其余每一个风速重复上述过程，就可作出这一象限内风速的风速相关曲线。对其余各象限重复上述过程，可获得 16 个风场测站与长期测站的风速相关曲线。

针对每一个风速相关曲线，在横坐标轴上标明长期测站多年的年平均风速，以及与风电场测站同期的长期测站的年平均风速，然后在纵坐标轴上找到对应的风电场测站的两个风速值，并求出这两个风速值的代数差值（共 16 个代数差值）。最后，将风电场测站数据的各个风向象限内的每个风速都加上对应的风速代数差值，即可获得订正后的风电场测站风速、风向资料。

2.4.2　风能资源评估参数的计算

风能资源评估是风电场建设的重要基础，是关系到风电场建设成败的关键因素之一。在进行风能资源评估和风电场选址时，需要计算一些风能资源参数。

1. 风功率密度和风能密度

（1）风功率密度是描述风做功能力的重要参数，为单位时间通过风电机组单位面积叶轮的空气动能。由于风速具有随机性和波动性，因此在计算风功率密度时，必须使用长期风速观测资料才能客观准确地反映其规律。平均风功率密度的计算方法为

$$D_{wp} = \frac{1}{2n} \sum_{i=1}^{n} \rho v_i^3 \tag{2.40}$$

式中　D_{wp}——平均风功率密度；

　　　n——设定时间段内的风速记录数；

　　　v_i——第 i 个记录风速。

（2）风能密度是指在设定时段与风向垂直的单位面积中所具有的能量，计算公式为

$$D_{we} = \frac{1}{2}\sum_{i=1}^{n}\rho v_i^3 t_i \tag{2.41}$$

式中　D_{we}——设定时段的风能密度；

　　　v_i——第 i 个风速区间的风速；

　　　t_i——某扇区或全方位第 i 个风速区间的风速发生时间。

2. 空气密度

从式（2.41）可知，空气密度的大小直接关系到风能的大小，在高海拔的地区影响更突出。因此，空气密度的精确计算在风资源评估中显得非常重要。其计算公式为

$$\rho = \frac{1.276}{1+0.00366\bar{t}}\left(\frac{p_a-0.378e}{1000}\right) \tag{2.42}$$

式中　p_a——平均大气压，hPa；

　　　e——平均水汽压，hPa；

　　　$\bar{t}$——平均气温，℃。

3. 平均风速

平均风速是最能够反映该地区风能资源的参数，主要有月平均风速和年平均风速。进行风能资源评估时，由于风的波动性，常计算年平均风速。其计算公式为

$$\bar{v} = \frac{1}{n}\sum_{i=1}^{n}v_i \tag{2.43}$$

4. 风向频率

风向的统计分析需要依据气象站多年的观测数据以及当地测量设备的实际测量数据。其计算方法一般是根据风向观测资料，按 16 个方位统计观测时段内（年、月）各风向出现的小时数，除以总的观测小时数即为各风向频率。

5. 50 年一遇极大风速和最大风速

50 年一遇的极大风速是风电机组选型的重要依据。克里斯伦森等人建议把 50 年一遇极大风速定义为：用风速定义一个阵风，在发生周期 T（50 年）内，平均仅被超越一次的风速。IEC 61400-1（2005 年第三版）标准据此对风电机组进行分类，见表 2.6。

表 2.6　　　　　　　　　　IEC 对风电机组的分类的 50 年一遇极大风速标准

风电机组类型	Ⅰ	Ⅱ	Ⅲ	S
50 年一遇极大风速/(m·s^{-1})	50	42.5	37.5	自定义

50 年一遇最大风速的计算方法有耿贝尔分析法、五日雷暴法、最大风速比值修正法、切变推求法、风压推求法、五倍平均风速法等多种方法。

以耿贝尔分析法为例说明 50 年一遇最大风速的计算方法。选取气象站连续 n 年最大风速样本序列（$n \geqslant 15$），通过计算极值Ⅰ型概率分布的相关参数（均值、标准差、尺度参数、位置参数），得到 50 年一遇最大风速。根据《全国风能资源评价技术规定》（发改能源〔2004〕865 号），最大风速采用极值Ⅰ型概率分布，其分布函数为

$$F(x) = \exp\{-\exp[-c(x-u)]\} \tag{2.44}$$

式中　c——分布的尺度参数；

　　　　u——分布的位置参数，即分布的众值。

$$\overline{v} = \frac{1}{n}\sum_{i=1}^{n} v_i \tag{2.45}$$

$$\sigma = \sqrt{\frac{1}{n}\sum_{i=1}^{n}(v_i - \overline{v})^2} \tag{2.46}$$

$$c = \frac{C_1}{\sigma} \tag{2.47}$$

$$u = \overline{v} - \frac{C_2}{c} \tag{2.48}$$

式中　v_i——最大风速样本序列（$n \geqslant 15$）；

　　　C_1、C_2——概率分布参数，取值参照表 2.7。

表 2.7　　　　　　　　　　　　极值 I 型概率分布参数取值表

n	C_1	C_2	n	C_1	C_2
10	0.94970	0.49520	60	1.17465	0.55208
15	1.02057	0.51820	70	1.18536	0.55477
20	1.06283	0.52355	80	1.19385	0.55688
25	1.09145	0.53086	90	1.20649	0.55860
30	1.11238	0.53622	100	1.20649	0.56002
35	1.12847	0.54034	250	1.24292	0.56878
40	1.14132	0.54362	500	1.25880	0.57240
45	1.15185	0.54630	1000	1.26851	0.57450
50	1.16066	0.54853	∞	1.28255	0.57722

计算出气象站 50 年一遇最大平均风速后，进行相关性分析，推算出风电场轮毂高度处 50 年一遇最大风速。

6. 风切变指数

风切变，又称为风剪切，可认为是风廓线的另一种表达方式，用来表征两个高度平均风速的关系。在大气边界层中，风速随高度发生显著变化，而地面粗糙度的不同导致了风速随高度的变化也不一样。风切变用来表征两个高度平均风速的关系为

$$\alpha = \frac{\lg \dfrac{v_2}{v_1}}{\lg \dfrac{z_2}{z_1}} \tag{2.49}$$

风切变指数并非恒定，而是随着平均风速、风向和大气稳定度变化的。在实际风电场中，由于风电机组的启动风速一般为 3～4m/s，因此在推算风切变指数时应该剔除低于启动风速的数据。

7. 湍流强度

湍流强度是风速标准偏差和平均风速的比率，用同一组测量数据和规定的周期进行计

算，是评价风速波动情况的指标。湍流强度也描述了风速的时空变化特性，反映了脉动风速的相对强度。风速波动越剧烈，湍流强度越大，而且风电机组的载荷随着湍流强度指数增长。湍流强度的具体计算方法可参照 IEC 61400-1 标准。

8. 年有效风能估计

年有效风能 W_e 是指一年中在有效风速范围内的风能的平均密度，可计算为

$$W_e = \int_{v_m}^{v_n} \frac{1}{2}\rho v^3 P'(v) dv \qquad (2.50)$$

式中　　$v_m \sim v_n$——有效风速范围，一般为 3～25m/s；

　　　　P'——有效范围内的概率分布函数。

2.4.3　风能资源评判

风能利用是否经济取决于风电机组轮毂中心高处最小年平均风速，这一界限值目前取在大约 5m/s，根据实际的利用情况，这一界限值可能高一些或低一些。由于风电机组制造成本降低以及常规能源价格的提高，或者考虑生态环境，这一界限值有可能会下降。根据全国有效风功率密度和一年中风速大于等于 3m/s 时间的全年累积小时数，可以看出中国风能资源的各区分布。

表 2.8　　　　　　　　　　我国风能分区及占面积百分比表

区　别	丰富区	较丰富区	可利用区	贫乏区
年有效风功率密度/(W·m⁻²)	≥200	200～150	150～50	≤50
年风速大于 3m/s 累积小时数	≥5000	5000～4000	4000～2000	≤2000
年风速大于 6m/s 累积小时数	≥2200	2200～1500	1500～350	≤350
占全国面积百分比/%	8	18	50	24

由表 2.8 可以看出，一般说平均风速越大，风功率密度也大，风能可利用小时数就越多。中国风能区域等级划分的标准如下：

(1) 风能资源丰富区：年有效风功率密度大于 200W/m²，3～20m/s 风速的年累积小时数大于 5000h，年平均风速大于 6m/s。

(2) 风能资源较丰富区：年有效风功率密度为 200～150W/m²，3～20m/s 风速的年累积小时数为 5000～4000h，年平均风速在 5.5m/s 左右。

(3) 风能资源可利用区：年有效风功率密度为 150～50W/m²，3～20m/s 风速的年累积小时数为 4000～2000h，年平均风速在 5m/s 左右。

(4) 风能资源贫乏区：年有效风功率密度小于 50W/m²，3～20m/s 风速的年累积小时数小于 2000h，年平均风速小于 4.5m/s。

风能资源丰富区和较丰富区具有较好的风能资源，为理想的风电场建设区；风能资源可利用区，有效风功率密度较低，但是对于电能紧缺地区仍有相当的利用价值。实际上，较低的年有效风功率密度也仅是对宏观的大区域而言，而在大区域内，由于特殊地形的存在可能导致局部的小区域为大风区，因此，应具体问题具体分析。通过对这种地区进行精确的风能资源测量，并进行详细分析，选出最佳区域建设风电场，仍可获得可观的效益。

而风能资源贫乏区，风功率密度很低，对大型并网型风电机组一般无利用价值。

另一种风速分区按照风功率密度分区，这种分区方法蕴含着风速和风功率密度量值，是衡量风电场风能资源的综合指标，风功率密度等级在国际"风电场风能资源评估方法"中给出了 7 个级别，见表 2.9。

表 2.9　　　　　　　　　　　　风 功 率 密 度 等 级 表

高度	10m		30m		50m		
风功率密度等级	风功率密度 /(W·m^{-2})	年平均风速参考值 /(m·s^{-1})	风功率密度 /(W·m^{-2})	年平均风速参考值 /(m·s^{-1})	风功率密度 /(W·m^{-2})	年平均风速参考值 /(m·s^{-1})	应用于并网风电
1	<100	4.4	<160	5.1	<200	5.6	
2	100～150	5.1	160～240	5.9	200～300	6.4	
3	150～200	5.6	240～320	6，5	300～400	7.0	较好
4	200～250	6.0	320～400	7.0	400～500	7.5	好
5	250～300	6.4	400～480	7.4	500～600	8.0	很好
6	300～400	7.0	480～640	8.2	600～800	8.8	很好
7	400～1000	9.4	640～1600	11.0	800～2000	11.9	很好

注：1. 不同高度的年平均风速参考值是按风切变指数为 1/7 推算的。

　　2. 与风功率密度上限值对应的年平均风速参考值，按海平面标准大气压并符合瑞利风速。

习　　题

1. 简述陆上风能资源与海上风能资源特点。

2. 什么是风？什么是平均风？什么是脉动风？

3. 简述风的三种形成原因。

4. 简述大气环流的"大气环流"模型？试画三圈环流图。

5. 简述海陆风的形成过程。

6. 简述中国季风环流的特点及其形成过程。

7. 测风塔由哪几部分组成？

8. 风电场安装测风塔对测风塔高度有什么要求？

9. 风杯风速计的工作原理及优缺点分别是什么？

10. 简述多普勒激光雷达测风的原理及其种类。

11. 请简要说明测风数据订正的目的。

参 考 文 献

[1]　宫靖远，等. 风电场工程技术手册［M］. 北京：机械工业出版社，2004.

[2]　GB/T18710—2002，风电场风能资源评估方法［S］. 北京：中国标准出版社，2002.

[3]　GB/T18709—2002，风电场风能资源测量方法［S］. 北京：中国标准出版社，2002.

[4]　徐大平，等. 风力发电原理［M］. 北京：机械工业出版社，2011.

[5]　Burton T，Jenkins N，Sharpe D，et al. Wind Energy Handbook［M］. John Wiley & Sons，2011.

[6]　刘永前. 风力发电场［M］. 北京：机械工业出版社，2013.

[7]　贺德馨，等. 风工程与工业空气动力学［M］. 北京：国防工业出版社，2006.

第3章 风电机组

3.1 风电机组分类

风电机组单机容量从最初的数十千瓦级已经发展到兆瓦级，控制方式从基本单一的定桨距、定速控制向变桨距、变速恒频控制方向发展。根据机械功率的调节方式、齿轮箱的传动形式和发电机的驱动类型，可对风电机组按机械功率调节方式、传动形式、发电机调速类型和风轮主轴类型等四种方式分类。

1. **按机械功率调节方式分类**

（1）定桨距控制。桨叶与轮毂固定连接，桨叶的迎风角度不随风速而变化。依靠桨叶的气动特性自动失速，即当风速大于额定风速时，输出功率随风速增加而下降。

（2）变桨距控制。风速低于额定风速时，保证叶片在最佳攻角状态，以获得最大风能；当风速超过额定风速后，变桨系统减小叶片攻角，保证输出功率在额定范围内。

（3）主动失速控制。风速低于额定风速时，叶片的桨距角固定不变；当风速超过额定风速后，变桨系统通过增加叶片攻角，使叶片处于失速状态，限制增加风轮吸收功率，减小功率输出；而当叶片失速导致功率下降，功率输出低于额定功率时，适当调节叶片的桨距角，提高功率输出。

2. **按传动形式分类**

（1）高传动比齿轮箱型。用齿轮箱连接低速风轮和高速发电机，减小发电机体积重量，降低电气系统成本。但风电机组对齿轮箱依赖较大，由于齿轮箱导致的风电机组故障率高，齿轮箱的运行维护工作量大，易漏油污染，且导致系统的噪声大、效率低、寿命短。

（2）直接驱动型。应用多极同步风电机组可以去掉风力发电系统中常见的齿轮箱，让风电机组直接拖动发电机转子运转在低速状态，解决了齿轮箱所带来的噪声、故障率高和维护成本大等问题，提高了运行可靠性。但发电机极数较多，体积较大。

（3）中传动比齿轮箱（半直驱）型。这种风电机组的工作原理是以上两种形式的综合。中传动比型风电机组减少了传统齿轮箱的传动比，同时也相应地减少了多极同步风电机组的极数，从而减小了发电机的体积。

3. **按发电机调速类型分类**

（1）定速恒频型。采用异步电机直接并网，无电力电子变流器，转子通过齿轮箱与低速风电机组相连，转速由电网频率决定。定速异步发电机结构简单、可靠性高，但只能运行在固定转速或在几个固定转速间切换，不能连续调节转速以捕获最大风电功率。此外，在风电机组转速基本不变的情况下，风速的波动直接反映在转矩和功率的波动上，因此机械疲劳应力与输出功率波动都比较大。

（2）变速恒频型。异步发电机或同步发电机通过电力电子变流器并网，转速可调，有多种组合形式。目前实际应用的变速恒频机组主要有两种类型：采用绕线式异步发电机通过转子侧的部分功率变流器并网的双馈风电机组；采用永磁同步发电机通过全功率变流器并网的直驱永磁同步风电机组。与定速恒频机组相比，变速恒频风电机组可调节转速，进行最大功率跟踪控制，提高了风能利用率；风速变化而引起的机械功率波动可变为转子动能，从而减小机械应力，对输出功率的波动也可起到平滑作用。

4. 按风轮主轴类型分类

（1）水平轴风电机组。风轮旋转轴与地面平行，主要分为升力型和阻力型。其中：升力型风电机组利用叶片的两个表面空气流速不同，从而产生转矩，使风轮旋转；阻力型风电机组则利用叶片在风轮旋转轴两侧受到风的推力不同，从而产生转矩，使风轮旋转。由于升力型风轮旋转轴与风向平行，转速较高，且具有较高的风能利用系数，使用较为广泛。

（2）垂直轴风电机组。风轮旋转轴与地面垂直，与水平轴风电机组一样，作用在叶片上的风力可分解成与风垂直和与风平行的两个分力，垂直方向的分力称为升力，平行方向的分力称为阻力。主要依靠升力的作用来工作的机组称为升力型风电机组，如达里厄型风电机组和在其基础上发展起来的直线翼垂直轴风电机组。主要依靠阻力来工作的风电机组称为阻力型风电机组，如萨渥纽斯型。

3.2　风电机组结构与工作原理

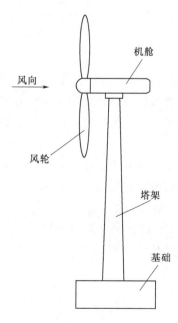

图 3.1　风电机组基本结构

风电机组的基本结构如图 3.1 所示，从整体上看，可分为风轮、机舱、塔架和基础 4 个部分。风轮和机舱置于塔架顶端，机舱通过偏航轴承与塔架顶端相连接，塔架底端通过连接螺栓固定在基础之上。

风电机组基本功能结构如图 3.2 所示。风轮是实现风能转换成机械能的部件，其上安装若干个叶片，叶片根部与轮毂相连。风以一定速度和攻角作用于叶片上，使叶片产生旋转力矩，驱动风轮主轴旋转，将风能转换成旋转机械能。风轮主轴经传动系统带动发电机转子旋转，进而将旋转机械能转换成电能。风电机组通过控制系统实现在各种工况条件下的运行与安全控制。

3.2.1　风轮

风轮是风电机组的核心部件之一，是由叶片和轮毂组成。叶片在气流作用下产生力矩驱动风轮转动，通过轮毂将扭矩输入到主传动系统。

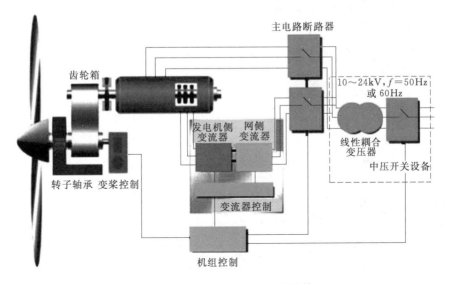

图 3.2　双馈式风电机组系统结构

1. 叶片

随着风电机组单机容量不断增大，叶片的长度在不断增长。目前，叶片设计主要从气动外形优化与结构铺层优化两种角度入手，优化目标为最大风能利用率、可靠性、轻量化、低成本。风电机组叶片应满足以下要求：

（1）高效捕获风能的气动特性，能够充分利用风电场的风资源条件，结合控制系统在全工况下获得尽可能多的风能。

（2）可靠的结构强度，具备足够的承受极限载荷和疲劳载荷能力；合理的叶片刚度和叶尖变形位移，避免叶片与塔架碰撞。

（3）良好的结构动力学特性和气动稳定性，避免发生共振和颤振现象，振动和噪声小。

（4）耐腐蚀、防雷击及防冰冻性能好，方便维护。

（5）在满足上述目标的前提下，优化设计结构，尽可能减轻叶片重量、降低制造成本。

目前，大型叶片面临以下主要问题（图 3.3）：

图 3.3　大型叶片面临的问题

（1）叶片的生产问题。叶片尺寸的不断增加，为了保证复合材料叶片设计外形和尺寸精度，叶片越长，对于模具的强度、刚度、加工精度要求就越高，模具的重量和成本也会大幅度的提高，模具的制造加工难度也就越大。还有工艺和叶片的固化问题，在叶片的生产中，目前多数采用真空树脂导入模塑法，叶片尺寸增大，一般很难采用传统的外部加热对其升温固化，室温下的固化周期较长，很难保证固化的质量以及形成连续化的生产。

（2）叶片的长途运输问题。目前，叶片的生产都是采用整体模具生产，叶片运输多数通过加长的货车来运输，出于安全考虑，世界各国铁路、公路部门对运载货物的长度、高度都有严格的限制和规定。另外，风电场的选址一般远离居民区，位置偏远，地形复杂，交通条件一般都比较差，要把几十米的叶片运到装机地点，对施工来说是个很大的挑战，有的地区甚至根本无法送达。

解决叶片运输的问题的方法如下：

1）将叶片成型模具设计成可拆装、易运输的组合模具，在风场附近快速搭建简易工房，现场进行叶片制造。实际上这种方案很难实现，因为叶片生产对环境和工艺条件要求很严格，现场生产的叶片质量难以保证，再加上目前超长叶片的使用量不大，单位成本反而比在基地生产要高出很多。

2）采用分段式叶片，把叶片分段生产，分段运输，不仅降低了生产的难度，也解决了运输问题。图 3.4 为分段式叶片吊装示意图。

图 3.4　分段式叶片吊装示意图

2. 轮毂

轮毂作为连接叶片和主轴部件，承受来自叶片的载荷并将扭矩通过主轴传递到主传动系统。轮毂分为固定式和铰链式两种形式，选择主要取决于风轮叶片数量。

单叶片和双叶片风轮的轮毂常采用铰链式轮毂，叶片和轮毂柔性连接，使叶片在挥舞、摆动和扭转方向上都具有自由度，以减少叶片载荷的影响，但因其内部具有活动部件，相对于固定式轮毂制造成本较高、可靠性较低、承受载荷较小、后期维护费用较高，因此较适用于小装机容量风电机组。

目前，常用的三叶片风轮多采用固定式轮毂，叶片与轮毂刚性连接，结构简单，制造和维护成本低，承载能力大。固定式轮毂为铸造结构或焊接结构，材料采用铸钢或球磨铸铁。轮毂在设计过程中最为重要的一点是三轴对中，或称为四线交一点，此处的中心点是风电机组转子及风轮叶片的旋转中心，以确保风电机组安全稳定运行。图 3.5 为三叶片风轮的三圆柱式和三通式两种主要轮毂结构型式。

3. 变桨机构

变桨机构是由变桨轴承、变桨驱动部件和备用电源组成。工作过程中，随着风速的变化，叶片围绕变桨轴相对轮毂转动，实现桨距角的调节，从而改变运行过程中叶片的气动特性。按照驱动方式，可以分为液压变桨距系统和电动变桨距系统；按照变桨距操作方式，可以分为集中变桨距系统和独立变桨距系统。其主要功能是：在正常运行状态下，当

（a）三圆柱式轮毂　　　　　　　（b）三通式轮毂

图 3.5　轮毂典型结构

风速在额定风速以上，通过叶片变桨，实现功率控制；当风速超过切出风速时，或者风电机组在运行过程出现故障状态时，迅速将桨距角调整到顺桨状态，实现紧急制动。备用电源的功用是当电网断电时能够实现变桨机构顺桨安全停机。

变桨距机组的变桨角度范围为 $0°\sim90°$。正常工作时，叶片桨距角在 $0°$ 附近，进行功率控制时，桨距角调节范围为 $0°\sim25°$，调节速度一般为 $1°/s$ 左右。制动过程，桨距角从 $0°$ 迅速调整到 $90°$ 左右，称为顺桨位置，一般要求调节速度较高，可达 $15°/s$ 左右。风电机组启动过程中，叶片桨距角从 $90°$ 快速调节到 $0°$，然后实现并网。

变桨驱动部件分为液压驱动和电机驱动。由于液压系统存在漏油问题，近年来已经被电机驱动系统所取代。电机驱动变桨距风电机组每个叶片在轮毂内都有一套驱动装置。变桨驱动装置主要由控制器、伺服电动机、伺服驱动器、大速比减速机、开式齿轮传动副等组成。

变桨驱动电动机一般采用含有位置反馈的直流伺服电动机。在驱动装置的功率输出轴端，安装与变桨轴承齿轮传动部分啮合的小齿轮，与变桨轴承的大齿轮组成开式齿轮传动副。应注意，该齿轮副的啮合间隙需要通过调整驱动装置与轮毂的相对安装位置实现。图 3.6 示出电动独立变桨距系统在轮毂内布置示意图及安装实例。

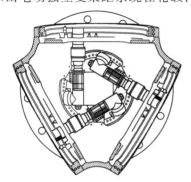

图 3.6　变桨机构安装

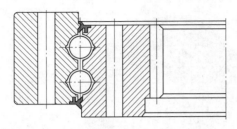

图3.7　内齿式双排同径四点接触球轴承

变桨轴承作为变桨装置的关键部件，除保证叶片相对轮毂的可靠运动外，同时提供了叶片与轮毂的连接，并将叶片的载荷传递给轮毂。变桨轴承属于专用轴承，有多种形式，国内外标准［如《滚动轴承　风力发电机组偏航、变桨轴承》（GB/T 29717—2013）］中，对此类轴承有相关规定。图3.7为常用的内齿式双排同径四点接触球轴承结构。外圈安装孔用于连接轮毂，内圈安装孔用于连接叶片。

4. 导流罩

导流罩整体外形成流线型，有利于减小风对机舱的作用力，其与轮毂固定连接，随风轮一起旋转。风电机组导流罩示意图如图3.8所示。

3.2.2　风电机组传动系统

传动系统用来连接风轮与发电机，实现将风轮产生的机械能转换成发电机产生的电能。图3.9为带齿轮箱风电机组的传动系统结构示意图。包括风轮主轴（低速轴）、增速齿轮箱、高速轴（齿轮箱输出轴）及机械刹车制动装置等部件。整个传动系统和发电机安装在主机架（机舱底部）上。作用在风轮上的各种气动载荷和重力载荷通过主机架及偏航系统传递给塔架。

3.2.2.1　风轮主轴

图3.8　风电机组导流罩示意图

1. 主轴支撑型式

风轮主轴一端连接风轮轮毂，另一端连接增速齿轮箱的输入轴，用滚动轴承支撑在主机架上。风轮主轴的支撑结构分为3种结构型式，如图3.10所示。

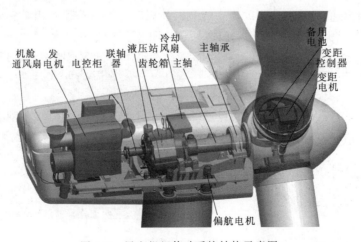

图3.9　风电机组传动系统结构示意图

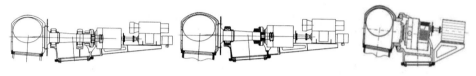

（a）独立轴承支撑式   （b）三点支撑式   （c）主轴承与齿轮箱集成式

图 3.10 风轮主轴支撑型式

（1）独立轴承支撑式。通过两个独立安装在主机架（机舱底板）上的轴承支撑主轴，其中靠近风轮的轴承承受轴向载荷，两轴承都承受径向载荷，并传递弯矩传递给主机架和塔架。此种情况下，主轴只传递转矩到齿轮箱。由于齿轮箱主要承受风轮转矩载荷，其支撑需考虑对主机架的反扭矩，还需要特别设计相应的转矩保护装置，以使齿轮箱在承受转矩的同时能够有足够的自由运动余地。通常此种独立轴承支撑的主轴布局轴向结构较长，且主机架需承受其全部风轮载荷。

（2）三点支撑式。主轴前轴承独立安装在主机架上，后轴承与齿轮箱内轴承做成一体。这种主轴支撑结构紧凑，可以增加前后支撑轴承间距，降低后支撑的载荷，齿轮箱在传递转矩的同时，且承受叶片作用的弯矩。从齿轮箱维修角度看，此种支撑方式大大降低维修费用，较为合理。

（3）主轴承与齿轮箱集成式。主轴的前后支撑轴承与齿轮箱做成整体，风轮通过轮毂法兰直接与齿轮箱连接，可以减小风轮的悬臂尺寸，从而降低了主轴载荷。此外主轴装配容易、轴承润滑合理。由于难于直接选用标准齿轮箱，维修齿轮箱必须同时拆除主轴。输入主轴与齿轮箱连成一体，齿轮箱传递转矩的同时且承受叶片作用的重力及弯矩，结构布局对疲劳应力比较敏感，且给标准化和维修带来不便，因而目前在大型风电机组中应用相对较少。

2. 主轴轴承

无论采用何种风轮主轴的支撑结构，轴承都是设计中重要的影响因素之一。风电机组传动链中的主传动轴的径向与轴向支撑通常采用滚动轴承。由于此种主轴易产生弯曲变形，同时主轴的轴向位移可能引起轴承的滚子磨损，因而在轴承和轴承座设计时应采取必要措施解决这一问题。

《滚动轴承 风力发电机组主轴轴承》（GB/T 29718—2013）推荐主轴轴承采用调心滚子轴承与双列圆锥滚子轴承。调心滚子轴承具有自动调心性能，因而不易受轴与轴承箱座角度对误差或轴弯曲的影响，适用于安装误差或轴挠曲而引起角度误差的场合。该轴承除能承受径向负荷外，还能承受双向作用的轴向负荷。双列圆锥滚子轴承能够承受径向、轴向和倾覆力矩载荷的作用，滚子无滑动摩擦，主轴的轴向、径向刚性好，通过预紧使双列滚子受载。典型结构如图 3.11 所示，结构不限于图例。

3.2.2.2 齿轮箱

风电齿轮箱的设计条件比较苛刻，属于大传动比、大功率的增速传动装置；常年运行于酷暑、严寒等极端自然环境条件，需要承受多变的风载荷作用及其他冲击载荷；对其运行可靠性和使用寿命的要求较高；应具备适宜的冷却与加热措施，以保证润滑系统的正常工作；随着机组单机功率的不断增大，综合考虑结构尺寸与可靠性方面的矛盾，对齿轮箱

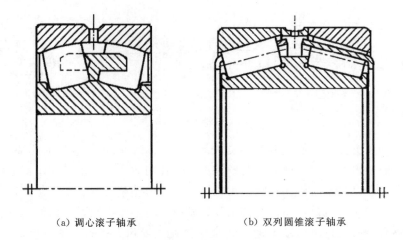

（a）调心滚子轴承　　　　　　　（b）双列圆锥滚子轴承

图 3.11　两种典型主轴轴承

设计形成很大的压力；一般需要在齿轮箱的输出端（或输入端）设置机械制动装置，应考虑防止冲击、振动和噪声措施，设置合理的传动轴系和齿轮箱体支撑。

鉴于以上特点，风电齿轮箱的总体设计目标很明确，即在满足传动效率、可靠性和工作寿命要求前提下，以最小体积和重量为目标，获得优化的传动方案。齿轮箱的结构设计过程，应以传递功率和空间限制为前提，尽量选择简单、可靠、维修方便的结构方案，同时正确处理刚性与结构紧凑性等方面的问题。图 3.12 示出典型风电机组齿轮箱外观结构。

图 3.12　典型风电机组齿轮箱外观结构

1. 常用齿轮副

所谓轮系是一种由若干对啮合齿轮组成的传动机构，以满足复杂的工程要求。齿轮传动一般分为定轴轮系传动和行星轮系传动。

定轴传动轮系，组成轮系的所有齿轮几何轴线位置都固定不变时。定轴轮系又可分为两类：轮系中所有齿轮轴线都相互平行，称为平行轴或平面定轴轮系；轮系中有相交或交错的轴线，则被称之为空间定轴轮系。定轴、行星和组合轮系如图 3.13 所示。

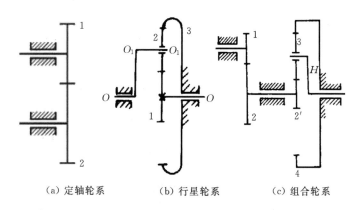

（a）定轴轮系　　　　（b）行星轮系　　　　（c）组合轮系

图 3.13　定轴、行星和组合轮系

图 3.13（a）为三级平行轴齿轮传动实例。

行星转轮系中，至少有一个齿轮的轴线可绕其他齿轮的轴线转动，即一个或多个所谓的行星轮绕着一个太阳轮公转，本身又自转的齿轮传动轮系。图 3.13（b）为行星轮系的基本结构。行星轮系具有结构紧凑，传动比高等优点，但是其结构复杂，制造和维护困难。

轮系中同时具有定轴和行星齿轮传动时被称为组合轮系，如图 3.13（c）所示。

2．结构

由于要求的增速比很大，风电齿轮箱通常需要多级齿轮传动。实际应用的大型风电机组的增速齿轮箱的典型设计，多采用行星齿轮与定轴齿轮组成混合轮系的传动方案，这样可以在获得较高传动比的同时，使齿轮箱结构比较紧凑。图 3.14 示出一种一级行星和两

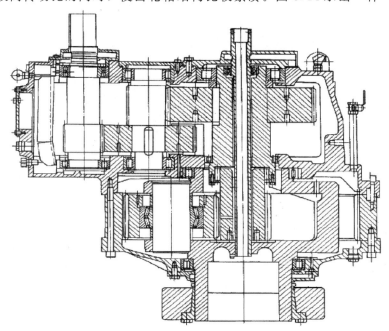

图 3.14　采用一级行星和两级定轴齿轮传动的齿轮箱结构

级定轴齿轮传动的齿轮箱结构，低速轴为行星齿轮传动，可使功率分流，同时合理应用了内啮合。后二级为定轴圆柱齿轮传动，可合理分配速比，提高传动效率。图 3.15 主轴与齿轮箱集成的二级行星轮和一级定轴齿轮传动齿轮箱结构。图 3.16 为三级行星轮加一级定轴齿轮齿轮箱结构。

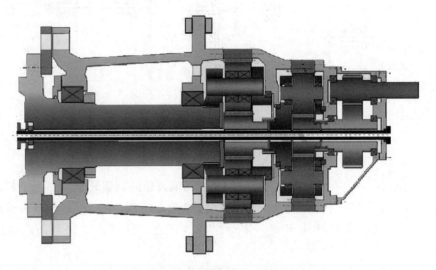

图 3.15　主轴与齿轮箱集成的二级行星轮和一级定轴齿轮传动齿轮箱结构

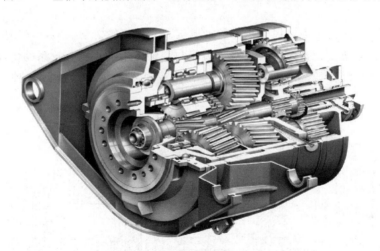

图 3.16　三级行星轮加一级定轴齿轮齿轮箱结构

3. 齿轮材料与连接方式

由于传动构件的运转环境和载荷情况复杂，要求所设计采用的材料除满足常规机械性能条件外，还应具有极端温差条件下的材料特性，如抗低温冷脆性、极端温差影响下的尺寸稳定性等。齿轮、轴类构件材料一般采用低碳合金钢，毛坯的制备多采用锻造工艺获得，以保证良好的材料组织纤维和力学特征。

根据传动要求，设计过程要考虑可靠的构件的连接问题。齿轮与轴的连接可采用键连接或过盈配合连接等方式，在传递较大转矩场合，一般采用花键连接。过盈配合连接可使被连接构件良好的对中性并能够承受冲击载荷，在风电齿轮箱的传动构件连接中也得到了较多的应用。

4. 箱体

箱体是齿轮箱的重要基础部件，要承受风轮的作用力和齿轮传动中过程产生的各种载荷，应具有足够的强度和刚度，以保证传动的技术要求。

批量生产的箱体一般采用铸造成型，常用材料有球墨铸铁或其他高强度铸铁。单件小批生产时，常采用焊接箱体结构。为保证箱体的质量，铸造或焊接结构的箱体均应在加工过程需安排必要的去应力热处理环节。

齿轮箱在主机架上的安装一般需考虑弹性减振装置，最简单的弹性减振器是用高强度橡胶和钢结构制成的弹性支座块（图 3.17）。

在箱体上应设有观察窗，以便于装配和检查传动工作情况。箱盖上还应设有透气罩、油标或油位指示器。采用强制润滑和冷却的齿轮箱，在箱体的合适部位需设置进出油口和相关的液压元件的安装位置。

5. 轴承

风电机组齿轮箱中较多采用圆柱滚子轴承、调心滚子轴承或深沟球轴承。国内外有关标准对风电机组齿轮箱轴承的一般规定为，行星架应采用深沟球轴承或圆柱滚子轴承；速度较低的中间轴可选用深沟球轴承、球面滚子推力轴承或圆柱滚子轴承，高速的中间轴则应选择四点接触球轴承或圆柱滚子轴承，高速输出轴和行星轮采用圆柱滚子轴承等，具体可结合设计需要查阅。

图 3.17 弹性齿轮箱支撑

风电齿轮箱轴承的承载压力往往很大，如有些推力球轴承的球与滚道间最大接触压强可达 1.66GPa。此外轴承旋转，承载区域将承受周期性变化的载荷，亦即滚道表面将受循环应力作用，会导致轴承由于滚动表面的疲劳而失效。

在通用的轴承设计标准（ISO 281）中，一般对轴承额定寿命计算有很多的条件假设。但对于风电机组使用的大型轴承而言，设计中需要考虑标准的适用条件。例如，滚动表面粗糙部分的接触可能导致该处的接触压力值显著增加。特别是在润滑不足油膜不够的情况下，高载和低载产生的粗糙接触所导致塑性变形是轴承的失效源之一。

高速运行工况的轴承，可能出现的速度不匀和滑动现象。当然，在润滑良好的情况下轴承滚动体的滑动不一定导致轴承损伤，但若润滑不足时，滑动产生的热量将导致接触表面的损伤或黏着磨损，并进一步转化为灰色斑和擦伤。需要根据滚动轴承的运行温度设计润滑。滚动轴承的润滑方式主要有飞溅润滑和强制润滑两种，大型风电机组通常采用带有外部润滑油供给辅助系统的强制润滑。

3.2.2.3 轴的连接与制动

1. 低速轴连接

低速轴与齿轮箱的连接选用刚性连接，主要采用胀紧套连接方式，如图 3.18 所示。

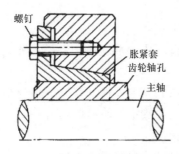

图 3.18 主轴与齿轮箱的胀紧套连接方式示意图

连接结构。

相对于过盈连接方式，这种连接方式具有制造和安装简单、承载能力强、互换性好、使用寿命长等优点，并具有过载保护功能。

2. 高速轴连接

为防止机组运行故障导致传动链过载以及发电系统寄生电流导致的巨大损失，齿轮箱高速轴与发电机连接一般采用防止过载且具有完善绝缘措施的柔性安全联轴器，以弥补风电机组运行过程轴系的安装误差，解决主传动链轴系的不对中问题。同时，柔性联轴器还可以增加传动链的系统阻尼，减少振动的传递。图 3.19 为某风电机组高速轴

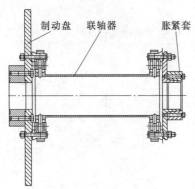

图 3.19 某风电机组高速轴连接结构

3. 制动机构

当风电机组遇到极端风况、风电机组故障或者需要保养维修时，需用制动机构使风电机组停下来，再开启风轮锁使风电机组保持停机状态。大型风电机组的制动刹车机构均由气动刹车和机械刹车两个部分组成。一般情况下，首先执行气动刹车，使风轮转速降到一定程度后，再执行机械刹车。只有在紧急制动情况下，同时执行气动和机械刹车。

气动刹车是定桨距风电机组通过在叶尖位置安装叶尖扰流器实现，变桨距风电机组则通过变桨机构将叶片顺桨实现。

常用的机械制动机构为盘式液压制动器，制动盘安装在高速轴联轴器前端，制动刹车时，液压制动器抱紧制动盘，通过摩擦力实现刹车动作。机械制动系统需要一套液压系统提供动力。对于采用液压变桨系统的风电机组，为了使系统简单、紧凑，可以使变桨距机构和机械刹车机构共用一个液压系统，图 3.20 为高速轴制动器。

图 3.20 高速轴制动器

3.2.3 机舱

3.2.3.1 机舱罩

风电机组在野外运转，工作条件恶劣，为了保护传动系统、发电机以及控制装置等部件，将它们用机舱封闭起来。为降低塔筒的承载压力，机舱通常采用重量轻、强度高、耐腐蚀的玻璃钢制作。图3.21示出机舱内部部件布置及机舱的整体吊装情况。

（a）机舱内布置　　　　　　　　　　　（b）机舱整体吊装

图3.21　传动系统在机舱内部部件布置及机舱的整体吊装情况

3.2.3.2 主机架

主机架主要负责安装传动系统、偏航系统、液压系统、制动系统、发电机、控制与安全系统等主要装置，通过偏航轴承与塔架顶端连接，将风轮和传动系统产生的所有载荷传递到塔架上。图3.22为主轴轴承与齿轮箱集成形式的风电机组的主机架结构。

图3.22　主轴轴承与齿轮箱集成形式的风电机组的主机架结构

3.2.3.3 偏航系统

偏航系统主要应用于上风向风电机组调整风轮的对风方向，同时还应提供必要的锁紧力矩，以保证风电机组的安全运行和停机状态的需要。下风向风电机组的风轮能自然地对准风向，属于被动偏航（对大型的下风向风电机组，为减轻结构上的振动，往往也采用对风控制系统）。大型风电机组主要采用电动机驱动的偏航系统。该系统的风向感受信号来自装在机舱上面的风向标。通过控制系统实现风轮方向的调整。

偏航机构安装在塔架与主机架之间，要求的运行速度较低，且结构设计所允许的安装空间、承受的载荷更大，因此，采用滚动轴承实现主机架轴向和径向的定位与支撑。图3.23 为主动偏航装置结构示意图。当需要随风向改变风轮位置时，通过安装在驱动部件上的小齿轮与大齿圈啮合，带动主机架和机舱旋转使风轮对准风向。

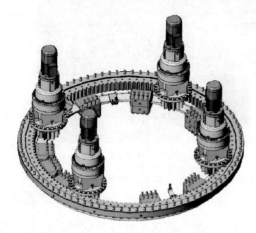

图 3.23　主动偏航装置结构示意图

偏航驱动电机一般选用转速较高的电动机，以尽可能减小体积。但由于偏航驱动所要求的输出转速很低，应采用紧凑型的大速比减速机，以满足偏航动作要求。偏航减速器可选择立式或其他形式安装，采用多级行星轮系传动，以实现大速比、紧凑型传动的要求。

根据传动比要求，偏航减速器通常需要采用三级、四级行星轮传动方案，而大速比行星齿轮的功率分流和均载是其结构设计的关键。偏航减速器箱体等结合面间需要设计良好的密封，并严格要求结合面间形位与配合精度，以防止润滑油的渗漏。

1. 偏航轴承

偏航轴承是保证机舱相对塔架可靠运动的关键构件，采用滚动体支撑的偏航轴承虽然也是一种专用轴承，但已初步形成标准系列。可参考 GB/T 29717—2013 进行设计或选型。滚动体支撑的偏航轴承与变桨轴承相似，如图 3.24 所示。相对普通轴承而言，偏航轴承的显著结构特征在于，具有可实现外啮合或内啮合的齿轮轮齿。

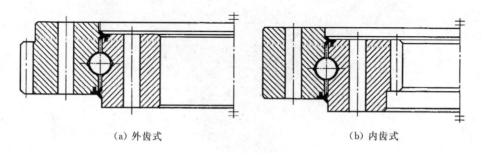

　　（a）外齿式　　　　　　　　　　　　　　　　（b）内齿式

图 3.24　偏航轴承结构

风电机组偏航运动的速度很低，一般轴承的转速 $n \leqslant 10 \text{r/min}$。但要求轴承部件有较高的承载能力和可靠性，可同时承受风电机组的几乎所有运动部件产生的轴向、径向力和倾覆力矩等载荷。考虑到风电机组的运行特性，此类轴承需要承受载荷的变动幅度较大，因此对动载荷条件下滚动体的接触和疲劳强度设计要求较高。偏航轴承的齿轮为开式传动，轮齿的损伤是导致偏航和变桨轴承失效的重要因素。

2. 偏航制动

为保证风电机组运行的稳定性，偏航系统一般需要设置制动器，多采用液压钳盘式制动器，图 3.25 给出了一种钳盘式制动器结构。制动器的环状制动盘通常装于塔架（或塔架与主机架的适配环节）。制动盘的材质应具有足够的强度和韧性，如采用焊接连接，材质还应具有比较好的可焊性。一般要求风电机组寿命期内制动盘主体不出现疲劳等形式的失效损坏。图 3.26 偏航制动器安装总成。

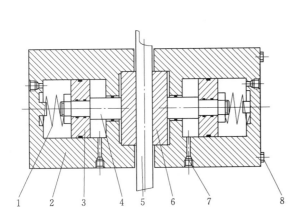

图 3.25 钳盘式制动器结构

1—弹簧；2—制动钳体；3—活塞；4—活塞杆；5—制动盘；6—制动衬块；7—管件接头；8—螺栓

制动钳一般由制动钳体和制动衬块组成，钳体通过高强度螺栓连接于主机架上，制动衬块应由专用的耐磨材料（如铜基或铁基粉末冶金）制成。

制动器应设有自动补偿机构，以便在制动衬块磨损时进行间隙的自动补偿，保证制动力矩和偏航阻尼力矩的要求。

偏航制动器可采用常闭和常开两种结构。其中，常闭式制动器是指在有驱动力作用条件下制动器处于松开状态；常开式制动器则是在驱动力作用时处于锁紧状态。考虑制动器的失效保护，偏航制动器多采用常闭式制动结构。

图 3.26 偏航制动器安装总成

3.2.4 塔架与基础

塔架是风电机组的支撑部件，承受风电机组的重量、风载荷以及运行中产生的各种动载荷，并将这些载荷传递到基础。大型并网风电机组塔架高度一般超过几十米，甚至超过百米，重量约占整个机组重量的一半左右，成本占风电机组制造成本的 15％～20％。由于风电机组的主要部件全部安装在塔架顶端，因此塔架一旦发生倾倒垮塌，往往造成整台风电机组报废。因此塔架与基础对整台风电机组的安全性和经济性具有重要影响。对塔架与基础的要求是，保证机组在所有可能出现的载荷条件下保持稳定状态，不能出现倾倒、失稳或其他问题。

3.2.4.1　塔架

1. 分类

目前，风电机组塔架结构主要有钢筒结构、钢筋混凝土结构、桁架结构。

钢筒塔架如图 3.27（a）所示，是目前大型风电机组主要采用的结构，从设计与制造、安装和维护等方面看，这种形式的塔架指标相对比较均衡。本章内容将主要讨论的钢筒塔架的相关问题。

（a）钢筒塔架

（b）钢筋混凝土塔架

（c）桁架塔架

图 3.27　风电机组塔架结构

钢筋混凝土塔架如图 3.27（b）所示。钢筋混凝土结构可以现场浇注，也可以在工场做成预制件，然后运到现场组装。钢筋混凝土塔的主要特点是刚度大，一阶弯曲固有频率远高于风电机组工作频率，因而可以有效避免塔架发生共振。早期的小装机容量风电机组中曾使用过这种结构。但是随着风电机组装机容量增加，塔架高度升高，钢混结构塔的制造难度和成本均相应增大，因此在大型风电机组中很少使用。

桁架塔架如图 3.27（c）中所示，其结构与高压线塔相似。桁架塔的耗材少，便于运输，但需要连接的零部件多，现场施工周期较长，运行中还需要对连接部位进行定期检查。在早期小型风电机组中，较多采用这种类型塔架结构。随着高度的增大，这种塔架逐渐被钢筒塔架结构取代。但是，在一些高度超过 100m 的大型风电机组塔架中，桁架结构又重新受到重视。因为在相同的高度和刚度条件下，桁架结构比钢筒结构的材料用量少，而且桁架塔的构件尺寸小，便于运输。对于下风向布置形式的风电机组，为了减小塔架尾流的影响，也多采用桁架结构塔架。

2. 结构特征

风电机组的额定功率取决于风轮直径和塔架高度，随着风电机组不断向大功率方向发展，风轮直径越来越大，塔架也相应地越来越高。但是为了降低的造价，塔架的重量往往受到限制，塔架的结构刚度相对较低。因此细长、轻质塔架体现了风电机组塔架的主要结构特征，也对塔架结构的设计、制造提出了更高的要求。

（1）塔架高度。塔架高度是塔架设计的主要因素，塔架高度决定了塔架的类型、载荷大小、结构尺寸以及刚度和稳定性等。塔架越高，需要材料越多，造价越高，同时运输、安装和维护问题也越多。因此在进行塔架设计时，应先对塔架高度进行优化。在此基础上，完成塔架的结构设计和校核。

塔架高度 H 与风轮直径 D 具有一定的比例关系，在风轮直径 D 已经确定的条件下，可以初步确定塔架高度为

$$H = (1 \sim 1.3)D \tag{3.1}$$

确定塔架高度时，应考虑风电机组附近的地形地貌特征。对于同样装机容量的风电机组，在陆地和海上的塔架高度不同。陆地地表粗糙，风速随高度变化缓慢，需要较高的塔架。而海平面相对光滑，风速随高度变化大，因此塔架高度相对较小。塔架最低高度可以确定为

$$H = h_0 + C_0 + R \tag{3.2}$$

式中　　h_0——风电机组附近障碍物高度；

C_0——障碍物最高点到风轮扫掠面最低点距离，最小取 $1.5 \sim 2.0 \text{m}$；

R——风轮半径。

（2）塔架刚度。刚度是结构抵抗变形的能力。钢筒塔架是质量均布的细长结构，塔顶端安装占机组约 1/2 重量的风轮和机舱，质量相对集中，刚度较低。塔架结构的固有频率取决于塔架的刚度和质量，刚度越低，固有频率越低。风电机组运行时，塔架承受风轮旋转产生的周期性载荷，如果载荷的频率接近甚至等于塔架的固有频率，将会产生共振现象，使塔架产生很大的震动。因此对于刚度较低的塔架结构，振动问题是塔架设计考虑的主要因素之一。为保证作用在塔架上的周期性载荷的频率（如风轮旋转频率、叶片通过频率及其谐频等）避开塔架结构弯曲振动的固有频率，要求塔架具有合适的刚度。

按照整体刚度不同，塔架结构可以分为刚性塔架和柔性塔架两类。

3.2.4.2　基础

1. 陆上风电机组的基础

基础通常采用钢筋混凝土结构，图 3.28 为钢筋混凝土基础施工过程。混凝土的重量应能够平衡整台风电机组的倾覆力矩。其影响因素首先应考虑极端风速条件下的叶片产生的推力载荷，以及风电机组运行状态下的最大载荷。

对风电机组安装现场的工程地质勘察是塔架基础设计的先决条件和重要环节。需要充分了解、研究地基土层的构造及其力学性质等条件，对现场的工程地质条件作出正确的评价。应使基础满足以下基本设计条件：①要求作用于地基上的载荷不超过地基容许的承载能力，以保证地基在防止整体破坏方面有足够的安全储备；②控制基础的沉降，使其不超过地基容许的变形值，以确保机组不受地基变形的影响。

（1）基础型式。塔架基础均为现浇钢筋混凝土独立基础，根据风电场场址工程地质条

图 3.28　钢筋混凝土基础施工过程

件和地基承载力以及基础荷载、结构等条件有较多设计形式。从结构的形式看，常见的有板状、桩式和桁架式等基础。

1）板状基础。图 3.29 为 4 种形式的板式基础结构，这类板状基础结构适用于岩床距离地表面比较近的场合。

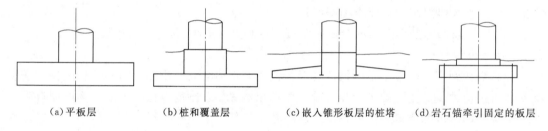

(a)平板层　　　　(b)桩和覆盖层　　(c)嵌入锥形板层的桩塔　　(d)岩石锚牵引固定的板层

图 3.29　4 种板式基础结构

板式基础的轴向截面形状以圆形为理想状态，但是考虑到搭建圆形混凝土浇筑模板比较复杂，经常使用多边形作为替代，如八角形，甚至方形的，可以简化浇注挡板和基础内的钢筋布置。

2）桩式基础。当地表条件较差时，采用桩基础比板层基础可以更有效地利用材料。图 3.30 为 3 种桩基础设计形式。

（2）基础尺寸。基础的结构尺寸取决于风电机组装机容量大小，其影响因素主要是极端风速下的载荷，以及外风电机组运行状态下的最大载荷。影响基础的载荷主要是叶片产生的推力。不同类型风电机组产生的推力不一样，例如变桨距风电机组的叶片最大推力发生在额定风速处，而失速风电机组的叶片推力在额定风速以上仍有可能增加。此外由于失速机组不能顺桨，因此在极端风速下，即使风电机组处在静止状态，仍会产生很大推力。

基础设计主要考虑风电机组承受的静载荷，一般不考虑疲劳载荷。设计安全系数取1.2。基础面积不能太小，以避免对土壤造成太大压力。要进行基础最大压力计算，以确定土壤支撑面承载能力、土壤允许压强，保证机组不会下沉。

2. 海上风电机组的基础

海上风电机组基础的建造要综合考虑海床地质结构、离岸距离、风浪等级、海流情况

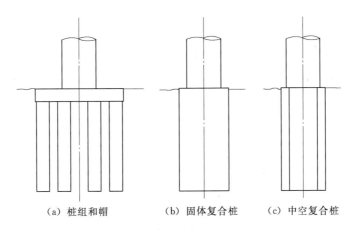

| (a) 桩组和帽 | (b) 固体复合桩 | (c) 中空复合桩 |

图 3.30　3 种桩基础设计形式

等多方面影响，这也是海上风电施工难度高于陆地风电施工的主要方面。目前，适用于近海的风电机组的基础形式主要有重力式、桩承式、浮式等。关于各种海上风电机组的基础内容在第 6 章详细介绍。

3.3　风　能　转　换　原　理

风电机组是通过风轮将风能转换为机械能，并通过传动系带动发电机将机械能转换为电能，本节主要结合风轮的一些空气动力学原理介绍风能转换原理。

3.3.1　叶片上的气动力

1. 叶片翼型

叶片是风轮的主要受风部件，叶片翼型特性决定着风轮本身的气动特性，其几何参数如图 3.31 所示。

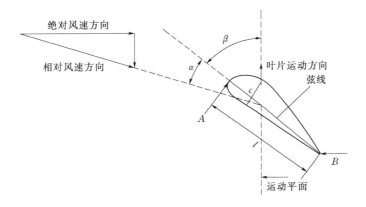

图 3.31　叶片翼型的几何参数

图 3.31 中，A 为叶片前缘点，B 为叶片后缘点；l 为弦长，前后缘；c 为厚度，即弦长法线方向翼型上下表面间距离，其中最大厚度与弦长的比值称为相对厚度；β 为桨距角，

67

是风轮旋转平面与弦线间的夹角；α 为攻角，是来流速度方向与弦线间的夹角。

2. 叶片上的气动力

空气流过叶片时，叶片将受到空气的作用力，称为空气动力。图 3.32 为空气流过静止叶片时叶片的受力情况。风轮旋转时，叶片的受力情况将在叶素理论中分析。

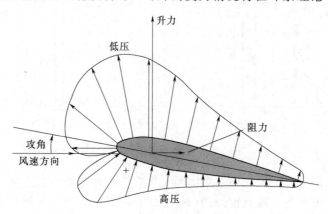

图 3.32　静止叶片在空气中受到的空气动力

由于叶片上方和下方的气流速度不同（上方速度大于下方速度），因此叶片上方、下方所受的压力也不同（下方压力大于上方压力），总的合力 F 即为叶片在流动空气中所受到的空气动力。此力可分解为两个分力：一个分力 F_1 与气流方向垂直，它使平板上升，称为升力；另一个分力 F_d 与气流方向相同，称为阻力。由空气动力学的基础知识我们知道，升力和阻力与叶片在气流方向的投影面积 A、空气密度 ρ 及气流速度 v 的平方成比例，如果引入各自的比例系数，叶片受到的合力、升力和阻力可以表示为

$$F = \frac{1}{2}\rho C_{\mathrm{r}} A v^2$$

$$F_1 = \frac{1}{2}\rho C_{\mathrm{l}} A v^2 \qquad (3.3)$$

$$F_{\mathrm{d}} = \frac{1}{2}\rho C_{\mathrm{d}} A v^2$$

式中　C_{r}——总的气动力系数；

　　　C_{l}——升力系数；

　　　C_{d}——阻力系数。

升力系数与阻力系数之比称为升阻比，以 ε_0 表示，即

$$\varepsilon_0 = \frac{C_{\mathrm{l}}}{C_{\mathrm{d}}} \qquad (3.4)$$

对于风轮的叶片来说，升力是使风电机组有效工作的力，而阻力则形成对风轮的正面压力。为了使风电机组很好地工作，叶片截面需要选择具有很大升阻比的翼型。

3. 影响升力系数和阻力系数的因素

（1）攻角的影响。攻角是风电机组运行时影响风轮受力的主要因素，原因在于攻角的改变影响了升、阻力系数的变化。图 3.33 为叶片的升力系数和阻力系数随攻角 α 的变化情况。

从图 3.33 中可以看出，升力系数与阻力系数均随攻角的变化呈现出阶段性变化。C_l 的变化可分为 3 个阶段：当攻角小于 α_0 时，$C_l < 0$，此阶段升力系数为负值；当攻角达到 α_0 时，$C_l = 0$，并随着攻角的增加继续增大，这一阶段 $C_l > 0$ 且不断增大；而当攻角增至 α_{lmax} 时，升力系数升至最大值 α_{lmax} 后开始下降，本阶段风电机组处于失速状态，与 C_{lmax} 对应的 α_{lmax} 点称为失速点。

阻力系数的变化可以依据与最小阻力系数 C_{dmin} 对应的攻角 α_{dmin} 分为两个阶段，当 $\alpha < \alpha_{dmin}$ 时，C_d 随 α 的增大而减小；当 $\alpha > \alpha_{dmin}$ 时，C_d 开始随攻角增加而增加；而当 $\alpha = \alpha_{lmax}$ 时，阻力系数 C_d 达到最小值 C_{dmin}。

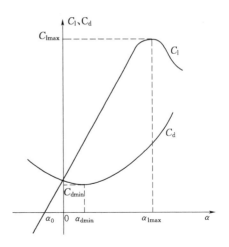

图 3.33　随攻角变化的升力和阻力系数

（2）翼型的影响。翼型的弯度、厚度及前缘的不同，会造成其升力和阻力系数的不同。同一攻角时，随着弯度的增加，其升力、阻力系数都显著增加，但阻力比升力增加得快，使升阻比有所下降；而对于同一弯度的翼型，厚度增加时，对应于同一攻角的升力有所提高，但对应于同一升力的阻力也较大，使升阻比有所下降；另外，当翼型的前缘（即 A 点升高）抬高时，在负攻角情况下阻力变化不大；前缘低垂时，在负攻角时会导致阻力迅速增加。

（3）表面粗糙度和雷诺数的影响。翼型表面的粗糙度，特别是前缘附近的粗糙度，对翼型空气动力特性有很大影响。对于相同翼型的叶片，粗糙度大的或非光滑的叶片的 C_d 值大、C_l 值小，且粗糙度对 C_d 的影响较之对 C_l 的影响更大。

雷诺数表示的是阻滞空气流动的黏性力（即摩擦力）。雷诺数越小的流动，黏性作用越大；雷诺数越大的流动，黏性作用越小。雷诺数增加时，翼型附面层气流黏性减小，最大升力系数增加，最小阻力系数减小，因而升阻比增加。

3.3.2　风能转换基础理论

通过风轮叶片受力分析可知，风轮运用从风中吸收风能从而转化为机械能的工作原理。下面利用基于风轮能量转换过程的 4 个重要理论计算风电机组从风能中吸收的风能、转矩以及风能吸收最大效率。

1. 贝茨理论

风电机组的风轮在理想条件下将风的动能转化为机械能的最大转化效率是 59.3%。亦称为贝茨极限。

贝茨理论是德国物理学家艾伯特·贝茨于 1926 年公开发表的。风电机组的风轮不可能将风能 100% 转化为机械能，即风轮的转化效率是有极限的。贝茨理论证明了风电机组的风轮机械能转化效率的极限。贝茨理论计算简图如图 3.34 所示。贝茨理论的假定条件如下：

（1）风轮可以简化成一个平面桨盘，没有轮毂，而叶片数无穷多，这个平面桨盘被称为制动盘。

（2）风轮叶片旋转时无摩擦阻力，是一个不产生损耗的能量转换器。

（3）风轮前远方、风轮扫掠面、风轮后远方气流都是均匀的定常流，气流流动模型可简化成图 3.34 所示的流管。

（4）风轮前远方未受扰动的气流静压和风轮后远方的气流静压相等。

（5）作用在风轮上的推力是均匀的。

（6）不考虑风轮后的尾流影响。

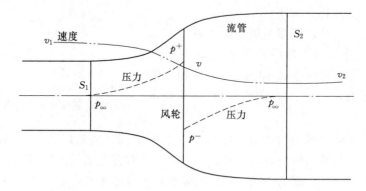

图 3.34　贝茨理论计算简图

v_1—风轮前远方的风速，m/s；v—通过风轮处的气流速度，m/s；v_2—风轮后远方的气流速度，m/s；S_1—风轮前远方风流过的面积，m^2；S_2—风轮后远方气流流过的面积，m^2；p^+—风轮前的气流静压，Pa；p^-—风轮后的气流静压，Pa；p_∞—风轮前后远方未受扰动的气流静压，Pa

由以上假设条件可知，气流沿流管方向的质量流量处处相等，因此

$$\rho S_1 v_1 = \rho S_2 v_2 = \rho S v \qquad (3.5)$$

式中　ρ——空气密度，kg/m^3；

　　　S——风轮处气流流过的面积，m^2。

风轮导致气流速度发生变化，产生诱导气流，该诱导气流将叠加到风轮前的气流速度上。设 a 为轴向气流诱导因子，诱导气流在气流方向的分量为$-av_1$，因此

在风轮处气流的速度为

$$v = v_1(1-a) \qquad (3.6)$$

风轮后远方气流的速度为

$$v_2 = (1-2a)v_1 \qquad (3.7)$$

气流动量的变化量等于气流速度的变化乘以气流单位时间的质量流量，引启动量变化的力完全来自于风轮前后静压力的变化量，因此

$$F = \rho S v (v_2 - v_1) = (p^+ - p^-)S = 2\rho S v_1^2 a(1-a) \qquad (3.8)$$

式中　F——风轮作用在气流上的力，N。

这个力在数值上表示为气流对风轮的反作用力，因此气流输出功率 P 为

$$P = Fv = 2\rho S v_1^3 a(1-a)^2 = 2\rho v_1^3 S a(1-a)^2 \qquad (3.9)$$

风能利用系数 C_p 为

$$C_p = \frac{P}{\frac{1}{2}\rho v_1^3 S} = 4a(1-a)^2 \tag{3.10}$$

式中 $\dfrac{1}{2}\rho v_1^3 S$——横截面积为 S 的自然风所具有的风功率，W。

通过式（3.10）中 C_p 表达式的一阶导数和二阶导数，判断可知 C_p 存在最大值，若要求得 C_p 的最大值，则需要解方程 $\dfrac{\mathrm{d}C_p}{\mathrm{d}a}=0$，即方程 $4(1-a)(1-3a)=0$，解得 $a=\dfrac{1}{3}$，$a=1$（后者 $a=1$ 为增根，可以舍去），则 $C_{pmax}=\dfrac{16}{27}=0.593$，$C_{pmax}$ 的值称为贝茨极限。一般情况下，风电机组风轮的机械转化效率为 $45\%\sim50\%$。

2. 叶素—动量理论

基于叶素理论和动量定理计算所得的力和力矩分别对应相等原理，推导得出气流作用在风轮上的力和力矩的理论。叶素—动量理论可为风电机组风轮的设计和性能分析提供理论依据。需要指出的是当轴向诱导因子 a 大于 0.5 时，风轮叶片部分进入涡环状态，叶素—动量理论不再适用，通常需要根据经验对叶素—动量理论进行修正。

（1）动量理论。运用动量定理，求出气流作用在风轮上的力和力矩。

气流通过风轮，如图 3.35 所示，运用动量定理，单位时间内作用在风轮平面 $\mathrm{d}r$ 圆环上的轴向推力 $\mathrm{d}T$ 为

$$\mathrm{d}T = \mathrm{d}m(v_1 - v_2) \tag{3.11}$$

其中

$$\mathrm{d}m = 2\rho v \pi r \mathrm{d}r$$

式中 $\mathrm{d}m$——单位时间流过风轮平面 $\mathrm{d}r$ 圆环上的空气质量，kg；

v_1——风轮前远方的气流速度，m/s；

v_2——风轮后远方的气流速度，m/s。

扭矩 $\mathrm{d}M$ 表示为

$$\mathrm{d}M = \mathrm{d}m v_t r = 2\pi\rho v \omega r^3 \mathrm{d}r \tag{3.12}$$

其中

$$v_t = \omega r$$

式中 v_t——风轮叶片 r 处气流的切向诱导速度，m/s；

r——$\mathrm{d}r$ 圆环到风轮中心的半径，m；

ω——风轮叶素 r 处气流的切向诱导角速度，rad/s。

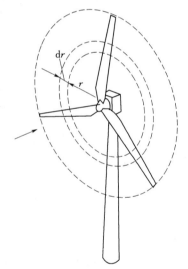

图 3.35 风轮平面 $\mathrm{d}r$ 圆环示意图

v_1、v_2 和 v 的关系为

$$v = v_1(1-a) \tag{3.13}$$

$$v_2 = v_1(1-2a) \tag{3.14}$$

定义切向诱导因子

$$b = \frac{\omega}{2\Omega} \tag{3.15}$$

式中 Ω——风轮转动角速度，rad/s。

作用在风轮上的轴向推力 $\mathrm{d}T$ 和扭矩 $\mathrm{d}M$ 可以表示为

$$\mathrm{d}T = 4\pi\rho v_1^2 a(1-a)r\mathrm{d}r \tag{3.16}$$

$$\mathrm{d}M = 4\pi\rho\Omega v_1 b(1-a)r^3\,\mathrm{d}r \tag{3.17}$$

（2）叶素理论。风轮叶片沿展向可以分成许多叶片微段，每个叶片微段称为叶素。将作用在每个叶素上的力和力矩沿展向积分，求出气流作用在风轮上的力和力矩。叶素理论假设每个叶素上的气流之间流动相互没有干扰。

对每个叶素来说，速度三角形和空气动力分量如图 3.36 所示，其合成气流速度 v_0 可以分解为垂直于风轮旋转平面的分量 v_{x0} 和平行于风轮旋转平面的分量 v_{y0}。由动量理论可知，在叶素处的轴向气流速度 v_{x0}、切向气流速度 v_{y0} 和合成气流速度 v_0 分别为

$$v_{x0} = v_1(1-a) \tag{3.18}$$

$$v_{y0} = \Omega r(1+b) \tag{3.19}$$

$$v_0 = \sqrt{v_{x0}^2 + v_{y0}^2} = \sqrt{(1-a)^2 v_1^2 + (1+b)^2 (\Omega r)^2} \tag{3.20}$$

根据图 3.36、式（3.18）和式（3.19）可推导出叶素处的入流角 ϕ 和迎角 α，即

$$\phi = \arctan\frac{v_{x0}}{v_{y0}} = \arctan\frac{(1-a)v_1}{(1+b)\Omega r} \tag{3.21}$$

$$\alpha = \phi - \theta \tag{3.22}$$

式中　ϕ——入流角，（°）；

α——迎角（也称攻角），（°）；

θ——叶素处的几何扭角（也称安装角），（°）。

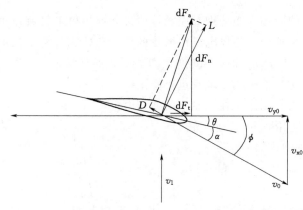

图 3.36　气流速度三角形和空气动力分量

求出入流角 ϕ 后，根据翼型空气动力特性曲线，可直接读取叶素的升力系数 C_l 和阻力系数 C_d，从而可以求得法向力系数 C_n 和切向力系数 C_t，即

$$C_n = C_l\cos\phi + C_d\sin\phi \tag{3.23}$$

$$C_t = C_l\sin\phi - C_d\cos\phi \tag{3.24}$$

式中　C_n——垂直于旋转平面的法向力系数；

C_t——平行于旋转平面的切向力系数。

定义法向力 $\mathrm{d}F_n$ 和切向力 $\mathrm{d}F_t$ 为

$$\mathrm{d}F_n = \frac{1}{2}\rho l v_0^2 C_n\,\mathrm{d}r \tag{3.25}$$

$$\mathrm{d}F_t = \frac{1}{2}\rho l v_0^2 C_t\,\mathrm{d}r \tag{3.26}$$

式中　l——叶素剖面弦长，m。

作用在风轮平面 $\mathrm{d}r$ 圆环上的轴向推力 $\mathrm{d}T$ 和扭矩 $\mathrm{d}M$ 分别为

$$\mathrm{d}T = B\mathrm{d}F_n = \frac{1}{2}B\rho l v_0^2 C_n\,\mathrm{d}r \tag{3.27}$$

$$dM = BrdF_t = \frac{1}{2}B\rho l v_0^2 C_t r dr \tag{3.28}$$

式中　B——风轮叶片数。

运用叶素—动量理论计算风轮上的力和力矩时，需要求得风轮旋转平面上的轴向诱导因子 a 和切向诱导因子 b。单独的动量理论和叶素理论都无法计算诱导因子 a 和 b。根据动量理论和叶素理论计算所得的力和力矩分别对应相等原理，即式（3.16）＝式（3.27）和式（3.17）＝式（3.28），可以得到

$$\frac{a}{1-a} = \frac{\sigma C_n}{4\sin^2\phi} \tag{3.29}$$

$$\frac{b}{1+b} = \frac{\sigma C_t}{4\sin\phi\cos\phi} \tag{3.30}$$

其中

$$\sigma = \frac{Bl}{2\pi r}$$

根据式（3.29）和式（3.30），通过迭代方法可求出轴向诱导因子 a 和切向诱导因子 b；然后将轴向诱导因子 a 和切向诱导因子 b 分别代入式（3.16）和式（3.17），从而求得气流作用在风轮上的力和力矩。

3. 涡流理论

上面的理论研究均为理想情况，实际上当气流在风轮上产生转矩时，也受到了风轮的反作用力，因此，在风轮后会产生向反方向旋转的尾流。而叶素理论是建立在风轮叶片无限长的基础之上的，但实际当中风轮叶片不可能是无限长的。对于有限长的叶片，风在经过风轮时，叶片表面的气压差也会产生围绕叶片的涡流，这样在实际旋转风轮叶片后缘就会拖出尾涡，对风速造成一定影响。同时，叶片表面的气压差也会产生围绕叶片的涡流，这样在实际旋转风轮叶片后缘就会拖出尾涡。因为存在尾流和涡流影响，风轮叶片下游存在着尾迹涡，它形成两个主要的涡区：一个在轮毂附近，一个在叶尖（图 3.37）。当风轮旋转时，通过每个叶片尖部的气流的迹线为一螺旋线，因此，每个叶片的尾迹涡形成了螺旋形。在轮毂附近也存在同样的情况，每个叶片都对轮毂涡流的形成产生一定的作用。此外，为了确定速度场，可将各叶片的作用以一边界涡代替。

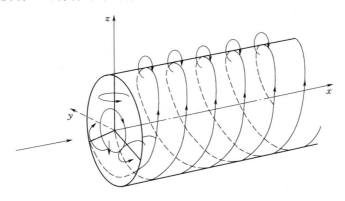

图 3.37　风速的涡流系统

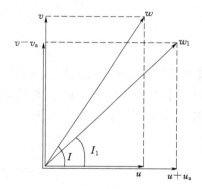

图 3.38　涡流影响下的速度矢量图

由涡流引起的风速可看成是由下列 3 个涡流系统叠加的结果：①中心涡，集中在转轴上；②每个叶片的边界涡；③每个叶片尖部形成的螺旋涡。

基于以上的理论分析，对于空间某一给定点，我们可以认为其风速是由非扰动的风速和由涡流系统产生的风速之和。涡流系统对风电机组的影响可以分解为对风速和对风轮转速两方面。

假设涡流系统通过风轮的轴向速度为 v_a，旋转速度为 u_a。由图 3.38 可以得到，涡流形成的气流通过风轮的轴向速度 v_a 与风速方向相反，旋转速度 u_a 方向与风轮转速方向相同。所以，在涡流系统影响下的风速由 v 变为 $(v-v_a)$，风轮转速由 u 变为 $(u+u_a)$。

假定

$$\left.\begin{array}{c} v_a = av \\ u_a = bu \end{array}\right\} \tag{3.31}$$

其中 a、b 为涡流对风速、风轮角速度的影响程度，分别称为轴向诱导速度系数和切向诱导速度系数。

考虑涡流对风速的影响时，风速为 $(v-v_a)$，即 $(1-a)v$，风轮转速为 $(u+u_a)$，即 $(1+b)u$。因为相对风速 w 为风速和风轮转速的矢量和，倾角为相对风速与风轮转速间的夹角，则叶素理论中相对风速及对应倾角也发生相应变化，即

$$w_1 = \sqrt{[(1-a)v]^2 + [(1+b)u]^2} \tag{3.32}$$

$$\phi_1 = \arctan \frac{(1-a)v}{(1+b)u} \tag{3.33}$$

3.3.3　风电机组运行特性

1. 定桨距风电机组运行特性

由于定桨距风电机组桨距角不能改变，因此可以通过控制其转速而保持叶尖速比恒定在 C_p 最大值点。从风中捕获的最佳机械功率，图 3.39 中在一曲线代表某一定桨距角下风电机组的运行特性，在其运行过程中还应注意设定转速与桨距角对输出功率的影响。

（1）设定转速的影响。风电机组在恒速运行时，输出功率与运行转速密切相关。如果设定一个低的转速，功率将在一个低风速下达到最大，这样产生的功率是很小的。当风速增加时，机组将会运行在失速条件下，这样效率很低。反之，如果设计转速为高转速，则在较低风速条件下，由于叶尖速比过高而导致运行效率低下，由此产生双速风电机组。在低风速条件下，采用较低旋转速度的发电机；在高风速条件下，通过切换采用较高旋转速度的发电机，从而获取更高的功率。

（2）设定桨距角设定的影响。图 3.39 中，桨距角变化可以对功率输出的产生显著的

影响。正桨距角设定增大了叶片各处实际桨距角，减小了攻角。相反，负桨距角设定增加了攻角，可能导致失速的发生。因此，为了在一定的风况条件下，使风电机组运行在最佳风能捕获状态，可以通过适当地调节叶片桨距角和转速实现。

2. 变桨距风电机组运行特性

为了克服定桨距/被动失速调节的许多缺点，目前大型风电机组均采用主动桨距角控制的变桨距风电机组。变桨距控制最重要的优点是功率调节。在风轮启动时，采用较大的正桨距角，可以产生一个大的启动扭矩；在风电机组关机时，一般采用90°正桨距角，此时叶片成为"顺桨"，这样可以降低风轮的空转速度以便施加制动刹车。但是，变桨控制具有可靠性较低和成本较高的缺点。对于变桨距风电机组其转速是风电机组运行时的重要参数，因此风电机组的运行特性可以用风电机组转速—输出功率曲线（图3.39）和桨距角—输出功率曲线图（3.40）来描述。图3.39中$\lambda=\lambda_{opt}$曲线为最佳风能转换效率运行轨迹，它对应着不同风速下的最佳运行转速。

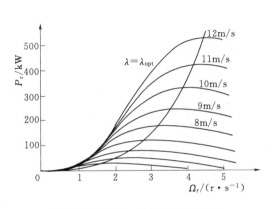

图3.39 转速—功率曲线（$\beta=0$）

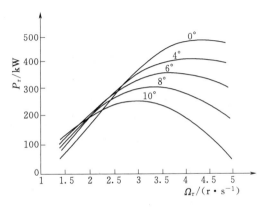

图3.40 桨距角—功率曲线（$v=12\text{m/s}$）

3.4 风电机组控制和安全保护

风电机组发电运行受控于控制系统和保护系统。手动或自动介入不损坏保护系统的功能控制，且能自动恢复保护系统，能自由进入保护，不受干扰。控制系统承受件或活动件中任何一件单独失效应不引起保护系统失效。

3.4.1 风电机组控制系统

1. 控制系统

借助控制系统对风电机组各系统进行状态转换功能控制，调节和监控风电机组发电运行，使运行参数保持在正常的范围内，有故障时能够自动显示、处理和报警。通过待机、运行、停机和急停的控制方式选择，实现风电机组全自动发电运行控制。

（1）在发电运行阶段，应建立使风电机组有效，尽可能无故障、低应力水平和安全运行的状态，例如，待机、运行、停机和急停4种状态的自动切换控制，何时发生了故障应直接启动保护系统，应及时通过控制系统进行显示、记录和报警处理等。

（2）控制系统应设计成在规定的所有外部条件下都能使风电机组保持在正常使用极限内；功率、转速、负载、起/停、并/脱网、纽缆、调向。

（3）控制系统应能检测像超功率、超转速、过热等失常现象，并能随即采取相应措施。

（4）控制系统应从风电机组所配置的所有传感器提取信息，并应能控制至少两套刹车系统。

（5）在保护系统操作刹车系统时，控制系统应自行降至服从地位。

2. 控制系统的基本功能

控制系统的基本功能如下：

（1）机组的启动和关机控制。

（2）电气负载的连接和发电机并网控制。

（3）按风电机组运行要求自动进行转速和功率控制。

（4）根据风向信号机舱自动对风偏航。

（5）根据功率因数自动进行有功和无功的控制。

（6）当发电机组故障或电网跌落时，能确保风电机组安全停机。

（7）能够自动完成扭缆时的解缆控制。

在风电机组运行过程中，能对电网、风况和风电机组的运行状况进行监测和记录，对出现的异常情况能够自行判断并采取相应的保护措施。并能够根据记录的数据，生成各种图表，以反映风电机组的各项性能指标。在风电场中运行的风电机组还应具备远程通信的功能。

3.4.2　风电机组保护系统

1. 保护系统定义

风电机组的运行控制保护指对风电机组各子系统正常运行参数的越限保护。在控制装置中分为硬件保护和软件保护。

控制系统的软件保护，是指根据参数越限故障的级别，进行链路优先等级排队，而进行针对性故障的保护与现场处理。如停机保护，现场数据保护等。

电气保护是硬件保护的一种，主要包括在风电机组终端的所有安装与其上的电气设备的保护，包括变压器、控制柜、发电机、变流器及所有的电气元件的保护。电气系统的所有元件均满足 IEC 60204-1 的要求，设计保证人和畜最小的伤害，保证止常运行和维护时对电气设备最小的伤害。满足 IEC 60364 的要求。即为了保护用电设备和电力线路安全和人身安全，所采用的硬件保护。常见的保护如下：

（1）过流保护。即过电流保护，一旦设备的电流超过了它的额定电流，线路进行自动保护，常用的方法是采用熔断丝（保险丝）、热保护继电器或采用其他电子式过电流检测继电器等。

（2）过压保护。一旦供电线路电压高于额定电压，线路进行自动保护，如采用电压继电器等。

（3）漏电保护。线路产生漏电时，线路进行自动保护，如漏电保护器，这种保护方式一般是采用零序电流检测的方式进行。

（4）失压保护。一旦供电线路电压低于额定电压，线路进行自动保护，多半也是采用电压继电器等。

（5）短路保护。多数也是采用熔断丝、热保护器或采用其他电子式过电流检测继电器等。

2. 保护系统要求

风电机组保护系统的设计一般要考虑要求如下：

（1）确定触发保护系统的限制值，使得不超过设计基础的极限值，而且不会对风电机组造成危险，但也要使保护系统不会产生对控制系统的不必要干扰。

（2）控制系统的功能应服从保护系统的要求。

（3）保护系统应有较高的优先权，至少应能起用两套刹车系统，一旦由于偏离正常使用值而触发保护系统时，保护系统应立即执行其功能，使风电机组保持在安全状态（通常是借助风电机组配置的所有刹车系统使风轮减速）。

（4）如果保护系统已经启动过，则在每种情况下都要求故障排除。

3.4.3　风电机组电气控制系统

风电机组电气控制系统和保护系统构成风电机组的监控系统。电气控制系统结构示意图如图 3.41 所示。

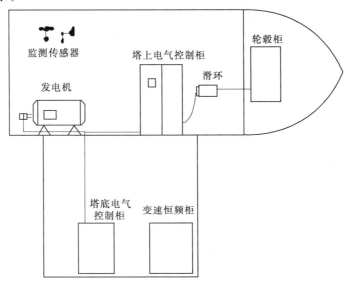

图 3.41　风电机组电气控制系统示意图

风电机组电气控制系统负责风电机组的发电运行控制，利用工业电器元件和计算机控制器组成电气控制系统，完成风电机组发电并网、开机停机、偏航控制、变桨控制和故障保护等功能。

3.4.4　风电机组安全系统

安全系统在控制优先权上高于监控系统，当控制和保护系统失效或内部及外部损伤或当发生危险导致机组不能正常工作时，安全系统引起安全链动作对机组进行保护。

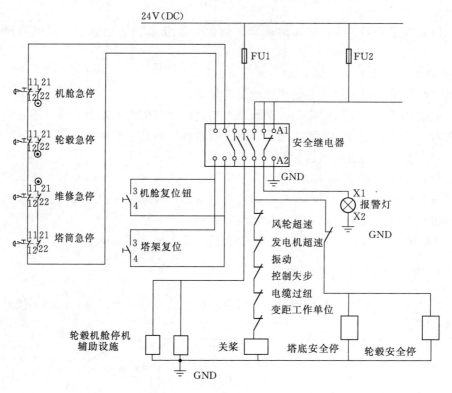

图 3.42　风电机组安全链系统组成

安全系统在下列任何一种情况都会引起安全链（图 3.42）动作，启动风电机组保护系统：①风轮或发电机转了超速；②发电机超载或出现故障；③振动超限；④电网失电、负载丢失机组出现的关机故障；⑤电缆线非正常缠绕；⑥控制系统故障。

风电机组安全系统以安全以安全链为核心，组成风电机组四级安全系统如图 3.42 所示，保护系统、防雷系统与安全链共同实现风电机组的安全保护如图 3.43 所示。

3.4.5　控制系统和安全系统的关系

根据 IEC 61400 - 1/A - 2010 风电机组设计要求的标准，风电机组的控制相关参数一旦越限，启动控制系统进行脱网保护停机；当风电机组的控制失效引起安全参数越限，风电机组启动安全系统停机，安全继

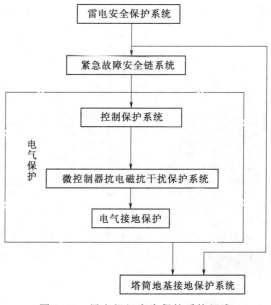

图 3.43　风电机组安全保护系统组成

电器执行安全控制逻辑（图 3.44），完成风电机组安全停机。

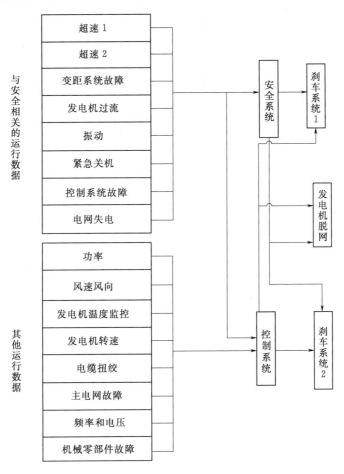

图 3.44 控制系统和安全系统相互关系

3.5 垂直轴风电机组

3.5.1 垂直轴风电机组及其发展

3.5.1.1 垂直轴风电机组及其分类

垂直轴风电机组（Vertical Axis Wind Turbine，VAWT）的风轮转轴与风向成直角（大多数与地面垂直），是与水平轴风电机组相对的另一大类型的风电机组。图 3.45 所示为一些造型新颖的垂直轴风电机组。

与水平轴风电机组一样，按照叶片的工作原理，可以把垂直轴风电机组进一步分成阻力型（Drag Type）和升力型（Lift Type）两种。属于升力型的垂直轴风电机组主要是达里厄型风电机组（Darrieus Vertical Axis Wind Turbine）和在其基础上发展起来的直线翼垂直轴风电机组（Straight-bladed Vertical Axis Wind Turbine）。主要依靠阻力来工作的

图 3.45　造型新颖的垂直轴风电机组

注：照片拍摄于日本足利工业大学。

机组称为阻力型风电机组，由于仅仅利用风的阻力来工作，该类风电机组不能产生比风速高许多的转速，风能利用系数大多不高，因此往往不被用于发电。但因其风轮转轴的输出扭矩很大，所以常被用作提水、碾米和拉磨等动力使用。阻力型垂直轴风电机组种类较多，如萨渥纽斯型（Savonius Rotor）、风杯型（Wind Cup）等。图 3.45 中多为阻力型垂直轴风电机组。

3.5.1.2　垂直轴风电机组发展历程

人类利用垂直轴风电机组的历史非常悠久。公元 1219 年，中国就有了关于垂直轴风电机组的文献记载。公元 1300 年，波斯也记载了具有多枚翼板的垂直轴风电机组。这些都是利用风力来工作的阻力型风电机组，转速都很低，形状简单，但耗费大量的材料，重量大，因此成本高而效率十分低，多数被用来提水，碾米或助航等。19 世纪末，美国、丹麦和德国等国推出了风电机组，开创了风电先河。之后水平轴风电机组得到快速发展，逐渐成为了现代大型商业风电机组的主流。相比之下，垂直轴风电机组研究起步较晚，研究水平相对滞后。历史上曾经出现过三次发展高峰期。

1.20 世纪 20—30 年代

现代垂直轴风电机组研究与开发的第一个高峰期出现在 20 世纪 20—30 年代。这期间出现了多种类型，主要有萨渥纽斯型、马达拉斯型（Madaras rotor）和达里厄型等，如图 3.46 和图 3.47 所示。

1929 年，芬兰工程师萨渥纽斯发明了后来以其名字命名的萨渥纽斯型风电机组。它具有结构简单，成本低，回转力矩大，启动性好等优点。但由于它是阻力型风电机组，转速和效率较低。尽管如此，世界各国的许多学者对这种风电机组的研究却没有间断过，在当今的风能领域里经常有关于这方面的研究报道。

马达拉斯型风电机组是美国的马达拉斯利用马格纳斯效应而提出的一种垂直轴风电装置，其原理如图 3.48 所示。在气流中旋转的圆柱可以使该物体周围的压力发生变化而产生升力，这种现象被称为马格纳斯效应。借助产生的升力可以带动小车沿轨道运动，从而利用车轮的旋转来驱动发电机发电。在 1929—1934 年，马达拉斯对此进行了研究，并于 1933 年提出了一个由 18～20 根直径为 8.5m、高度达 27.4m 的圆柱组成的 40MW 的大规模风电设计方案。然而，由于在轨道两端需要有改变圆柱旋转方向的机构使得机械构造过于复杂、旋转圆柱的过低圆周速度使其空气动力特性微弱、大轨道负荷产生较大的摩擦损

 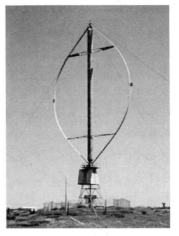 

（a）萨渥纽斯风电机组　　　　　　（b）达里厄风电机组　　　　（c）直线翼垂直轴风电机组

图 3.46　典型垂直轴风电机组

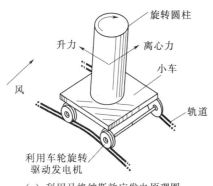 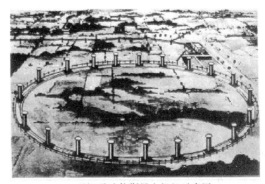

（a）利用马格纳斯效应发电原理图　　　　　（b）马达拉斯风电机组示意图

图 3.47　马达拉斯风电机组及其工作原理

失、地表风速低以及发电损失大等原因，他的构想最终未能成功。这种风电装置至今已无
人问津。

　　法国工程师达里厄（George Jeans Mary Darrieus）提出的，后来以其名字命名的达里
厄风电机组是这期间最重要的发明。1931 年，达里厄从美国专利局获得该种风电机组的
专利。当时达里厄提出的风电机组叶片实际上包括了曲线翼型和直线翼型两种。通常所提
到的达里厄风电机组主要是指具有曲线翼型叶片的风电机组。如前所述，直线翼型达里厄
风电机组通常另分一类，简称直线翼垂直轴风电机组。根据直线翼垂直轴风电机组的形状
结构特点，有人将其称之为 H 型风电机组，在中国也多采用这种叫法。

　　达里厄在专利中形容其曲线翼型叶片具有跳绳旋转时所形成的流线型外形。换句话
说，达里厄风电机组叶片形状可形容为由一根柔软的绳子按一定角速度绕两端的固定点垂
直旋转时所形成的曲线形状，这种形状可以保证在离心力的作用下叶片内弯曲应力最小。
因为当时各国都将精力集中到水平轴螺旋桨式风电机组的研究上，所以达里厄风电机组的
出现并未在当时的风能界引起很大的重视。紧接着第二次世界大战爆发，战后至 20 世纪

60 年代，廉价石油的大量使用使包括风能在内的所有可再生能源都没有得到重视，全世界风能技术的发展都处于停滞。

2. 20 世纪 70—80 年代

1973 年爆发的世界石油危机给风能发展提供了机遇。以此为契机，垂直轴风电机组，尤其是达里厄风电机组在 20 世纪 70—80 年代迎来了第二次发展高峰。这一时期的研究主要集中在北美，加拿大国立研究委员会（NRC）和美国圣地亚国立实验室（SNL）对其进行了大量的理论和实验研究。同时，美国、加拿大的一批风电机组制造公司经过不断地研发攻关，使达里厄风电机组的研究逐渐深入，并且形成了商品化。1972 年，加拿大 NRC 的兰奇和索思对达里厄风电机组进行了最初的风洞实验，对影响其性能的叶片个数、风轮实度等参数进行了测试。1974 年，美国的 SNL 设计制作了一台直径 5m 用于研究的达里厄风电机组，1977 年又制作了一台直径 17m 的 60kW 样机。1980 年，美国的美铝公司（Alcoa）生产了 4 台直径 17m，功率 100kW 的风电机组，其中两台并网发电，其中一台风电机组成功地完成了 10000h 的运行记录，并经受住了 53m/s 强风下的考验。

除了美国和加拿大之外，英国（VAWT 型）、法国（CENG D 型）、荷兰（Pionier Ⅰ型和 Cantilever 型）、罗马尼亚（TEV 100 型）和瑞士（Alpha Real 型）等国都研制过达里厄风电机组。

3. 2000 年后

20 世纪 90 年代，随着水平轴螺旋桨式风电机组成为大型商业风电场的主流机型，以达里厄风电机组为代表的大型垂直轴风电机组逐渐淡出了人们的视野。然而，在中小型风电市场上，垂直轴风电机组还占有很大的市场，尤其是 2000 年以来，直线翼垂直轴风电机组和 H 型风电机组的研究和应用受到了北美，欧洲和日本等国的关注，许多形状各异的商用中小型垂直轴风电机组被成功投入市场。在中国，近年来随着分布式发电和微网的快速发展，垂直轴风电机组以其结构新颖、无需对风等特点在中小型风电市场上也得到了越来越多的应用。可以说，目前垂直轴风电机组正迎来第二次发展高峰的契机。

3.5.1.3 垂直轴风电机组与水平轴风电机组的性能对比

垂直轴风电机组与水平轴风电机组的主要性能对比，见表 3.1。

表 3.1　　　　　　　　垂直轴风电机组与水平轴风电机组的主要性能对比

主要性能	水平轴风电机组	垂直轴风电机组
风向控制	小型风电机组需要风向舵，大型风电机组要有偏航机构	可接受各方向来风，无需对风装置
叶片控制	通过控制叶片安装角来调速（有些小型风电机组除外）	一般不用控制叶片安装角的方法进行调速
传动装置及工作机	传动装置及工作机位于塔架顶上	传动装置及工作机可位于地面
塔影效应	下风式风电机组受塔影效应影响	不受塔影效应影响
风能利用系数	较高	升力型风电机组与水平轴风电机组持平，阻力型风电机组较低
启动性能	低风速启动性能一般，大型并网风电机组根据发电机不同，有的需要启动	升力型风电机组一般需要启动器，阻力型风电机组不需要，启动性理想

3.5.2 阻力型垂直轴风电机组

萨渥纽斯风电机组是最典型的阻力型垂直轴风电机组之一，本节以它为例来介绍阻力型垂直轴风电机组的特点。

3.5.2.1 概述

萨渥纽斯风电机组是芬兰工程师萨渥纽斯于 1929 年提出，并以其名字命名，其典型结构如图 3.48 所示。通常，萨渥纽斯风电机组的基本型是由两个半圆形叶片开口相对组成 S 型，并在旋转中心处设有一部分重叠区，其工作原理如图 3.49 所示。依据半凹圆筒与半凸圆筒的阻力系数的不同，在风力作用下产生转矩，使机组按照一定方向转动。1931年巴赫将半圆筒的形状改变，以改善通过重叠区的流场，后来被称为巴赫型。巴赫型的性能较基本型有提高，但是叶片加工变得复杂，成本也提高了。从 20 世纪 70 年代开始，世界上的很多大学和研究机构都对萨渥纽斯风电机组进行了研究。经过多年的努力，萨渥纽斯风电机组的研究获得了许多成果，而且当今仍有许多研究者在进行萨渥纽斯风电机组的研究和开发工作。

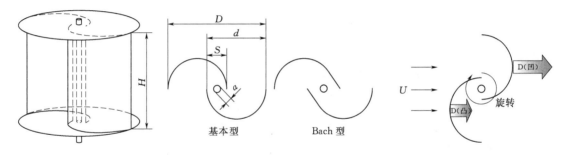

图 3.48　萨渥纽斯风电机组结构示意图　　　　图 3.49　萨渥纽斯风电机组
工作原理图

3.5.2.2 萨渥纽斯风电机组的结构参数

在设计萨渥纽斯风电机组时要考虑两个重要的结构参数：一个是重叠比 OL（Overlap ratio），一个是高径比 AP（Aspect ratio）。其中重叠比又分为带转轴和不带转轴两种情况。除去转轴轴径的叶片净重叠比 OL_n（Net overlap ratio）为

$$OL = \frac{S}{d} \tag{3.34}$$

$$OL_n = \frac{S-a}{d} \tag{3.35}$$

$$AP = \frac{H}{d} \tag{3.36}$$

叶片重叠比对萨渥纽斯风电机组的各种性能影响很大。风洞试验数据如图 3.50 所示，具有不同叶片重叠比的萨渥纽斯风电机组的最大功率系数相差很大。实验和计算结果显示：当不带转轴时，叶片重叠比在 0.15～0.2 之间时风电机组性能最佳；当带有转轴时，

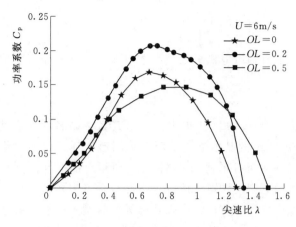

图 3.50　具有不同重叠比的萨渥纽斯
风电机组功率特性

转轴可以增加整机的强度，提高风电机组运转的平稳性。但由于转轴占据了叶片重叠区的空间，除去转轴轴径的叶片净重叠比应该在 $0.15\sim0.2$ 之间时风电机组的性能最佳。另外，合理设置叶片重叠比可以改善风电机组的静态启动特性，对其动态力矩变化的振幅和相位也具有一定的影响。叶片高径比也对风电机组的性能影响很大，一般来说高径比越大风电机组性能越好。目前，实际应用中的萨渥纽斯风电机组的高径比一般在 $1\sim4$ 之间，要根据设计目标、成本和安装地点的风况特点来决定。

3.5.2.3　萨渥纽斯风电机组的主要用途

由于萨渥纽斯风电机组是阻力型，力矩系数大，但转速低，功率系数较升力型风电机组小很多，所以多年来萨渥纽斯风电机组主要是在发展中国家的农村和偏远地区用来提水灌溉等用途。近年，由于适用于低转速型风电机组的发电机（稀土永磁式、变速恒频式等）的研究取得了快速的发展，使得萨渥纽斯型风电机组的低转速高力矩的特性能够得以发挥，使其应用到中小型风能利用系统中变为可能，因而近年来国际上又开始关注起对萨渥纽斯风电机组的研究，出现了许多与萨渥纽斯风电机组有关的专利，风电设备厂家也推出了以萨渥纽斯风电机组为原型改进的阻力型垂直轴风能利用系统。这些中小型风能利用系统既可以离网独立提供电力或动力，也可以并网发电，获得了一定的市场份额。

另外，萨渥纽斯风电机组另一个主要用途就是利用其启动性好的特点来作为启动机，与启动性能差的升力型垂直轴风电机组组合使用。图 3.51 所示为萨渥纽斯风电机组与达里厄风电机组的组合使用实例。

图 3.51　与达里厄风电机组的组合使用实例

3.5.3　升力型垂直轴风电机组

以典型的达里厄风电机组和直线翼垂直轴风电机组为例，分析升力型垂直轴风电机组的基本特征和结构特点。

3.5.3.1　达里厄风电机组

典型的达里厄风电机组的基本组成包括风轮（包括叶片、中央支柱及连接部件等）、制动装置、发电装置、控制系统和支架、拉索和基础等辅助装置，如图 3.52 所示。

达里厄风电机组的叶片一般为 2～3 枚，叶片断面采用空气动力特性良好的翼型，多为 NACA 系列和 SAND 系列等。经过多年的研究和实践，叶片的形状大致采用 Troposkien 曲线、抛物线、悬链曲线和圣地亚型曲线等多种曲线形式。其中，Troposkien 曲线又分为忽略重力的理想 Troposkien 曲线（$G=0$）和考虑重力的修正 Troposkien 曲线（$G\neq0$）。对于容量相对较小的达里厄风电机组，与叶片产生的离心力相比其叶片的重力可以忽略；对于 100kW 以上的大型风电机组，叶片重力的影响在设计计算时不能忽略。圣地亚型曲线（图 3.53）因其由美国圣地亚国立实验室提出而得名，它是从理想的 Troposkien 曲线简化而来，由圆弧部分 AB 和直线部分 BC 组成，整个叶片以中间的赤道面为对称。

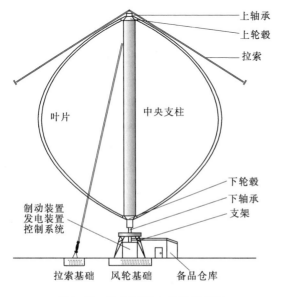

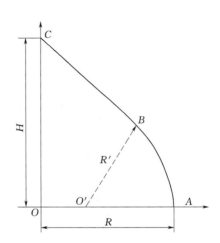

图 3.52　达里厄风电机组示意图　　　　图 3.53　圣地亚型曲线形状

风电机组输出功率与受风面积成正比，而叶片的成本也随其长度增加而提高，因此在设计时应同时兼顾效率和成本，一般可以考虑使风轮的受风面积与叶片长度的比达到最大。对于理想 Troposkien 曲线，该最大值出现在机组径高比 $\beta_0=R/H=0.984$ 时。为了便于比较，以采用理想 Troposkien 曲线的两叶片达里厄风电机组为基准，使采用其他曲线的达里厄风电机组也具有相同的径高比 $\beta_0=0.984$。

通常，在表征风电机组的性能时，一般采用长度系数 l'、面积系数 A' 和实度 σ 表示。实度是指风电机组叶片的投影面积与风轮面积的比，是垂直轴风电机组设计的重要参数之一，即

$$l'=l'_0/2H \tag{3.37}$$

$$A'=A/(4RH) \tag{3.38}$$

$$\sigma=Nll'_0/A \tag{3.39}$$

式中　H——风轮高度的一半；

　　　l'_0——叶片长度；

　　　N——叶片个数。

　　具有不同叶片形状的达里厄风电机组的主要几何参数见表 3.2，其形状对比，如图 3.54 所示。需要指出的是，对于修正 Troposkien 曲线，由于考虑了重力，所以不同的设计圆周速度会使叶片的几何参数也不同，此处仅列出了其中的一种情况。

表 3.2　　　　　　　　　　　不同叶片形状两叶片达里厄风电机组的几何参数

叶片形状	叶片长度系数 l'	受风面积系数 A'	实度 σ
Troposkien（$G=0$）	1.463	0.657	0.162
Troposkien（$G\neq0$）	1.497	0.658	0.166
抛物线	1.467	0.667	0.160
悬链曲线	1.483	0.683	0.156
圣地亚型曲线	1.416	0.657	0.157

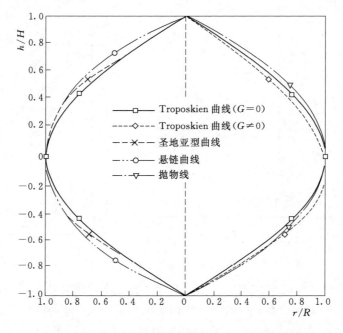

图 3.54　达里厄风电机组的几种几何形状比较

　　从图 3.54 和表 3.2 中可知，如果以理想 Troposkien 曲线为基准的话，悬链曲线的形状与之有很大不同，抛物线在一定范围内与之相近。而修正 Troposkien 曲线在一定的范围内也与理想曲线相似，但需要指出的是，虽然修正 Troposkien 曲线是考虑重力影响的，但随着风轮旋转速度的增加，离心力相对重力会逐渐增加，叶片的形状也会逐渐接近理想 Troposkien 曲线。圣地亚型曲线的直线部分与理想 Troposkien 曲线十分接近，而弧线部分存在一定的差异。综上所述，单纯从形状上来分析，在几种曲线中，抛物线与理想 Troposkien 曲线是较为接近的；而从风电机组叶片的设计、制造以及空气动力特性的角度考虑，圣地亚型曲线是较为理想的选择。然而，对于大型风电机组而言，除了形状的考虑之外，还要综合分析叶片的强度、刚度、结构力学特性和启动特性等因素。

　　还有一点需要指出的是，通过计算分析，达里厄风电机组叶片所产生转矩的 95% 是由在风轮赤道面附近的只占叶片总长的60%这部分叶片产生。这说明并不是每一段叶片都产生转矩，这一点与水平轴螺旋桨式风电机组不同。这是因为处于端部的叶片部分的转矩作用半径小，而且这些部分基本工作在会产生失速的流入角范围内。中部叶片的转矩作用半径大，流入角小，空气动力特性好，对整机的工作效率起较大作用。

3.5.3.2 直线翼垂直轴风电机组

直线翼垂直轴风电机组可理解为将达里厄风电机组的叶片由曲线变为直线，并将其沿着旋转圆周均匀分布。因为叶片太少会影响风电机组的功率输出，叶片太多会使各叶片之间产生干涉，从而影响叶片的气动特性，一般来说，直线翼垂直轴风电机组的叶片个数为2～6枚。早期的叶片翼型大多采用NACA系列的升阻比较高的对称翼型，现代出现了一些采用非对称翼型叶片的风电机组。

与达里厄风电机组相比，直线型叶片结构简单，加工容易，整机体积小，加工成本低，而且整个叶片都可产生转矩，利用效率较高。但其最大的缺点是叶片的弯曲应力较大，尤其在高速旋转时离心力会造成叶片的弯曲，甚至折断，因此要求叶片具有良好的刚度和抗变形能力。以往的直线翼垂直轴风电机组多被用在中小型风电市场，或者安装在低风速地区等。近年来，随着研究的不断深入和风电机组材料的快速发展，直线翼垂直轴风电机组的应用范围越来越广泛，从原来的街区和公园发展到山区、寒冷地区，甚至可安装在船舶上作为离网型电源，其容量也从最初的几百瓦发展到几百千瓦，近几年，又有了一些研发出兆瓦级别的直线翼垂直轴风电机组的报道。

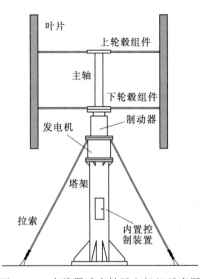

图 3.55　直线翼垂直轴风电机组示意图

图3.55为典型的小容量离网型直线翼垂直轴风电机组的基本结构和组成示意图。直线翼垂直轴风电机组分为变桨距和定桨距两种。最初的直线翼垂直轴风电机组多为变桨距，叶片桨距可随着转动角度变化而变化，这样可以改善风电机组的启动性和气动特性，但使整机结构变得过于复杂。近年来，直线翼垂直轴风电机组的发展主要集中在定桨距类型上。日本东海大学的关和市教授从1976年开始从事该种机型的研究，经过30多年的科研，使定桨距直线翼垂直轴风电机组在理论和实践上都有了很大发展。图3.56所示的翼型就是日本东海大学开发的，专门用于直线翼垂直轴风电机组的TWT翼型。近年来，日本各地安装了许多该种类型的风电机组，是目前世界上应用直线翼垂直轴风电机组最多的国家之一。近几年，中国正在研究该种风电机组，一些风电公司也推出了一些产品，但总体来说目前还处在发展阶段。

图 3.56　TWT 系列翼型举例

直线翼垂直轴风电机组的性能与叶片的翼型及其形状有很大的关系，其气动特性也会受到叶片与轴连接方式的影响。图 3.57 为直线翼垂直轴风电机组风轮结构的型式。

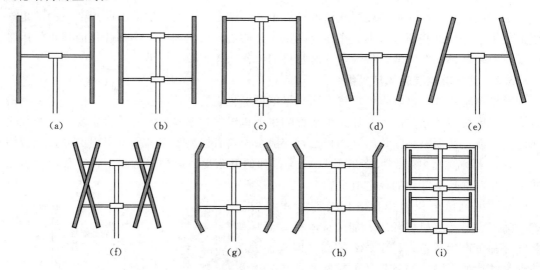

图 3.57 直线翼垂直轴风电机组的主要结构型式

图 3.57 中（a）、（b）、（c）为基本型。根据其形状特点：（a）型一般称为 H 型风电机组；（b）型是大多数直线翼垂直轴风电机组所采用的型式，对于叶片较长、径高比较小的风电机组，应提高叶片中部的强度和抗弯曲能力；（c）型为框架式结构，叶片与主轴的连接在叶片两端，该种方式只适用于小型机，还可在其上部安装太阳能发电装置，组成风光互补发电系统。（d）、（e）、（f）为叶片倾斜型直线翼垂直轴风电机组。叶片倾斜的主要目的是改善其启动性，使其更适合于低风速地区，但其功率特性和气动特性比基本型低，所以目前很少被采用。（g）、（h）为最近出现的两种类型。它在基本型叶片的两端加上了倾斜小翼，既改善启动性又保证叶片的气动特性。目前，这两种类型的风电机组还处于实验研究和现场测试阶段。（i）为分段型风电机组，适于大容量要求的风电机组。由于大容量风电机组往往叶片很长，不易加工，成本高，因此将风电机组分为几段，然后再串联起来。这样，既保证了功率输出要求，又简化了机组叶片的加工，降低了成本。

除此之外，研究者们为了提高直线翼垂直轴风电机组的启动性能和气动特性，还从另外两个途径入手：一是从风轮内部入手，如将阻力型风电机组与其结合，用来提高其启动性；二是从风轮外部入手，在外部安装聚风或导流装置，用来提高入流风速和改善流动情况，从而提高风电机组的性能。总之，关于直线翼垂直轴风电机组的研究还在不断进行之中。

习　题

1. 简述失速风电机组、变桨风电机组、带齿轮箱风电机组和直驱风电机组的特点。

2. 为什么现代并网风电机组的风轮多为三叶片结构？

3. 什么是风电机组设计级别，国际标准规定的风电机组设计级别有几类？

4. 叶片都有哪些失效形式？

5. 简述风电机组增速齿轮箱的特点。

6. 为什么风电机组的机械制动器多布置在高速轴上？

7. 简述偏航系统的构成和作用。

8. 风电机组中设有控制系统、保护系统、安全系统，它们之间的关系如何体现？

9. 什么是风电机组安全系统？安全链如何设计？

10. 控制系统设计的基本目标是什么？

11. 简述垂直轴风电机组的主要分类及其代表性机型。

12. 简述水平轴风电机组和垂直轴风电机组的优缺点及对比。

13. 简述阻力型风电机组的主要工作原理。

14. 画图说明直线翼垂直轴风电机组的主要结构与组成。

参 考 文 献

［1］ 徐大平，等. 风力发电原理［M］. 北京：机械工业出版社，2014.

［2］ 姚兴佳，宋俊，等. 风力发电机组原理与应用［M］. 北京：机械工业出版社，2013.

［3］ Tony，Burton. 风能技术［M］. 武鑫，译. 北京：科学出版社，2007.

［4］ 姚兴佳，田德. 风力发电机组设计与制造［M］. 北京：机械工业出版社，2012.

［5］ 黄丛慧. 大容量鼠笼转子异步发电机的研究［D］. 青岛：青岛大学，2014.

［6］ Vladislav Akhmatov. 风力发电用感应发电机［M］. 本书翻译组，译. 中国电力出版社，2009.

［7］ 杨俊华. 无刷双馈风力发电系统及其控制研究［D］. 广州：华南理工大学，2006.

［8］ 林成武，王凤翔，姚兴佳. 变速恒频双馈风力发电机励磁控制技术研究［J］. 中国电机工程学报，2003，23（11）：122-125.

［9］ 徐娇，李兴源. 异步风力发电机组的简化 RX 模型及其潮流计算［J］. 电力系统自动化，2008，32（1）：22-25.

［10］ 贺益康，胡家兵，Lie Xu（徐烈）. 并网双馈异步风力发电机运行控制［M］. 北京：中国电力出版社，2012.

［11］ 张兆强. MW 级直驱永磁同步风力发电机设计［D］. 上海：上海交通大学，2007，10-42.

［12］ 刘闯，朱学忠，曹志亮，等. 6kW 开关磁阻起动/发电系统设计及实现［J］. 南京航空航天大学学报，2000，32（3）：245-250.

［13］ Mueller M A. Design and performance of a 20kW，100rpm，switcher reluctance generator for a direct drive wind energy converter：Electric Machines and Drives. 2005 IEEE International Conference on，San Antonio，TX，2005［C］. 2005.

［14］ Ferreira C. A，Jones S R，Heglund W S，et al. Detailed design of a 30kW switched relctance starter/generator system for a gas turbine application［J］. Industry Applications，IEEE Transactions on，1995，31（3）：553-561.

［15］ 叶杭冶. 风力发电机组的控制技术［M］. 2 版. 北京：机械工业出版社，2011.

［16］ 董良杰. 风能工程［M］. 北京：中国农业出版社，2016.

［17］ ［日］牛山泉. 风能技术［M］. 刘薇，李岩，译. 北京：科学出版社，2009.

［18］ 吴双群，赵丹平. 风力机空气动力学［M］. 北京：北京大学出版社，2011.

［19］ 吴双群，赵丹平. 风力发电原理［M］. 北京：北京大学出版社，2011.

［20］ 李岩，郑玉芳，赵守阳，等. 直线翼垂直轴风力机气动特性研究综述［J］. 空气动力学学报，2017，35（03）：368-382+398.

第4章 风电场建设

4.1 风电场规划与选址

风电场的规划设计属于风电场建设项目的前期工作，需要综合考虑多方面因素，包括风电场的选址、风能资源的评估、风电机组机型选择和设计参数、装机容量的确定、风电场风电机组微观选址、风电场联网方式选择、风电机组控制方式、土建及电气设备选择及方案确定、后期扩建可能性、经济效益分析等因素。

风电场选址包括宏观选址和微观选址。风电场宏观选址过程是从一个较大的地区，对气象、地理条件等多方面进行综合考察后，选择一个风能资源丰富，而且最有利用价值的小区域的过程。场址选择的好坏，对能否达到风能应用所要达到的预期目标及达到的程度，起着至关重要的作用。当然，还应考虑经济、技术、环境、地质、交通、生活、电网、用户等诸多方面的因素。但即使在同一地区，由于局部条件的不同，也会有着不同的气候效应。因此如何选择有利的气象条件，对最大限度发挥风电机组效益，有着重要的意义。风电场的微观选址是在宏观选址之后进行进一步详细分析，确定风电机组排列布置的过程，从而使整个风电场有更好的效益。而风电场规划阶段的选址指的是宏观选址。

4.1.1 风电场规划与选址的基本原则

风电场规划与选址的原则一般是根据风能资源调查与分区的结果，选择最有利的场址，以求增大风电机组的输出功率，提高供电的经济性、稳定性和可靠性，最大限度地减少各种因素对风能利用、风电机组使用寿命和安全的影响，全方位考虑场址所在地对电力的需求及交通、电网、土地使用、环境等因素。基本原则分为以下几个内容：

1. 风能资源丰富、风能质量好

（1）建设风电场最基本的条件是要有高质量的风能资源。年平均风速一般应大于 $5\mathrm{m/s}$，风功率密度一般应大于 $150\mathrm{W/m^2}$，风速大于 $3\mathrm{m/s}$ 的时间全年有 $3000\mathrm{h}$ 以上。

（2）盛行风向稳定，要求有一个或两个盛行主风向，以利于风电机组布置。当没有固定的盛行风向时，一般按风向统计各个风速的出现频率，使用风速分布曲线来描述各风向方向上的风速分布，作出不同的风向风能分布曲线，即风向玫瑰图和风能玫瑰图，从而来选择盛行主风向。

（3）风电机组高度范围内风垂直切变小，以利于风电机组的运行，减少风电机组故障。

（4）风速的日变化和年变化与当地的负荷曲线相匹配，风速的日变化和季节变化小，降低对电网的冲击。

（5）湍流强度小，减轻风电机组的振动、磨损，延长风电机组寿命。湍流强度受大气稳定和地面粗糙度的影响，所以在建风电场时，应避开上风方向地形起伏和障碍物较大的地区。

（6）尽量避开灾害性天气频繁出现地区。灾害性天气包括强风暴（如强台风、龙卷风等）、雷电、沙暴、覆冰、盐雾等，对风电机组具有破坏性。若在选址时不可避免地要将风电场选择在这些地区时，在进行风电机组设计时就应将这些因素考虑进去，还要对历年来出现的冰冻、沙暴情况及其出现的频度进行统计分析，并在风电机组设计时采取相应措施。

2. 满足并网要求

（1）应尽量靠近电网（一般应小于20km），减少线损和送出成本。小型的风电项目要求尽量离10～35kV电网近些；较大型的风电项目要求尽量离110～220kV电网近些。

（2）研究电网网架结构和规划发展情况，根据电网容量、电压等级和电网结构等方面确定风电场建设规模。

（3）由于风电输出有较大的随机性，电网应有足够的容量，以免因风电场并网输出随机变化或停机解列对电网产生破坏作用。一般来说，风电场总容量不应大于电网总容量的5%，否则应采取特殊措施，满足电网稳定性要求。

3. 符合国家产业政策和地区发展规划

（1）确定场址的规划情况，是否已用作其他规划，或和规划中的其他项目有矛盾。

（2）选址时注意避开农田、压覆矿产、军事设备、文物保护、风景名胜以及其他社会经济等区域。

文物古迹方面特别要注意中国的民俗，即在高山顶部常建有宗教建筑物，如三明市泰宁县峨嵋峰风电场、将乐县万泉镇九峰山风电场、清流县大丰山风电场、三元区普禅山风电场均存在庙宇或道观，受民俗影响，当地居民极可能反对在这些区域建设风电场，因此选址时要充分考虑这个因素。

军事方面主要由地方政府部门提供信息来确定有没有军事设施，这里要特别注意的是有没有废弃的地下军事坑道。

自然保护区内建设风电场应充分征求国家相关部门的意见，特别对国家级的核心自然保护区要尽可能地避开。

矿藏问题也应充分调查清楚，采矿也是风电场建设的一个重要不利因素，如将乐县孔坪镇区域的风电场存在锰矿。

4. 具备交通运输和施工安装条件

要考虑所选定风电场交通运输情况如下：

（1）场址周围港口、公路、铁路等交通运输条件应满足风电机组、施工机械、吊装设备和其他设备、材料的进场要求，运输路段及桥梁的承载力应适合风电机组运输车辆。

（2）由于山区的弯道多、坡道多，根据风电场需要运输大件设备的特点，对超长、越高、超重部件运输主要是考虑 3 个方面：道路的转弯半径能否满足风电机组叶片的运输；道路上的架空线高度能否通过风电机组塔筒的运输；道路的坡度能否满足运载机舱的汽车爬坡能力。

（3）对风能资源相似的场址，应尽量选择对外交通方便的场址，以利于减少道路的投资。施工安装时，场内施工场地应满足设备和材料存放、风电机组吊装等要求。

5. 保证工程安全

（1）风电场选址时要考虑所选定场地地理位置的如下因素：

1）场址应避开洪水、潮水、地震、火山频繁爆发、火灾、气象灾害（台风）和其他地质灾害（山体滑坡）区，以及具有考古意义和特殊使用价值的地区。应收集历年有关部门提供的历史记录资料。结合实际做出评价。

2）风电场应远离人口密集区，以减少风电场对人类生活等方面的影响，如风电机组运行会产生噪声及叶片飞出伤人等。有关标准规定风电机组离居民区的最小距离应使居民区的噪声小于 45dB（A），从噪声影响和安全考虑，单台风电机组应远离居住区至少200m，大型风电场应远离居住区至少 500m。

（2）风电场选址时要考虑所选定场地土质情况的如下因素：

1）考察场址的土质情况，如是否适合深度挖掘、房屋建设施工、风电机组施工等。要有详细的反映该地区的水文地质资料并依照工程建设标准进行评定。评价场址的主要工程地质条件，包括建筑物和塔架地基岩土体的容许承载力及边坡的稳定性，判别Ⅶ度及其以上地区软土地基产生液化的可能性，提出基础处理的建议。

2）机位处持力层的岩层或土层应厚度较大，变化较小，土质均匀，承载力满足要求，并要求地下水位低，地震烈度小。风电机组机位应避开断层，对活动性断层须参考有关规范确定避让距离。因此在大、中型风电场选址时，应及时收集有关区域地质资料，必要时尚须进行实地查勘。

6. 满足环境保护要求

风电是无污染的可再生新能源，国家支持大力开发，但仍需满足环境保护的如下要求：

（1）避开鸟类迁徙路径、候鸟和其他动物的停留地或繁殖区。

（2）和居民区保持一定距离，避免噪声、叶片阴影及电磁干扰。

（3）避免或减少占用耕地、林地、牧场等区域，防止水土流失。

（4）避开自然保护区和珍稀动植物地区，场区内树木应尽量少，以减少在建设和施工过程中砍伐树木。

7. 地形条件

地形因素要考虑风电场址区域的复杂程度，如多山丘区、密集树林区、开阔平原地、水域或兼有等。地形单一，则对风的干扰低，风电机组运行在最佳状态；反之，地形复杂多变，产生扰流现象严重，对风电机组出力及安全运行不利。

（1）平坦地形下，在 4～6km 半径范围内，场址周围地形的高度差小于 50m，且地形坡度小于 3%。还要考虑建筑物和防护林带等地面障碍物对附近气流的扰动作用。

（2）复杂地形下，要求风电场场址的地形应比较简单，便于设备的运输、安装和管理。另一方面，为保障风能资源合理有序开发，基于地理信息系统（Geo-graphic Information System，GIS）的风电场选址系统受到广泛重视。在风电场选址中考虑的地形条件，主要是指地形复杂程度，可用地形起伏度和坡度这两个参数来表征。GIS技术的快速发展为地形的定量分析提供了新手段，而全球免费共享的SRTM（Shuttle Radar Topography Mission）为地形分析提供丰富的数据资源，可以利用它提取地形起伏度、坡度等地形参数。

8. 温度、气压、湿度和海拔

（1）温度、气压、湿度的变化会引起空气密度的变化，从而改变风功率密度，由此改变风电机组的发电量。在收集气象站历年风速风向数据资料及进行现场测量的同时应统计温度、气压、湿度。

（2）同温度、气压、湿度一样，具有不同海拔的区域其空气密度不同从而改变风功率密度，由此改变风电机组的发电量。在利用软件进行风能资源评估分析计算时，不同的海拔间接对风电机组发电量的计算验证起重要作用。

9. 满足投资回报要求

规划装机规模满足经济性开发要求，项目满足投资回报要求，一般要求风电场资本金回报率不低于8%。

随着技术发展和风电机组生产批量的增加，风电成本将逐步降低。但目前中国风电上网电价仍比煤电高。虽然风电对保护环境是有利的，但对那些经济发展缓慢、电网比较小、电价承受能力差的地区，会造成沉重的负担，所以争取国家优惠政策扶持至关重要。

4.1.2 风电场规划与选址的程序

风电场规划与选址的程序有3个阶段。

1. 初评阶段

按照国家风能资源分布进行规划，首先选取风能资源较为丰富的地区为候选风能资源区，风能候选区必须具备以下特点：面积足够大，风能资源充足，有可观的经济利润及其开发可行性，可以进行相关规模的风电机组的安装，场址地形良好，风能品质高等。

2. 筛选阶段

候选风能资源区按照相关条件进行筛选，并对其开发前景进行评估，以确认最终场址。该阶段期间非气象学因素起着关键性的作用，比如交通状况、通信网络、土地投资情况等因素。除此之外，气象因素也是筛选条件的重要内容，比如当地气象台的历史气象资料，有无灾害性气候等。

3. 测风阶段

对于已经选择好的候选风能资源区进行可行性分析，分析内容如下：首先，进行现场测风，取得风电场实地数据，具体来说至少要选取一整年的测风资料，才能精确估算出风电的发电量；其次，对风电场候选场址的风资源特性与待选风电机组的运行特性进行匹配，以及场址的初步工程设计方案，以便进行开发费用评估；最后确定风电机组对于当地电网系统的影响，以及对场址建设、运行效益以及社会效益等进行评价。

4.1.3　中尺度计算在风电场规划与选址中的应用

美国在各州范围内进行 25km×25km 网格点的风能资源详查，为此在近 2000 个测点上进行了补充测风。加拿大环境部气象局数值预报实验室利用中尺度计算模拟出该国全境分辨率为 5km 的风能状况分布图，开发商可根据模拟结果进行风电场规划。中国也逐渐进入到利用中尺度计算的模式进行风电场的规划设计，如远景能源、金风科技等风电机组厂分别开发了基于中尺度计算的风资源分布模型，并将超过千万亿次的高性能计算资源引入到风电行业实现高精度流体仿真和气象模式，并且基于大数据架构和云服务模式使之分享到整个行业。可以根据实际风场条件和宏观规划，从空间代表范围、海拔代表性、粗糙度代表性、测风塔功能性、特殊地形等维度推荐和提供查找的风电场潜在规划的区域。

掌握了这些基本信息，风电项目开发人员可以根据这些重要信息有目的去现场踏勘，并和政府洽谈划定开发区域。同时可以在做完宏观选址，再带着问题去现场踏勘，这大大提高了工作效率，而且使踏勘的目标性和针对性更强。

4.2　风电场设计与施工

风电场建设工程是以监测评估初选的风电场所在地的风能资源开始，以完成风电场试运行通过竣工验收投入商业化运行结束。

4.2.1　风电场的建设规划

1. 程序

风电场建设是把投资转化为固定资产的经济活动，是一种多行业、多部门密切配合的综合性系统工程。它涉及面广、环节多，内外部联系和纵横向联系比较复杂，建设过程中不同阶段有其不容混淆、不容颠倒的工作内容，必须有计划、有组织地按一定顺序进行，这个顺序就是风电场的建设程序。

风电场建设程序是客观规律的反映，它遵循国家颁布的有关法规所规定的建设程序，风电工程项目开展顺序如图 4.1 所示。我国的建设程序分为 6 个阶段，即预可行性研究阶段、可行性研究阶段、设计阶段、建设准备阶段、建设实施阶段和竣工验收阶段等（也有人把预可行性研究阶段和可行性研究阶段合并为工程立项阶段，把建设准备阶段和建设实施阶段合并为施工阶段）。对于使用世界银行贷款进行建设的风电场项目，其建设程序则按世界银行贷款项目管理规定的 6 个阶段，即项目选定、项目准备、项目评估、项目谈判、项目执行与监督、项目的总结评价等。

根据我国建设程序规定和各地实施风电场建设的经验，风电场建设各阶段的工作内容，按先后顺序排列如下：

（1）根据气象资料、本地区国民经济发展计划、本地区电力发展规划和本地区风电发展规划，制订风电场开发方案并初选场址。

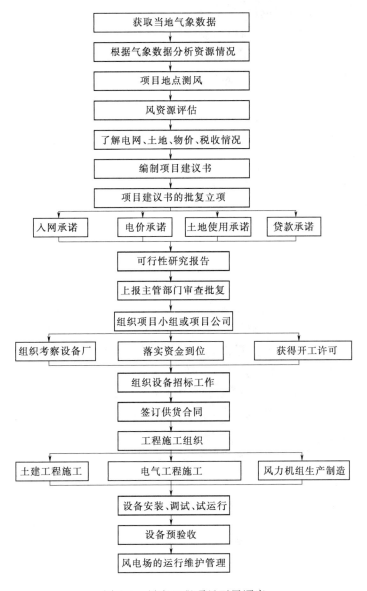

图 4.1 风电工程项目开展顺序

（2）在初选场址地域安装测风塔，采集不少于 1 年的风能资源资料，对风能资源进行分析评估。

（3）编报风电场预可行性研究报告。

（4）预可行性研究批复后，选定有合格资质的设计单位或工程咨询单位进行风电场项目可行性研究，编报可行性研究报告。

（5）成立风电场项目公司或筹建机构。

（6）报批电价。

（7）签上网协议。

（8）筹措建设资金。

（9）选定风电场项目设计单位。

（10）现场勘测、微观选址、风电场设计。

（11）监理招标，签订委托监理合同。

（12）采购招标，签订各类采购合同。

（13）施工招标，签订施工合同。

（14）塔架制造招标，签订塔架制造合同。

（15）进行建设施工准备，办理工程质量监督手续，报批开工报告或施工许可证。

（16）风电场工程施工。

（17）设备到货验收，设备安装、调试。

（18）试运行。

（19）竣工验收。

（20）风电场投入商业化运行。

（21）风电场工程总结、后评价。

2. 管理

风电场建设单位（业主）是风电场建设全过程的管理者，它组织风电场建设过程中的风电场规划、勘察设计、监理、施工安装、设备物资供应等单位间相关工作的进行，协调工作中相互关系；向政府有关部门报批有关申报报告，获得相应政策支持和工作指导；办理与建设项目有关的银行、保险、电信、环保、交通、安全、消防、地震等相关业务。管理工作涉及面广、业务繁杂，除了有足够实力的企业可以完全依靠自己的技术、经济、组织、管理、风险管理等实力实施风电场建设全过程管理外，为了使得风电场建设项目科学、高效、经济地实施，大多数风电场建设单位都采用了聘请专家、与专业管理公司合作，实施"小业主、大监理"等措施来管理项目建设。

4.2.2　风电场的设计

1. 设计单位的选择

风电场的设计由项目业主单位委托有资质的设计单位设计，可采用招标或议标选择设计单位，也可采用直接选择的方法。选择设计单位的目的是以设计质量为主要目标，因为，设计时需为业主初选机位，并需进行机位的优化，使风电场的风电机组发出电量高，选择的机型又最适合本风电场的风能资源，最后为业主选择最佳的施工方案并实现早日发电。总之，所设计的方案使单位发电量成本更优。设计优化所取得的经济效益，可大大超过设计本身的成本。

2. 设计内容

（1）总体设计。设计内容如下：

1）风电场地形图测绘。对需建设的风电场范围应进行 1∶1000 地形图的测绘。

2）微观选址。根据已确定的风电机组的机型，以及风电机组厂家在投标书中提供的功率曲线，利用欧洲普遍采用的 WAsP（Wind Atlas Analysis and Application Program）等软件对风电场进行微观选址。微观选址后提供给业主的是每台风电机组的地理位置（X 轴和 Y 轴的数值、高程）以及每台机组的发电量。

3）确定风电场变电所的位置。微观选址后需确定风力发电机组的送出工程，即风电场变电所的所址，所址的选择根据可研报告中确定的变电所的电压等级以及初选的所址，到现场落实所址。

4）钻探。初步确定的风电机组的机位、变电所的位置进行地质钻探，提供给业主和设计单位各层的应力等力学指标。

（2）基础设计。设计内容如下：

1）风电机组基础。风电机组基础主要是由设计院负责，设计单位根据风电机组的受力，设计一般基础结构，进行工程量的估算，在施工期间进行修正。

2）箱式变压器基础。箱式变压器由于重量较轻，体积也不大，可采用天然地基上的浅基础进行设计。一般采用钢筋混凝土条形基础，基础顶预埋槽钢以支承箱式变压器。

（3）变压器选择。根据接入变压器的风力发电机组的容量之和，并考虑风电机组的超负荷的余量，同时，也需考虑风电机组的抗短路电流的能力（向厂家索取），也为了降低机端的短路电流，选择的箱式变压器的短路阻抗值不要过小。箱式变压器的型号视风电场的具体情况可选择干式的或油浸的，如风电场场地周围的树木较多，则选择干式变压器较好，反之，可选用油浸变压器。

（4）变电站设计。根据风电场装机容量确定的风电场变电所的电压等级，在设计风电场变电所时，如果是电压等级在 35～110kV 的变电所可按照《35kV～110kV 变电站设计规范》（GB 50059—2011）进行设计；如需设计成无人值班的可按照《35kV～110kV 无人值班变电站设计规程》（DL/T 5103—2012）进行设计。若电压等级是 220kV 则可按照国家标准《220kV～750kV 变电站设计技术规程》（DL/T 5218—2012）。

在所用变压器的容量选择方面，需考虑补偿风电场电力电缆产生的电容电流的容量。

（5）架空线路设计。根据风电场接入系统的方案审批后的意见，需建设风电场变电站的电压等级和架设线路的电压等级、回路数和长度。如果风电场场址处树木较多，架空导线可采用绝缘导线，可减少征地面积。否则可选用普通的导线，按照《架空绝缘配电线路设计技术规程》（DL/T 601—1996）进行设计。

架空输电线路设计可按照国标《110kV～750kV 架空输电线路设计规范》（GB 50545—2010）。

（6）中央控制室及其他建筑物设计。中央控制室及其他建筑物按设计该电压等级的变电所规程中的中央控制室和生产用房的规定进行设计。由于风电场专用的变电所和风电场一般是同一业主（出资者），为了统一管理，减少运行人员和节约建筑面积，风电场的中央控制室和变电所的中央控制室可合二为一，在一个控制室内。由于风电场场址处一般是比较偏僻的地区，在建设生产用房同时，也需建设值班人员的寝室（如旅馆中的标准房）、会议室和办公室。

（7）道路规划和绿化设计。风电场道路规划分风电场对外的道路规划和风电场内部的道路规划。对外的道路规划可与当地地区道路规划结合进行，尽量利用原有的道路。对内道路是每台风电机组机位之间的通道和风电机组至风电场专用的变电所的道路。道路设计可按 4 级公路设计，如风电场作为当地旅游景点之一，可提高公路的设计标准。

绿化设计的目的是恢复和加强风电场未建设前的环境保护，绿化设计的地区一般在变电所内外地区，以及在新、旧公路两侧种植当地能生长的植物。

（8）项目建设单位在设计阶段的任务。项目建设单位在各设计阶段的首要任务是选择设计单位，然后配合设计单位不同的设计阶段提供风电场场址的测站风资料、当地气象站的近 30 年的风资料、当地经济发展规划、电力发展规划等；提供预可行性研究阶段所需要的附件和可行性研究阶段审查所需要的附件等；在设备招标阶段需设计单位配合建设单位选择发电成本最低的风力发电机组。

4.2.3　风电场的施工

4.2.3.1　编制风电场建设计划

风电场的施工建设以项目核准文件为分界线，建设单位取得中华人民共和国国家发展和改革委员会的批复文件后属于施工工程阶段。为了尽早实现项目的并网投产及竣工验收，建设单位要尽快组织力量编制建设计划，科学、有序地安排工程项目和有关工作高效协调进行，以控制和掌握本期风电场建设大局，落实风电场分期建设计划和总体规划。

编制风电场建设计划，需要在保证质量和安全的前提下进行。以工程进度计划为主，以时间工程节点为界线大致可分成施工准备阶段、施工阶段和工程竣工验收结算阶段三个阶段。其中：施工准备阶段，包括项目报建、勘察设计、工程招标、委托建设监理、四通一平、筹备资金；施工阶段，包括道路施工、基础施工、风电机组安装、升压站建设、场内线路施工、设备调试、并网申报；工程竣工结算阶段，包括单位工程验收、专项工程验收、工程竣工决算及审计、工程竣工验收。

工程施工建设各个阶段应编制工程进度表，其中：建设单位，按工程总体规划编制一级工程进度表；监理单位，根据一级工程进度表编制二级工程进度表，落实系统项目或单位工程的进度节点；施工单位，按二级工程进度表各节点要求，编制本单位承包范围内的三级工程进度表，承包单位的三级工程进度表包括施工单位、供货单位、设备监造单位、调试单位等。

4.2.3.2　施工准备

1. 项目报建

建设单位取得发改委的批复文件后，按照《工程建设项目报建管理办法》（建建字〔1994〕482 号）规定，凡具备条件的需向当地建设行政部门报建备案。

（1）建设工程项目报建内容。具体包括工程名称、建设地点、投资规模、资金来源、当年投资额、工程类型、发包方式、计划开工竣工日期、工程筹建情况等。

（2）报建时应效验的文件资料。包括：立项文件或年度投资计划；固定资产投产许可证；建设工程规划许可证；资金证明。

（3）报建程序。建设单位填写统一格式的"工程建设项目报建登记表"经上级主管部门批准后，连同应效验的文件资料一并报建建设行政主管部门。备案后，具备了《工程建设项目施工招标投标办法》（九部委〔2013〕23 号令）中规定的招标条件的，即可开始办理建设单位资质审查，准备施工招投标。

2. 勘察设计

工程建设必须严格以设计方案为主线，严格按照设计施工图纸进行施工，为此项目开工前勘察设计单位要进驻施工现场，开展项目地质勘探、坐标测量、收集天气、水文等自然资料，了解当地有关部门对项目的要求，包括电网公司、环保局、消防部门等资料。设计单位制订项目建设的总体规划，编制施工方案，选择项目所用材料和设备的技术参数，编制项目各专业施工及材料采购的招标技术文件和施工图。

3. 工程招标

根据国家《中华人民共和国招标投标法》规定，工程建设项目的勘察、设计、施工、监理以及与工程建设有关的重要设备、材料等的采购，都必须进行招标，风电项目建设中的服务、施工、设备及材料涉及金额各不相同，从几万元至上亿元都有，故这些项目都应按国家招标法进行招标，确定供货单位或服务单位。招标投标工作应当遵循公开、公平、公正和诚实信用的原则，按招投标法执行各项程序开展公告、开标、投标、评标、中标等程序。招标人、投标人、评标委员会成员及与招投标工作相关人员应按招投标法严格开展工作，任何违反法律规定的人或事将追究相应的法律责任。

风电项目招标涉及的项目比较多，建设单位由于缺乏人手和不具备招标工作所需的专业业务能力，建设单位经常可以自行选择招标代理机构，委托其办理招标事宜。

招标代理机构是依法设立、从事招标代理业务并提供相关服务的社会中介组织。招标代理机构应当具备下列条件：

（1）有从事招标代理业务的营业场所和相应资金。

（2）有能够编制招标文件和组织评标的相应专业力量。

（3）有满足招投法所规定的专家条件，可以作为评标委员会成员人选的技术、经济等方面的专家库。

在招标时必须先将各类需要招标的项目进行标段，根据各标段性质不同可分成设备材料类标段、施工类标段、服务类标段和其他类标段等四类标段。其中：①设备材料类标段主要有风电机组、塔筒、箱式变电站、主变压器、高低压开关柜、电线电缆、无功补偿设备、线路塔材、线路导线及附件、综合自动化设备（升压站本侧，并且包括电费计量系统设备、PMU设备、风电场能量管理系统）、通信设备、直流电源设备、风功率预测设备、零星采购；②施工类标段主要有进场道路工程（从国家等级公路到升压站或进场主干道的起始路段）、场内道路工程、升压站土建、电气安装工程、风电机组及箱式变压器基础工程、风电机组吊装工程、场内集电线路工程、全场接地工程、水保环保工程、送出工程、消防工程、绿化工程等；③服务类标段主要有工程勘测设计、工程监理、设备监理和其他项目等；④其他类标段。可以根据工程承包方式不同，分成工程总承包方式和施工总承包方式区分：工程总承包方式（EPC）是除工程监理、设备监造及招标代理外，将设备材料类、施工类、服务类标段合成一个标段；采购施工总承包方式（PC）上述设备材料类及施工类全部标段合成一个标段。

以上的标段是一般的划分方式，建设单位的管理模式不同，各自的标段划分也不同，可根据施工的实际情况，在不违反招投标法的原则下可进行拆分或重组标段。

4. 委托建设监理

风电场建设涉及风电、输变电、建筑、道路等工程，是一项多专业组合的系统工程。建设单位要依靠自身的力量管理好风电场比较艰难，而且多数风电场的建设单位还不具备完全依靠独立管理好风电场的能力和条件，需要委托有相应资质、具备专业水平的监理单位，代表建设单位依据国家有关法律法规和工程建设监理合同，实行工程建设管理。

风电场建设实行监理制，符合《中华人民共和国建筑法》及其他相关法规的要求，是风电场建设走向规范化管理的重要措施。建立"小业主大监理"的管理模式，使建设单位仅需派少量人员参与项目建设管理，从宏观的角度进行控制，而具体的项目实施过程由监理单位派出专业对口人员对第三方履行合同义务的工作加以监督、控制和管理，从而保证项目建设达到预定目标。

工程项目管理是分项承包方式、工程总承包方式以及采购施工总承包方式，建设单位需要委托监理单位协助管理工程项目。

（1）监理单位的选择。

1）选择方式通过邀请招标方式或直接商谈方式确定。

2）选择程序有以下步骤：①建设单位确定委托监理的项目；②建设单位在公共平台发布招标公告或向发招标邀请书；③监理单位报名并编制投标书；④建设单位对投标单位进行资格审查和评审标书；⑤开标；⑥建设单位选定中标单位；⑦建设单位与中标的监理单位签订委托监理合同。

3）选择工作中应注意以下事项：①建设监理是一种高智能的有偿技术服务。选择监理单位除注意其监理资质外，监理工作人员具有专业知识技能、经验、判断和创新能力及想象和预测能力，在满足基本要求的前提下，再考虑报价，不能唯报价最低者选用。②评审标书时，除注意其描述的内容外，有条件的还应做其他方面的必要调查，如监理单位履行过合同的执行情况、总监的管理水平、监理工程师的业务水平等。③判断监理单位的工作能力，需要考量其技术胜任能力、管理能力、敏锐的分析和决策能力、执业的道德水平等，如发现个别监理人员不能满足专业要求时应即时更换。

（2）监理单位的职责。监理单位应当依照法律、法规以及有关技术标准、建设工程监理规范、设计文件和建设工程承包合同，代表建设单位对施工质量实施监理，并对施工质量承担监理责任。主要体现如下：

1）工程监理单位应当依照法律、法规以及有关技术标准、建设工程监理规范、设计文件和建设工程承包合同，代表建设单位对施工质量实施监理，并对施工质量承担监理责任。

2）监理单位应依据监理合同配备监理组成员进驻施工现场和需要的检测设备和工具。

3）工程使用或者安装的建筑材料、建筑物构件、设备以及单位工程的验收、隐蔽工程的验收、工程款的支付、竣工验收等必须得到监理工程师的签字认可。

4）监理工程师应当按照工程监理规范，采取旁站、巡视和平行检验等到形式，实施监理。

5）该项目监理机构必须遵守国家有关的法律、法规及技术标准；全面履行监理合同，控制本工程质量、造价和进度，管理建设工程相关合同，协调工程建设有关各方关系；做好各类监理资料的管理工作，监理工作结束后，向本监理单位或相关部门提交完整的监理档案资料。

6）监理单位应对项目监理机构的工作进行考核，指导项目监理机构有效地开展监理工作。项目监理机构应在完成监理合同约定的监理工作后撤离现场。

7）监理单位负责在工程监理期间所发生的一切安全事故，如因监理单位原因造成安全事故的应承担全部责任。

8）监理单位不按照委托监理合同的约定履行监理义务，对应当监督检查的项目不检查或者不按照规定检查，给建设单位造成损失的，应当承担相应的赔偿责任。工程监理单位与承包单位串通，为承包单位谋取非法利益，给建设单位造成损失的，应当与承包单位承担连带赔偿责任。

9）在合同期内或合同终止后，未征得有关方同意，不得泄漏与本工程、本合同业务有关的保密资料。

5. 四通一平

"四通一平"为工程建设的先锋部队，即通电、通水、通信、通路及场地平整。建设单位和施工单位都必须在施工现场或附近设置管理工程的指导部，具体工作有：①通电，风电场建设中的通电主要用于建设期间工程管理及施工所需的施工电源，基建结束后可取消，或将此电源转为站用电的备用电源；②通水，为基建期间的施工用水，当基建完成转为生产后，仍可作为风电场运行人员的生活用水；③通信，基建期间的办公通信一般可作为生产对外的联络通信；④通路，风电场建设的通路一般是指升压站通往村镇的道路称为进场道路；⑤场地平整，其中升压站场地平整是在道路通路通畅后进行，在平原地带通路和场地平整不能显现其重要性，在山地风场建设中，只有进场道路通畅，升压站场地平整后才能实施升压站土建施工，工程正式开工。

6. 筹备资金

风电场建设需要大量建设资金，建设单位一般不会有项目建设所需的全部资金，通常的做法是建设单位有筹备项目的 30%～50% 的资本金，剩余部分向银行申请贷款，申请贷款时银行会要求提供项目的相关资料，即股东代表决议、公司营业执照、贷款金额的担保人、项目建设的合法性、项目的收益等，并对建设单位的偿还能力进行评估决策。

4.2.3.3　施工阶段

风电场施工建设场面是开放的，具有施工面广、作业点多、管控不到位等诸多难点，为此，各参加单位的管理人员必须统一思想，实行一人多责多岗的管理模式，即管进度、管安全、管质量一手抓。管理人员之间应相互沟通相互照应，才能保证工程保安全保质保进度的进行。

1. 施工程序

施工前设计院已经完成了施工图编制，由设计人员对施工图纸进行讲解，设计思路及施工注意事项。由监理单位组织施工单位、设计人员、建设单位人员对图纸进行会审，设计人员对施工图中疑问点进行解答。施工单位应着重注意设计图与施工现场是否相符、材料是否充足；建设单位着重注意设计人员是否按前期阶段的思路进行设计、施工规模不得超概算；监理单位应关注施工的合理性合法性，施工图必须按国家相关规范进行设施，满足设计施工规范。

施工单位根据设计图纸、施工现场、施工进度编制施工方案。施工方案是对施工项目的全过程实行科学管理的重要手段，通过施工组织方案的编制，可以全面考虑施工项目的各种具体施工条件，扬长避短，拟定合理的施工方案，确定施工顺序、施工方法、劳动组织和技术经济的组织措施。合理安排统筹计划施工进度，不仅能保证施工项目按期投产或交付使用，也为项目施工在经济上的合理性、在技术上的科学性以及在实践过程中的可能性等提供依据，还为建设单位编制工程建设计划和施工单位编制施工计划提供依据。施工企业可以提前掌握人力、材料和机具使用上先后顺序，全面安排资源的供应与消耗，可以确定临时设施数量、规模和用途以及临时设施和材料机具在场地的布置方案等。编制施工方案主要包括以下内容：

（1）编制依据。

（2）工程概况。

（3）工程规模和施工项目及主要工程量。

（4）施工组织机构设计和人力资源计划。

（5）施工综合进度计划。

（6）施工总平面图及文字说明。

（7）主要大型施工机械配备和布置以及主要施工机具配备清单。

（8）施工力能供应（水、电、通信、消防、照明等）。

（9）主要施工方案和季节性施工措施。

（10）技术和物资供应计划，其中包括：工程原材料、半成品、加工及配置供应计划；设备交付计划；力能供应计划、施工机械及主要工器具配备计划、运输计划等。

（11）技术检验计划。

（12）施工质量规划。

（13）目标和保证措施。

（14）生产和生活临建设施的安排。

（15）安全文明施工和职业健康及环境保护目标和管理。

2. 施工主要阶段

风电场施工阶段是整个工程的主体部分，按建设模块分可分成道路施工、基础施工、风电机组安装、升压站施工建设、场内线路施工、设备调试、并网申报等 7 部分。这 7 部分的施工程序基本一致，大致可分成施工交底及图纸会审、编制施工方案、施工、验收、调试等，只有并网申报部分是属于协调工作。

（1）道路施工。与一般情况下的道路施工基本相同，特别是在北方平原或草原的风电场道路比较容易施工。但是，山地风电场的道路必须严格按风电机组厂家相关的运输要求严格执行，主要考虑运输设备的长度、重量、道路路面宽度、道路坡度、转弯路面坡度、最小转弯半径等。因此，风电场的道路施工还包括场外道路的障碍物清理、场内新建道路的强度、转弯半径、坡度、路面等都应满足运输要求。一般施工期间的运输道路是采用泥结石路面。

（2）基础施工。风电机组基础是支撑风电机组的独立基础，当前安装的风电机组高度在 $80\sim100\mathrm{m}$，风电机组基础混凝土体积在 $400\sim600\mathrm{m}^3$ 之间，风电机组的重量约 200t 以上，同时侧向有较大的风荷载。风电机组基础有较强的抗滑、抗倾覆能力及抗变形能力，风电机组基础浇筑是风电场建设中的重要环节，浇筑前应编制风电机组基础浇筑专项方案，并做好浇筑前、浇筑时、浇筑后各项质量管控，其中：浇筑前做好材料进场前的检验，包括水泥进场检验、细骨料（砂）进场检验、粗骨料（石子）进场检验、混凝土掺和料和外加剂（粉煤灰根据视情况选用）；浇筑时做好混凝土浇筑和养护中的控制，包括混凝土浇筑支模、配合比设计、混凝土浇筑开仓、浇筑方法、混凝土浇筑振捣、收仓控制、试块取样等；浇筑后工作，包括混凝土养护控制、混凝土裂缝控制、基础回填中的控制。

（3）风电机组安装。这是整个工程建设中危险性较大、受外部条件限制大的工序，因此在风电机组安装过程中要做好安全管控工作，按特种设备作业的安全规程要求，严格审核特种作业的吊装方案、特种作业人员资格证书，检查现场吊车健康状况及吊具的完整性等。在施工现场要做好安全警界，配备充足的通信设备，全程由专人指挥作业，无关人员不得进入吊装现场。

（4）升压站施工建设，包括土建施工和电气设备安装调试两部分。升压站的土建施工主要根据建设单位需要功能设置的，升压站主要建筑物主要包括控制楼、员工生活宿舍楼、仓库、高压柜及设备基础。电气设备安装有 110kV（220kV）配电设备、主变压器、高压柜无功补偿、站用变压器、继电保护屏柜、蓄电池等。升压站主要涉网设备必须满足当地电网公司要求，特别是通信设备、风功率预测系统必须与当地的地调或中调的设备型号具有兼容性及统一规约。升压站短路电流与电网短路电流匹配。

（5）场内线路施工。场内线路是连接风电机组至升压站的有效电气连接，连接方式主要有电缆敷设、架空线路、架空线路和电缆敷设混合，其中：电缆敷设主要沿风场道路敷设，在箱式变压器内部或敷设路径加装电缆分接箱；架空线路是由升压站出线架设导致直接到箱式变压器高压进线侧；架空线路和电缆敷设混合是从升压出来通过高压电缆敷设至附近的架空线路杆塔，架空线路架设到风电机组附近通过高压电缆接入箱式变压器高压侧。这三种连接方式各有特点：电缆敷设主要适应于旅游区，为了保证区域内的美观；架空线路连接方式主要适应于平原或草原风电场，风电机组排列分布，架空线路基本保持一条线；架空线路和电缆敷设混合连接方式主要适应于山地风场或丘陵风场，风电机组沿山脉分布，线路转角比较多，风电机组平台空间比较小，架空线路可能会影响风电机组运行，故在确保风电机组安全距离情况下，通过高压电缆连接至箱式变压器高压侧。

（6）设备调试包括风电机组调试和升压站电气调试。风电场调试主要包括风电机组调试、升压站调试、线路参数、接地电阻测试、电能表测试等项目，按专项测量校验。风电机组调试方案由风电机组厂家提供，监理单位和建设单位审批后执行。风电机组调试必须经过紧急停机、超速停机、振动停机等安全性能试验，各运行参数符合国家规范、厂家技术规范要求。风电机组经调试后，安全无故障连续并网运行不得少于 240h。升压站电气设备调试按《电气设备预防性试验规程》（GB/T 596—2005）执行，升压站启动经 24h 运行后移交运行部门。

（7）并网申报。风电场建设并网发电都接入当网公司，新建或扩建风电场都按并网管理办法执行，风电场并网项目必须符合国家电力产业政策和能源政策，符合电网电力发展规划，并网接入系统报告、可研报告、初步设计、设计图这些技术资料都需经电网公司审核并取得批复。同电网公司签订并网意向协议、并网协议、购售电合同、用户用电合同等。升压站的主变压器、线路开关、综合自动化保护等主要设备参数以及风电场主要概况、风电机组主要参数等均需报备电网公司。通信系统进行联调对接，实现数据正常传输。由于各地方电网公司要求不尽相同，但以上是必备条件。

4.2.3.4　工程竣工验收阶段

风电场项目建设工程应通过各单位工程完工、工程启动试运、工程移交生产、工程竣工4个阶段。在风电场项目建设过程中，各施工阶段应进行自检、互检和专业检查，对关键工序及隐蔽工程的每道工序也应进行检验和记录。

1. 组建相应的验收组织

（1）单位工程完工前，应组建单位工程完工验收领导小组。在各单位工程完工时和各单机启动调试试运时，单位工程完工验收领导小组应及时组建相应的验收组。单位工程完工和单机启动调试验收由建设单位主持。

（2）工程整套启动试运验收前应组建工程整套启动验收委员会。工程整套启动试运验收由建设单位主管生产领导主持。

（3）移交生产验收时，应组建工程移交生产验收组。工程主要投资方或建设单位的上级公司领导主持。

（4）工程竣工验收时，应组建工程竣工验收委员会。

2. 单位工程验收

单位工程可按风电机组、升压站、线路、建筑、交通等五类进行划分，每个单位工程是由若干个分部工程组成的，它具有独立的、完整的功能。单位工程完工验收结束后，签发单位工程完工验收鉴定书。

风电机组的安装工程为单位工程，它由风电机组基础、风电机组安装、风力发电机监控系统、塔架、电缆、箱式变电站、防雷接地网等7个分部工程组成。各分部工程完工后，必须及时组织有监理参加的自检验收。

升压站设备安装调试单位工程包括主变压器、高压电器、低压电器、母线装置、盘柜及二次回路接线、低压配电设备等的安装调试、电缆铺设、防雷接地装置等8个分部工程。

场内架空电力线路工程和电力电缆工程分别以一条独立的线路为一个单位工程。每条架空电力线路工程是由电杆基坑及基础埋设、电杆组立与绝缘子安装、拉线安装、导线架设等4个分部工程组成。每条电力电缆工程是由电缆沟制作、电缆保护管的加工与敷设、电缆支架的配制与安装、电缆的敷设、电缆终端和接头的制作等5个分部工程组成。每个单位工程的各分部工程完工后，必须及时组织有监理参加的自检验收。

中控楼和升压站建筑工程一般由基础（包括主变压器基础）、框架、砌体、层面、楼地面、门窗、装饰、室内外给排水、照明、附属设施（电缆沟、接地、场地、围墙、消防通道）等10个分部工程组成。各分部工程完工后，必须及时组织有监理参加的自检验收。

交通工程中每条独立的新建（或扩建）公路为一个单位工程。单位工程一般由路基、路面、排水沟、涵洞、桥梁等5个分部工程组成。各分部工程完工后，必须及时组织有监理参加的自检验收。

3. 工程启动试运行验收

工程启动试运行可分为单台机组启动调试试运行、工程整套启动试运行两个阶段。当风电机组安装完成，各阶段验收条件成熟后，由施工单位向建设单位提出启动试运行验收的要求，由建设单位主管生产领导主持验收。

单台风电机组安装工程及其配套工程启动试运行验收合格后，生产部门应及时组织单台风电机组调试试运行工作，以便尽早上网发电。当所有风电机组调试试运行结束后，应及时组织工程的整套启动试运行验收。

之后，风电场所有风电机组及其配套设备方可投入试运行。启动试运行后，验收委员会根据建设单位、监理单位、质检部门、调试单位等参加的报告，完成对工程整套设备的总体评价，并签发"工程整套设备启动试运行验收鉴定书"。

工程整套启动试运行验收必须具备的条件：各单位工程完工验收和各台风电机组启动试运行验收均应合格，能正常运行；当地电网电压稳定，电压波动幅度不应大于风电机组规定值；历次验收发现的问题已基本整改完毕；在工程整套启动试运行前，质监部门已对本期工程进行全面的质量检查；生产准备工作已基本完成；验收资料已按电力行业工程建设档案管理规定整理、归档完毕。

4. 工程移交生产

工程移交生产前的准备工作完成后，建设单位应及时向主管生产领导提出工程移交生产验收申请。由生产领导筹办工程移交生产验收。移交生产具备的条件：设备状态良好，安全运行无重大考核事故；对工程整套启动试运行验收中所发现的设备缺陷已全部消缺；运行维护人员已通过业务技能考试和安规考试，能胜任上岗；各种运行维护管理记录簿齐全；风电场和变电运行的相关规程、设备使用手册、技术说明书及有关规章制度等齐全；安全消防设施齐全良好，且措施落实到位；备品配件及专用工器具齐全完好。

5. 工程竣工验收

工程竣工验收一般在工程整套启动试运行验收后6个月内进行。当完成工程决算审查后，建设单位向上级公司或投资单位申请工程竣工验收。竣工验收应具备的条件：工程已按批准的设计内容全部建成；设备状态良好，各单位工程能正常运行；历次验收所发现的问题已基本处理完毕；归档资料符合电力行业工程档案资料管理的有关规定；工程建设征地补偿和征地手续等已基本处理完毕；工程投资全部到位；竣工决算已经完成并通过竣工审计。

4.3　风电场的运行与维护

近年来，中国风电发展保持了较高的增速，而且更加注重协调和规划，讲究经济和社会效益，注重机组质量和技术创新，这是中国风能产业逐步走向成熟的体现。截至

2017 年底，我国风电累计装机容量已达到 1.88 亿 kW。未来，预计风电装机容量还会以每年 2000 多万 kW 的速度增加。随着技术不断发展，风电场有些设备还需进行改造、技术更新等，以适应风电行业市场的发展。风电场运行与维护工作的主要任务是通过科学的运行维护管理，来提高设备的可利用率以及供电的可靠性，从而提高风电公司的经济效益。本节主要介绍风电场的运行、检修维护、提质增效和运行维护的新趋势、新技术。

4.3.1 风电场的运行

大部分风电场隶属于风电公司的生产部门管理，而风电场的运行维护管理主要有两种模式：①运行、检修维护独立分开；②运行与检修维护相结合。

通常风电场人员组织结构为：场长 1 名；副场长 1 名；安全专责 1 名；运行值班长 2 名；检修值班长 2 名；运行工作人员数名；检修工作人员数名。若风电机组的运行、定检维护委托于风电机组制造商或专业的第三方运维团队，则这两家单位的运行与检修维护人员也属于风电场组织人员之一，并由风电场进行统一管理。

一般运行、检修维护各设有两个班组，每值约为 4 人，均为风电场人员（具体人数根据风电场装机容量而定，该人数为装机容量 100MW 的配置），不包含风电机组制造商或专业第三方运维团队人员，大部分风电场上班采取两值轮换倒班方式。而运行与检修维护相结合的模式也采用上述人员组织结构以及上班模式，区别之处在于运行人员兼任检修人员。

风电场的日常运行工作主要包括：①风电场系统运行状态的监视、调节、巡视检查；②风电场生产设备操作、参数调整；③故障处理消缺；④风电场生产和运行记录的填写；⑤风电场运行数据备份、统计、分析和上报；⑥工作票、操作票、交接班、巡检、设备定期试验与轮换制度的执行；⑦风电场内生产设备的原始记录、图纸及资料管理；⑧风电场内房屋建筑、生活辅助设施的检查、维护和管理；⑨开展关于风电场安全运行的事故预想，并制定对策等。

4.3.1.1 风电场的运行控制

1. 风电机组的运行控制

运行人员通过风电场升压站中控室的风电机组 SCADA 系统、在线振动监测系统，监控界面如图 4.2 和图 4.3 所示。主要监视风电机组的各项参数变化，运行监视项目包括但不限于：①风向、风速、大气压力、湿度、机舱内（外）温度；②风电机组有功功率与无功功率、电流、电压、频率；③变桨角度、变桨电机温度、变桨电机扭矩；④齿轮箱油位、油温、油压、齿轮箱轴承温度；⑤液压系统油位、压力；⑥主轴轴承温度；⑦高速轴制动装置刹车片磨损情况；⑧水冷装置压力、冷却液温度；⑨机舱振动、传动链各部件振动；⑩发电机轴承温度、绕组温度；⑪扭缆角度、偏航对风情况；⑫叶轮转速、发电机转速；⑬变流器电流、电压、温度等。

此外，还需根据风电机组运行情况及出力要求等，进行手动启机/停机、复位、手动偏航、手动变桨和有功控制等操作。

2. 场区升压变电站以及输变电设备的运行控制

风电场的输变电系统通常采用集中并网远距离传输运行。一般采用二次升压，即风

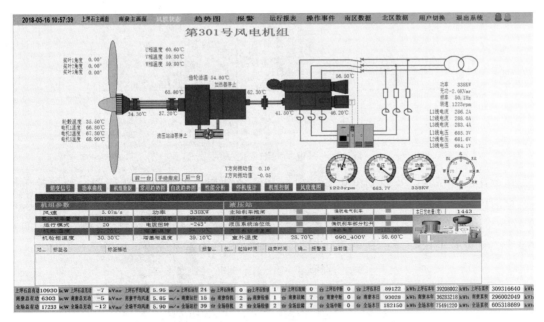

图 4.2　某风电场单风电机组的监控主画面

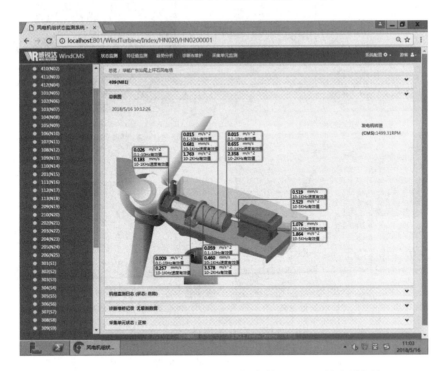

图 4.3　某风电场的在线振动监测系统中某风电机组的监测主界面

电机组输出的 0.69kV 经过安装在风电机组旁的箱式变电站升压至 10kV 或者 35kV 为一次升压，而二次升压为汇集后的 10kV 或者 35kV 经过安装在风电场升压站内的主变压器升压至 66/110/220/330kV，最后再接入到电网，风电场的输变电系统组成如图

4.4 所示。

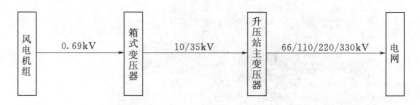

图 4.4　风电场的输变电系统组成

　　风电场的升压站以及输变电设备主要包括箱式站变电站及站用变压器、架空输电线路、电力电缆、35kV 配电系统、主变压器、气体绝缘金属封闭开关设备（Gas Insulated Switchgear，简称 GIS）、室外配电系统、无功补偿装置、继电保护及自动装置、监控自动化系统、直流及 UPS（不间断电源）系统、接地装置及防雷系统等，如图 4.5 所示。

（a）继电保护室

（b）35kV 高压开关柜室

（c）升压站主变压器以及其他设备

（d）风电机组、箱式变电站以及架空输电线路

图 4.5　风电场主要输变电设备

　　场区升压变电站以及输变电设备的运行状态监控系统主要包含一次监控系统、风功率预测系统等。运行人员通过一次监控系统监视升压站设备的运行方式，母线电压、电流，开关合（分）状态，全场和各馈线的功率和电流，主变压器的油温、开关位置，以及故障和异常报警信号等数据。图 4.6 所示为某升压站的一次监控系统主画面图。此外，运行人员通过风功率预测系统实现对未来有功功率的短期（风电场次日零时起至未来 72h 的有功

功率，时间分辨率为 15min）和超短期（风电场未来 15min～4h 的有功功率，时间分辨率不小 15min）的预测。某风电场的风功率预测系统主画面如图 4.7 所示。

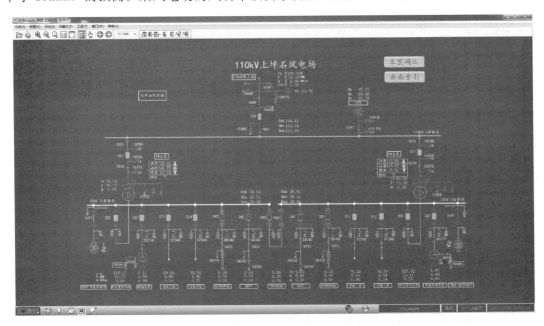

图 4.6　某升压站的一次监控系统主画面图

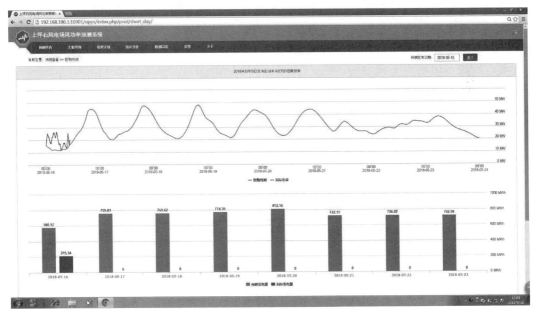

图 4.7　某风电场的风功率预测系统主画面

风电场的升压站以及输变电设备的运行控制除了对设备的运行状态进行监视外，还包括设备的倒闸操作、参数调整等，因设备涵盖内容较多，对其运行与维护可参考《风力发电场运行规程》（DL/T 666—2012）、《海上风电场运行维护规程》（GB/T 32128—

2015)、《变电站运行导则》（DL/T 969—2005）、《架空输电线路运行规程》（DL/T 741—2010）、《配电变压器运行规程》（DL/T 1102—2009）、《气体绝缘金属封闭开关设备运行及维护规程》（DL/T 603—2006）、《风力发电场安全规程》（DL/T 796—2012）等标准执行。

4.3.1.2 风电场的故障消除

当运行人员发现风电场设备运行数据或出现异常时，应对该设备的运行状态进行持续性的监视，根据实际情况采取相应的处理措施，具体如下：

（1）遇到常规故障，如更换设备的损坏零部件，应及时通知检修维护人员进行消缺处理。

（2）遇有非常规的故障，如机舱着火、叶片折断、风电机组倒塔等风电机组的异常故障，应及时通知相关部门或单位（如上级职能部门、风电机组制造商等），并积极配合处理故障。

4.3.1.3 风电场的巡视

1. 风电场巡视分类

风电场的巡视分类如下：

（1）定期巡视。由运行人员进行，以掌握设备设施的运行状况、运行环境变化情况为目的，及时发现设备缺陷和影响风电场安全运行情况的巡视。

（2）特殊巡视。应由运行人员对设备进行的全部或部分巡视的情况有：新投设备、大修或改进后的设备第一次投运时；可能有外力破坏、恶劣气象条件（如大风、台风、暴雨、覆冰、高温、沙尘等到来前后）；法定节假日及上级通知有重要供电任务期间；设备过负荷，或负荷有显著增加时；设备带缺陷运行或其他特殊情况下。

（3）夜间巡视。在负荷高峰的夜间由运行人员进行，主要检查连接点处有无过热、打火现象，绝缘子表面有无闪络等。

（4）故障巡视。由运行人员进行，以查明线路和设备发生故障的地点和原因为目的的巡视。

（5）监察巡视。由上级部门组织进行的巡视，主要是了解线路及设备状况，检查、指导巡视人员的工作。

2. 风电机组巡视

对风电机组的巡视又分为登机和不登机巡视。其中：

（1）不登机巡视，主要巡检项目包含风轮、机舱、塔架及基础等，巡检中应检查以上项目的外观、运行声音、锈蚀、裂纹、螺栓等是否完好或正常等，检查方式通过目测、耳听、和使用专用工具（如望远镜）等进行检查。

（2）登机巡视主要巡检项目包括叶轮、机舱、塔架、主轴及主轴承、齿轮箱、联轴器、发电机、控制系统、变桨系统、液压和制动系统、偏航系统、变流系统等。巡检中应检查每个设备/系统的外观、运行声音、管道连接、电气连接、油位、油压、温度、密封、润滑等是否完好或正常等。检查方式通过目测、耳听，鼻闻，手摸和使用专用工具（如内窥镜、听诊器等）等进行检查。

3. 升压站及输电设备巡视

风电场的升压站以及输变电设备的巡视，主要包括对升压变电站内设备及相关辅助设施、架空输电线路和箱式变电站等巡视。巡视的检查要求如下：

（1）充油设备：油色、油面、油温是否正常，无漏油，冒烟现象。

（2）瓷制设备：表面无裂纹、烧损以及放电痕迹。

（3）带电设备：无异常运行声音、放电。

（4）设备外壳：无变形、锈蚀和破损。

（5）开关、隔离开关、母线、电缆线路等接头：无变形、氧化变色、异常声音、过热。

（6）二次设备：指示灯和机械位置正常，无告警和故障信号，状态压板与定值一致。

（7）线路杆塔、电缆和光缆：线路杆塔无倾斜，架空线路无断股，电缆和光缆无破损。

（8）消防设备：齐备且可正常使用。

（9）电缆沟：无积水，无杂物，封堵严密，无小动物出入活动。

（10）其他配电建筑物：不变形、不漏水和不存在其他不安全因素。

检查方式通过目测、耳听、鼻闻、手摸和使用专用工具（望远镜、测温仪、红外成像仪等）等进行检查。

4.3.1.4 填报生产运行记录

风电场的运行数据包括发电功率，风速，有功、无功、场用电量，及设备的运行状态等。运行记录包括运行日志、运行日/月/年报表、气象记录（风向、风速、气温、气压等）、缺陷记录、故障记录、设备定期试验记录等。除了填报以上记录外，还应定期与历史数据进行对比，发现异常时应及时汇报、分析、处理，并全部记录在案。还要填写包括交接班记录、设备检修记录、巡视及特巡记录、工作票及操作票记录、培训工作记录、安全活动记录、反事故演习记录、事故预想记录、安全工器具台账及试验记录等其他记录。

4.3.2 风电场的检修维护

风电场检修维护工作应遵循"预防为主，定期维护和状态检修相结合"的原则，以消除重大隐患和缺陷为重点，以恢复设备性能和延长设备使用寿命为目标，在现行定期检修的基础上，运用有效的在线、离线检测手段，最终形成一套集定期检修、故障检修、状态检修为一体的综合检修模式。具体如下：

（1）定期检修。以时间为基础的预防性检修，根据设备磨损和老化的统计规律，事先确定检修等级、检修间隔、检修项目、需用备件及材料等的计划检修方式，包括风电机组首检（通常为投产后的500h）、半年期、1年期定期维护和升压站定期检修。不同的周期有不同的检修内容。

（2）状态检修。根据状态监测和诊断技术提供的设备状态信息，评估设备的状况，在故障发生前进行检修的方式。

（3）故障检修。故障检修是指设备在发生故障或失效时进行的非计划检修。

4.3.2.1 风电机组的定期检修维护

风电机组的定期检修维护主要是对风轮、机舱、塔架及基础、主轴及主轴承、齿轮箱、联轴器、发电机、控制系统、变桨系统、液压和制动系统、偏航系统、变流系统等进行检修维护，具体如下：

（1）定期检查设备、紧固螺栓、对轴承等部件润滑、测试各系统功能是否正常、清洁等。

（2）消除设备和系统存在的缺陷。

（3）更换已到期的易耗部件，如齿轮箱滤芯、发电机碳刷等。

因风电机组检修维护项目涵盖内容较多，具体各项目的维护内容和周期、基本管理和全过程管理可参考《风力发电机组　运行及维护要求》（GB/T 25385—2010）、《海上风电场运行维护规程》（GB/T 32128—2015）、《风力发电场检修规程》（DL/T 797—2012）等标准执行。

4.3.2.2　场区升压站以及输变电设备的定期检修维护

场区升压站以及输变电设备的检修与维护项目主要包括以下内容：

（1）清污各类元器件或清扫各设备柜体，并作防腐涂漆等。

（2）消除设备或系统存在的缺陷。

（3）针对输变电一次设备和继电保护、自动化系统进行对应的试验（如绝缘电阻试验、交流耐压试验、整组传动试验等）。

（4）检修各类安全保护装置、油保护装置、测温装置、接地系统、二次回路等。

（5）更换已到期的易耗部件或油品等。

因各设备检修维护项目涵盖内容较多，具体各项目的维护内容和周期、预防性试验等可参考《风力发电场检修规程》（DL/T 797—2012）、《输变电设备状态检修试验规程》（DL/T 393—2010）、《电力变压器检修导则》（DL/T 573—2010）、《电力设备预防性试验规程》（DL/T 596—2005）、《互感器运行检修导则》（DL/T 727—2013）、《发电企业设备检修导则》（DL/T 838—2003）、《风力发电场安全规程》（DL/T 796—2012）等标准执行。

4.3.2.3　风电机组运行维护的主要模式

在风电项目开发过程中，风电机组能否在寿命期内发挥出最佳性能是衡量风电场投资成败的关键因素之一。除风电机组本身必须具有良好的质量外，其生命周期内的运行维护更加关键。按照质保期5年计算，近几年内将有大批风电机组相继超出质保期运行。昂贵的维修费用形成巨大的市场利润，目前包括风电场开发商、风电机组制造商和专业第三方运维团队在内的运行维护公司正在积极备战，争抢风电运行维护市场份额。分析全球的风电运行维护市场，欧美地区因发展风电时间早，加上成熟的市场经济体制使得在运行维护市场方面积累较多经验；而中国风电运行维护市场的发展仍处于初期被动运行维护阶段，主要集中于检修维护和备品备件方面。从现状来看，风电场开发商、风电机组制造商和专业第三方运维团队在未来市场上将会处于一个长期共存的状态。其中，当风电场投运的风电机组出质保期后，风电场开发商（业主）若不自行运行维护，则可以通过公开招标或非招标等形式委托风电机组制造商或专业的第三方运维团队开展。

1. 风电场开发商（业主）

风电场业主自行维护是指风电开发商自主组建运维团队，自主管理、运行和维护旗下风电项目。随着目前运维市场的规模逐步扩大，"蛋糕"也在变大，竞争也更加激烈，风电开发商通过参与运行维护风电机组工作，积累了一定经验后，部分业主为了节约运行维护成本，当风电机组出质保后（一般 3～5 年），开始逐步实施自主维护。

（1）优势。在风电机组全生命周期内都是运维工作的主导者，实力强大，通过参与质保期内的运维工作，积累运维技术和经验，掌握核心数据和一套运维管理办法，对风电场有充分的了解和掌握。

（2）劣势。开发商多为大型国有企业，在管理体制和机制上有待创新，在组建运维团队、人员编制、流动等方面不够灵活；对于风电机组的核心技术掌握不够全面，特别是风电机组的技术升级和改造、批次性问题等仍需要依赖风电机组制造商的技术支持。

2. 风电机组制造商

近年来，为了争取在运维业务中获得更大的服务市场，主要整机制造企业纷纷组建了自己的专业运维团队。

（1）优势。整机制造企业拥有较强的实力，对设备非常熟悉，在未来的技术升级和改造过程中掌握核心竞争力，能争取到自有品牌风电机组的运维业务；在质保期内提供运维服务的过程中，建设了自己的运维团队，积累了丰富的经验和庞大的数据库；出质保后，业主对风电机组制造商的技术依赖性较高。

（2）劣势。因为风电制造商之间存在竞争关系，彼此对机组性能、功率曲线等核心数据了解不够，若跨厂家服务，可能会导致维护质量下降。

3. 专业的第三方运维团队

随着风电设备售后市场的扩大和新技术、新方法的不断出现，一些技术和服务性企业也加入进来。作为第三方服务团队，他们与业主及整机企业不存在附属关系，以市场方式运作，是新兴的后市场力量。

（1）优势。第三方服务机构的机制灵活，不受机型和厂家的约束，也没有体制方面的束缚，组织能力较强；可迅速跟踪和利用最新风电科技成果，直接为风电场服务；在反应速度和成本控制方面也具有优势。

（2）劣势。机构成立时间较短；规模相对偏小；资金不充足；技术实力和人员配置不完备；信誉和品牌有待建立和提高；发展中需要协调与风电场开发商（业主）和风电机组制造商之间的关系等。

4.3.3　风电场的提质增效

以一个 200MW 风电场（共装有 130 台 1.5MW 风电机组）为例，若风电机组发电性能都提高 5.0%，通过 GE 公司的测算，将带来的收益有：①新增 3.1MWh 的电能（相当于多装 6 台风电机组）；②风电场将增加 20%的利润；③满足 2.4 万个美国普通家庭一年的用电量；④节约 1.15 万 t 标煤，减排 2.87 万 t 二氧化碳、0.086 万 t 二氧化硫、0.043 万 t 氮氧化物、0.782 万 t 烟尘。

风电场的提质增效工作旨在了解风电场运行风电机组发电量损失以及风况条件等综合运行情况后，找出风电机组运行过程中存在和潜在的各种问题，有目的地对需要进行发电量、出力性能提升的风电机组进行确认筛选，分析确定是其本身问题，还是风况不佳所致，提出相应的提质增效措施并实施，进而提升风电机组发电量，并为其后续运行和风电场管理提供建设性意见。

目前，导致风电场发电效率低的主要原因有以下方面：

（1）政策性、市场性、网架结构因素：受地区调峰或送出容量限制、供电区域消纳能力低导致风电场发电效率低。

（2）生产运行因素：①受暴雪等恶劣天气导致场内输配电设备故障；②风电机组的大部件故障，因现场阻工或备件等待导致无法及时维修等。

（3）风资源和微观选址因素：①微观选址存在瑕疵，因风电场处于地形复杂的山区，风况变化较为复杂，部分风电机组的主风向来风被周围山体或相邻风电机组遮挡产生湍流，影响发电能力；②逐年风资源下降；③风场区域内整体风况不理想，与可研数据相差过大，可能原因为早期风资源评估水平低或风电场处于地形复杂的山区；④风电机组布置、选型与风电场的风资源不匹配。

（4）风电机组的机型技术因素：①早期投产风电机组设计的塔筒高度低、叶轮直径小、容量低、控制程序落后过时，导致风能利用效率明显低于后期投产大容量的新机型；②投建的风电场风电机组采用的是试验机型，设计和制造工艺均不成熟，众多硬件缺陷与控制系统的不完善导致大部分风电机组达不到合同保证的功率曲线。

（5）风电机组零部件老化，性能衰减，如叶片长运行多年后出现腐蚀损伤等，如图4.8所示。

（a）叶尖前缘布层中度损伤　　　　　　　（b）叶尖后缘开裂

图4.8　叶片损伤

综上所述，故障、受累、限电等因素对发电量造成的影响不能代表风电机组的发电能力，故将故障、受累、限电等生产经营管理和不可抗力等影响发电量的因素进行还原后，着重解决因风资源和微观选址、风电机组选型、机型技术和零部件老化等因素造成风电机组发电效率低的问题是现役风电场存在的、大量的提质增效空间。

目前，后评估以及技术改造工作主要依赖于风电机组制造商、第三方厂家，部分开发商（业主）也具备一定的项目后评估能力。图4.9所示为部分叶片提质增效的方案图，表4.1给出了风电场主要技术改造提质增效的方案。

通过技术改造可以极大地提升风电机组运行的安全性、可靠性，降低运维成本，创造更高的价值。

（a）叶片上加装掠翼锯齿

（b）叶片上加装襟翼

（c）涡流发生器以及安装

（d）叶根加延长节效果图及现场图

（e）叶片叶尖加长

图 4.9 部分叶片提质增效方案

表 4.1 风电场主要技术改造提质增效的方案

序号	方案思路	方案工作内容	方案特点	投入成本估算	效益估算
1	升级或优化风电机组主控程序	主要从变桨、偏航、主控等方面进行优化。包括对风优化、功率自适应、最优转速控制、切出风速优化等	通常硬件未作更改，成本较低，但改善效果不明显	价格视提供技术改造的厂家而定	一般年发电量提升率约 1.0%～3.0%
2	调整叶片安装桨距角	一般调整安装角范围为±3°	主要是在额定风速段后有比较明显的功率提升效果	0.2万～0.3万元/台	一般年发电量提升率约 1.0%～3.0%
3	叶片清洗以及修补	叶片表面抛光、修复、涂漆，改善叶片老化、盐雾腐蚀等情况	长期运行在海岛盐雾环境或其他恶劣环境下，建议4～5年左右进行一次叶片全面清洗修补	包含叶片涂料的材料费、叶片抛光的人工费等，一般3万～5万元/台	一般年发电量提升率约为 1.0%～3.0%
4	叶片安装增功附件	叶片上加装涡流发生器、襟翼、掠翼锯齿等	该技术改造主要对中高速段(8～15m/s)的功率输出影响较大，但少量风电机组技术改造后在大风期下易发生发电量超发现象，故技术改造前必须进行安全性评估，避免对齿轮箱等大部件造成损伤	包含安装附件的人工费、材料费，以及每台风电机组需要核算附件的长度和位置等。一般价格为6万～10万元	一般年发电量提升率约为 1.0%～3.0%
5	叶片扫风面积增大	叶根增加延长节；加长叶尖；更换大叶片	涉及叶片、基础、轮毂、塔筒等载荷重新计算，如果某项载荷已经无安全裕度，需要加固或更换；成本较高，但改善特别明显	包含叶片加长、更换叶片、基础加固、塔筒等费用	一般年发电量提升率为 5.0%～10.0%
6	增加塔筒高度	将现有的塔筒增加至风电机组安全裕量范围内	一般需要增加一节或多节塔筒，需重新吊装；重新核算载荷、重新设计基础加固方案；有必要进行激光雷达或测风塔进行测风	包含基础加固、塔筒、电缆、吊装等费用	一般年发电量提升率约为 5.0%～15.0%
7	加长叶片＋增加塔筒高度	将现有的叶片和塔筒增加至风电机组安全裕量范围内	涉及叶片、基础、轮毂、塔筒载等荷重新计算；如果某项载荷已经无安全裕度，需要加固或更换；成本较高，但改善特别明显	包含叶片加长、更换叶片、基础加固、塔筒等费用	一般年发电量提升率约为 10.0%～30.0%

序号	方案思路	方案工作内容	方案特点	投入成本估算	效益估算
8	风电机组移位	重新对风电场进行微观选址,将低效的风电机组移位至风况佳的位置	重新地勘、新建线路和基础、新敷设电缆、道路施工	包含重新地勘、测风、吊装、道路施工、运输、新建基础等费用	投入成本大,视具体情况而定
9	上大压小	换机型,将发电量差的小容量风电机组(如750kW、660kW或850kW)换成大容量风电机组(如1500kW、2000kW等以上)	重新地勘、新建线路和基础、新敷设电缆、道路施工;原来的风电机组可作为备件或另外选址安装	包含重新地勘、测风、吊装、道路施工、运输、新建基础等费用	新选设备,投入成本大,视具体情况而定

4.3.4 风电场运行维护新趋势、新技术

随着物联网、大数据、云计算、移动互联、人工智能、VR/AR 技术的加速发展,中国风电行业与这些前沿技术的结合越来越多,运营模式将发生跨时代的改变。而集中化、共享化、智慧化是风电运营发展的三大趋势,架构于物联网、大数据等新技术基础上的大平台将成为风电运营发展的新模式。但现阶段数字化运营处于初步发展阶段,大部分风电公司运营模式仍为传统模式。但从长远来看,随着风电运行维护市场的持续爆发,相关政策、规范的出台以及各市场主体在技术、管理、规模等方面的完善,中国风电运行维护技术将逐渐走向成熟,进而推动风电行业的健康发展。

1. 远程集控系统

远程集控系统满足了风电公司对其管辖的多个风电场进行远程监视与控制的要求,提升了风力发电场综合管理水平,实现了"无人值班、少人值守"的科学管理模式,减少了运行维护成本。远程集控系统包括主站和子站以及之间的通信网络,主站与子站之间应采用专用通道。其中:主站为集控中心运行人员提供人机联系界面,实现对所辖风电场的监视、控制及管理,并可与电网调度机构通信;子站实现风电场内风电机组、升压站综合自动化、电能计量、风功率预测系统等数据的采集、处理及与主站的信息交换。图 4.10 所示为某区域公司集控系统主画面图。

而风电公司的集控中心承担了公司所属风电场的运行管理、报表和数据管理、数据分析利用、协助维护检修计划管理等工作,通过风电场现场保留少量值守人员完成就地操作、安全措施实施等工作,实现"无人值班、少人值守"运维模式的转变。集控中心主要是风电公司集约化管理的重要支撑,也是信息化建设的重要环节。

2. 移动运行维护新技术

为了让运行管理者以及运行维护人员可以实时掌握第一手风电场运营状态及数据,提升管理运营和管理效率,部分风电机组制造商或第三方厂家设计开发了一系列的移动终端运行维护系统、平台或者 APP,主要包含以下功能和内容:

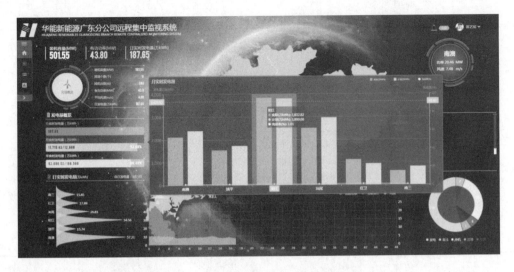

图4.10 某区域公司集控系统主画面图

图4.11 某移动终端
运行维护 APP 界面

（1）移动。多样化的移动终端，图4.11所示为某移动终端运行维护 APP 界面，随时随地掌握风电场运营第一手数据，实现对单台风电机组到整个风电场的核算，关注收益与投资价值等。

（2）互联。移动终端与风电机组形成数据交互，实现参数调整和初步故障处理；实时完成各项工单，如故障处理工单、预警工单、备品备件更换工单等；实现移动两票（工作票、操作票）审批流程。

（3）透明。跟踪工作记录，处理过程透明化，可追溯。

（4）及时。及时响应处理，集中专家资源，给予在线指导，及时恢复风电机组及其他设备的运行。

在移动端进行运行维护是未来发展趋势，可有效提升现场运维效率，降低设备故障停机时间。

3. 无人机智能化巡检系统

用无人机进行叶片巡检，开创了行业内风电机组叶片和集电线路巡检新途径。工业级无人机智能巡检具有安全、可靠、智能、稳定、高效的优势。传统的风电机组和叶片集电线路巡检方式，如望远镜、蜘蛛人、吊兰等，巡检效率较低、效果较差，具有较大的安全隐患。

针对风电机组叶片和集电线路日常巡视、特殊巡视、故障巡视、检测等巡视作业特点，部分风电机组制造商和第三方厂家整合了无人机设备管理、数据采集、数据处理、数据分析等技术，开发了功能类似的无人机智能化巡检系统。大部分系统搭载了缺陷隐患分析、无人机巡检数据管理等软件，并采用图像处理软件/云计算服务等技术对数据进行处理。

4.4　风电场后评价

4.4.1　风电项目后评价的意义

风电场项目后评价主要通过对项目可行性研究报告及项目核准文件的主要内容与项目建成后的实际情况进行对比，对项目建设的效果和经验教训及时进行总结分析，以督促项目业主单位不断提高建设管理水平和投资决策水平，并为政府决策部门制定和完善相关的政策措施提供依据。

风电项目后评价一般在项目投产运行满一年后进行，主要分析评价风电场全寿命周期内预期目标、实施过程、综合效益、影响效应和可持续能力等方面的偏差情况。其中关键问题是评估已建成风电场能否实现或能够多大程度上实现预定的投资效益。风电项目后评价主要目的包括：①对照预期目标与实际运行情况之间的差异，考察项目投资的正确性和预期目标的实现程度，发现问题并查明原因；②回顾项目各个阶段工作，查明项目实施成败的原因，总结项目建设管理的经验教训，提出改进和补救措施；③反馈项目后评价信息改进，提高拟建风电项目的决策水平、管理水平和投资效益；④为国家风电发展计划和政策的制定及调整提供科学的依据。

风电场后评价实施阶段如图4.12所示。

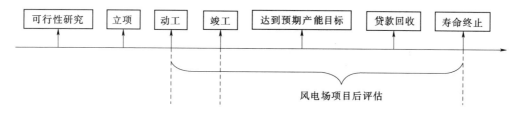

| 可行性研究 | 立项 | 动工 | 竣工 | 达到预期产能目标 | 贷款回收 | 寿命终止 |

风电场项目后评估

图4.12　风电场后评价实施阶段

中国风电机组总装机容量已跃居世界第一，但是仍有部分已投运风电场实际运营效果与预期目标相差甚远，甚至存在亏损现象。因此，风电场后评价已成为风电场全寿命周期内不可缺少的重要环节，对于偏差较大的风电场项目，风电场后评价的作用更为突出。合理、科学地进行风电场后评价，总结项目前期决策、项目准备、项目实施、项目竣工验收和运行阶段成功的经验与方法，为类似项目提供行之有效的依据和建议，不仅可以提高风电企业生产运营效率及投资决策水平，同时对于优化国家能源结构，推动风电行业发展都有着重要的意义。

4.4.2　风电场项目后评价主要政策依据

目前，国内项目后评价的主要政策依据有：《风电场项目后评价管理暂行办法》（国能新能〔2012〕310号）、《中央政府投资项目后评价管理办法》（发改投资〔2014〕2129号）、《中央政府投资项目后评价报告编制大纲》（发改投资〔2014〕2129号）、《中央企业固定资产投资项目后评价工作指南》（国资发规划〔2005〕92号）、《风电开发建设管理暂行办法》（国能新能〔2011〕285 号）和《海上风电开发建设管理暂行办法》（国能新能〔2010〕29 号）等有关规定和要求。

4.4.3　风电场项目后评价的基本流程

风电场项目后评价应当遵循独立、公正、客观、科学的原则，并建立畅通快捷的信息反馈机制，及时将相关的结果和信息反馈给项目业主单位或各级能源主管部门。依据《风电场项目后评价管理暂行办法》，现有的风电场项目后评价工作主要分为以下几个环节：

（1）第三方项目评价机构遴选。项目的业主单位根据第三方机构所具备的能力以及项目经验，选择本项目投资运行管理和参建单位（含勘察设计单位）以外，适合于进行项目评估的机构作为风电场项目后评价机构。

（2）制定项目后评价工作大纲和实施方案。在风电场项目通过竣工验收且运行满一年后，第三方项目评价机构会同项目所在地省级能源主管部门制定项目后评价工作大纲和实施方案，组织项目业主单位等开展项目后评价工作。

（3）业主单位提供相关材料。项目业主单位按照后评价工作大纲和实施方案的要求，提供本项目的设计、施工、设备制造、监理、审计等各阶段的相关资料，编制一年的运营维护总结报告。

（4）第三方项目评价机构实施各项单项项目后评价工作。项目后评价机构按照工作大纲和实施方案要求，开展设计、施工、设备制造、监理、审计等各阶段单项评估工作，并于 3 个月内完成。

（5）第三方项目评价机构提交风电项目后评价初稿。项目后评价单位应在现场调查和资料收集的基础上，结合项目单项评价报告，对照审定项目的可行性研究报告及核准（审批）文件相关内容，对项目进行全面、系统地分析评价，并于项目自我总结评价报告提交后 2 个月内提出风电场项目后评价报告初稿。

（6）提交最终的风电场项目后评价报告。项目后评价单位广泛听取各方意见，应征求省级能源主管部门、项目参建各方意见，修改完善初稿后提交最终的风电场项目后评价报告。

4.4.4　风电场项目后评价的主要内容

常规风电项目后评价主要内容包括：项目概况、实施过程评价、项目效果评价、预期目标评价、项目经验总结及建议 5 个方面，如图 4.13 所示。

1. 项目概况

项目概况应包含项目装机规模、项目参建方情况、主要建设方案、投资概算、核准（审批）情况、资金来源及到位情况、实施进度、竣工决算情况等内容。

2. 实施过程评价

通过对比风电场项目实施程序中的勘探设计、管理机制、组织结构等内容的实际效果与预期效果的偏差情况，分析判断项目实施程序和过程管理的合理性。实施过程后评价建设按照风电场建设周期可以分为前期工作评价、建设施工期评价、投产试运行期评价和运营维护期评价。

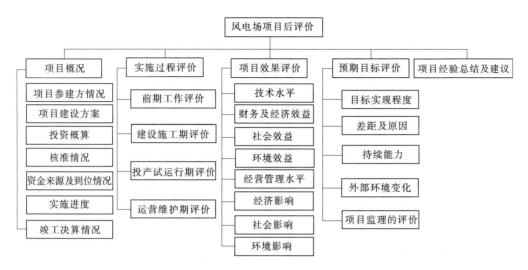

图 4.13 风电场项目后评价的主要内容

（1）前期工作评价是整个风电场项目后评价的重点，对整体项目的成功与否影响重大，主要包括可行性研究评价、项目招投标程序评价和基本程序评价。其中，可行性研究评价是对项目预可研和可研阶段的内容进行评价，对项目立项依据、风能资源评估、风电场选址、风电场规模等进行分析判断，对比项目执行偏差情况并找出偏差原因，为后续风电场项目前期管理提供宝贵的实际经验。

（2）建设施工期评价主要包括施工图设计评价和建设过程评价，主要评估风电场设计工作和施工管理过程是否符合国家、行业现行技术标准和相关规定等。

（3）投产试运行期评价主要包括调试过程评价、竣工验收评价和生产运行准备工作评价，主要揭示试生产运行过程中的问题和缺陷，并分析问题发生原因。

（4）运营维护期评价主要包括项目运营效果评价、科学技术水平评价和管理体制评价，主要对年发电量、年上网电量、年等效利用小时数等风电场实际运行生产技术指标进行分析，评估风电场技术进步和技术改造的可能性。

3．项目效果评价

项目效果评价主要包括技术水平、财务及经济效益、社会效益、环境效益、经营管理水平等评价。通过计算风电场项目的单位千瓦经营成本、单位千瓦经营利润、资本回报率等各项财务指标，判断所建成风电场是否能够达到预期收益。

通过走访、调研、问卷等形式分析判断风电场建设施工、运行等对周围人畜、植被和地方经济发展建设的影响。项目影响评价包括经济影响评价、社会影响评价和环境影响评价三个方面。项目影响评价以定性分析为主，基本分析方法是比较法。

4．预期目标评价

主要包括目标实现程度、差距及原因、持续能力、外部环境变化分析评价以及项目监理的评价等。

（1）通过对比风电场项目实际效果与预期目标的偏差情况，分析已建成风电场项目是否按计划要求实现，有无特殊变化及特殊变化的发生原因，判断预期设定目标的合理程度。

（2）通过分析总结资源变化规律、市场变化机制、国家政策变化趋势和经济性发展情况等，判断风电场建成项目的持续性，并为类似项目提供参考建议。例如：风电场的运行环境以及风能资源能否支持项目持续运行；国家政策及相关部门是否支持项目的长期发展；风电场周围消纳通道以及消纳途径是否会发生重大变化等。

5．项目经验总结及建议

风电场项目后评价主要服务于发电企业投资决策，通过对已运营项目的评估，总结经验，找出问题，指导后续项目决策，对拟建或在建项目提出建议。

此外，随着风电技术的不断发展和风电渗透率在电网中的比例不断攀升，风电场并网和消纳情况、技术先进性和可行性等方面的后评价逐渐被引入到风电项目后评价中来，以期制定更为完善的风电场后评价标准，进一步优化风电场的发展规划前景。《风电场项目后评价暂行管理办法》中指出，对于大型风电基地，应加强电力外送和市场消纳方面的评估工作；对于海上风电场项目，应重点加强对风电设备可靠性和工程质量方面的评估工作；对于国务院能源主管部门批复的示范项目，应加强对技术方案完成情况和示范效果的评估工作。

4.4.5　风电场项目后评价方法

项目后评价采用的方法直接关乎能否准确衡量项目的社会、经济影响，能否成功总结经验，找出项目出现的问题。为了达到风电场设计后评价的目的，应以宏观分析和微观分析相交叉、定量分析和定性分析相结合为准则。目前，后评价多采用数学、管理学、逻辑学等学科交叉所产生的方法，风电场项目中常采用的后评价方法主要有对比法、层次分析法、逻辑框架法、成功度评价法等。

（1）对比法。是风电场项目后评价中最常用的方法之一，主要分为前后对比法、有无对比法和横向对比法。前后对比法是将项目预期目标与项目实际完成后的结果对比，找出其中存在的差异，分析产生差异的原因，并以此产生借鉴的一种方法。有无对比法是考虑有无该项目情况下存在的差异，度量该项目的增量效益、社会机会成本、社会影响等。横向对比法是将项目同国内外同类项目进行对比，综合比较分析项目的规模、水平、效益等，评价项目的实际竞争力。

（2）层次分析法。基本原理是根据问题特征和目标将问题分解为若干组成要素，并将要素按照并列或隶属关系进行分组，排列成若干层次结构，然后将各层因素按照一定的方法赋予权重，并采用加权的方法得出总权重，从而评判项目的实施水平。

（3）逻辑框架法。关键是明确项目的核心问题，向上层推导出问题的影响及后果，向下层推寻问题的产生原因，得到关于该项目的问题树，通过各层级因果关系将问题树转换为关于该项目的目标树。逻辑框架法通过一张框图明确各要素间逻辑关系，从而评价项目的影响与成果。

（4）成功度评价法。亦称打分法，按照专家经验评判各定性指标和定量指标的权重及完成水平，从而对项目的成功程度做出评判。成功度评价的关键在于明确项目绩效指标，而后，专家对各指标进行评判。评判主要分为5个级别，即完全成功、基本成功、部分成功、不成功、失败。成功度评价法通常以逻辑框架法为基础。

4.4.6　风电场项目后评价指标体系

在实施风电场项目后评价工作之前，必须要构建一套科学合理的评价指标体系。评价指标的选取应该参照《中央企业固定资产投资项目后评价工作指南》中所提供的参考指标，同时应结合风电工程项目自身特点，在详细研究评价内容的前提下建立后评价指标体系。评价指标体系的构建过程应遵守简洁、独立、客观、安全等准则。表 4.2 为风电场项目后评价中常用评价指标。

表 4.2　　　　　　　　　　　　风电场项目后评价指标体系

评价内容	评价内容细分	评价指标
过程后评价	项目前期工作评价	立项条件、勘察设计、开工准备、决策程序和水平
	建设实施评价	施工图设计、设备采购、工程施工建设、工程监理、启动调试、试生产和竣工验收
	生产运营评价	建设管理评价、项目技术指标完成情况、项目达产年限、项目产品生产成本、企业利润
	管理评价	项目可行性研究水平、政策执行情况、组织机构、资源和人才、决策管理
可持续性后评价	内部持续性	规模因素、技术水平、市场竞争力因素、环境因素、管理水平、人才因素、财务运营能力
	外部持续性	资源因素、自然环境因素、社会环境因素、经济环境因素
影响后评价	社会影响	就业影响、项目区生活水平和生活质量改善、项目与当地社会适应性
	环境影响	水质影响、噪声影响、施工废弃影响、水土流失影响、珍惜动植物影响、工程地质安全控制、环境管理能力
	经济影响	国家经济发展目标影响、地区经济发展目标影响、部门经济发展目标影响、科学技术进步影响
经济后评价	财务指标	财务净现值、财务内部回收率、投资回收期、资产负债率
	国民经济指标	经济净现值、内部收益率

4.4.7　风电场项目后评价报告主要编制内容

报告正文，主要内容有：①项目概况；②项目实施过程的总结与评价；③项目投资造价分析和经济效益评价；④项目所在地风能资源评价；⑤风电场主要设备运行及质量情况评价；⑥项目并网运行和市场消纳情况评价；⑦项目的技术先进性或可行性评价；⑧项目环境和社会效益评价；⑨项目目标和可持续性评价；⑩项目后评价结论和主要经验教训；⑪相关对策措施及建议。

习　　题

1. 简述风电场规划与选址的基本原则。
2. 简述风电场规划与选址的一般程序。

3. 中尺度计算在风电场规划与选址中的应用方法。

4. 施工准备阶段、施工阶段、工程竣工验收结算阶段分别包含哪些内容？

5. 风电场的日常运行工作主要包含哪些方面？

6. 风电场检修维护工作应遵循的原则是什么？

7. 简述风电机组定期检修维护主要有哪些项目？主要开展哪些工作？

8. 为什么风电场要进行技术改造？

参 考 文 献

［1］ 宫清远，贺德馨，孙如林，等. 风电场工程技术手册［M］. 北京：机械工业出版社，2004.

［2］ 曹云，孙华. 风电场规划设计与施工［M］. 北京：中国水利水电出版社，2009.

［3］ 邓院昌，余志，周卉. 风电场宏观选址中交通条件的一种评价方法［J］. 华东电力，2010，38（2）：281 - 284.

［4］ 许昌，钟淋涓，等. 风电场规划与设计［M］. 北京：中国水利水电出版社，2014.

［5］ 赵显忠，郑源. 风电场施工与安装［M］. 北京：中国水利水电出版社，2015.

［6］ 孙强，郑源. 风电场运行与维护［M］. 北京：中国水利水电出版社，2016.

第5章 风电并网技术

5.1 风电场电力系统

5.1.1 电力系统的简要介绍

风电场电气部分一般由若干台风电机组、箱式变压器、低压输电电线、高压变电站、高压输电电线等设备组成，通过变电站并入电网。上述的风电机组、箱式变压器、输电线、变电站共同组成了风电电力系统，即将风电机组输出的电能按组收集起来，每组的输出一般可由电缆线路直接并联，汇集后由一回线路输送到升压变电站。

5.1.2 风电机组分组与连接方式

5.1.2.1 风电机组分组

风电场风电机组的输出电压经箱式变压器升压后，由电力线路接入风电场升压变电站，接入升压变电站的电力线路回路数由风电机组的分组方式决定。分组在一定程度上遵循平均分配的原则，但是要考虑实际地形的影响，各回路连接机组的最大输出容量必须满足单回输送容量限制。

风电机组的分组方式决定了电力线路回路数，因而直接影响进站线路的布置。单回线路连接风电机组台数多，则电力线路回路数少，线路布置简单方便；相反，单回连接风电机组台数少，则回路数多，线路布置和道路安排相对复杂。

5.1.2.2 风电机组连接方式

电力系统将风电机组输出的电能按组收集起来。分组采用位置就近原则，各组风电机组数目大致相同，多为3~8台，且必须保证各回路最大输出容量满足单回输送容量的限制。一般各组内风电机组的集电变压器集中置于一个箱式变电站中，组内每台风电机组的输出，在箱式变电站各集电变压器的高压侧通过电力电缆直接并联，若干组的输出汇集后，统一输送至升压变电站。输电线路使用电缆或者架空线，应根据风电场实际情况进行选择。

根据目前研究，电力系统有5种典型电气连接形式，如图5.1所示。

1. 放射形

放射形结构是最常使用的一种风电场电力系统电气连接方式，包括链形结构和树形结构，如图5.1和图5.2所示。

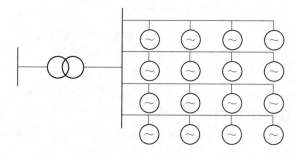

图 5.1　链形结构

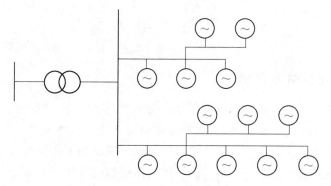

图 5.2　树形结构

（1）优点。多台风电机组共同连接在同一条馈线上，多条馈线共同连接至汇流母线。放射形中主电缆较短，从电力系统母线到馈线末端电缆截面可以逐渐变细，投资成本较低和控制简单。

（2）缺点。结构可靠性不高，当某一电气元件故障后，处于该电气元件与馈电线路末端的风电机组将全部停运。

2．单边环形

（1）优点。相比于放射形结构，单边环形结构增加了一回馈电线路，从而大大提高了系统可靠性，如图 5.3 所示。当馈线 1 某处电气元件发生故障，该元件前向风电机组可通过馈线 1 与汇流母线连接；该元件后向风电机组可通过馈线 2 与汇流母线连接。

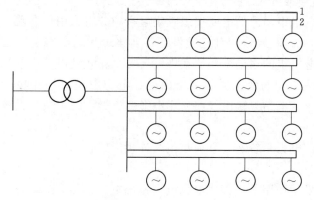

图 5.3　单边环形结构

（2）缺点。但新增馈电线路使得该拓扑结构的工程造价高于放射形结构。

3. 双边环形

双边环形结构是由放射形结构相邻两回馈线末端连接构成，如图5.4所示。

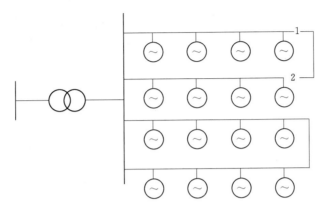

图 5.4　双边环形结构

（1）优点。与单边环形结构类似，当馈线1某处电气元件发生故障时，该元件前向风电机组可通过馈线1与汇流母线连接；该元件后向风电机组仍可通过馈线2与汇流母线连接。

（2）缺点。相比于前两者，双边环形结构对馈线传输容量的要求更高，因此工程造价也将高于前两种拓扑结构。

4. 复合环形

复合环形结构是双边环形结构和单边环形结构的结合，如图5.5所示。将相邻馈线末端的风电机组相连，再经一条冗余馈线，将各馈线末端连接至汇流母线。

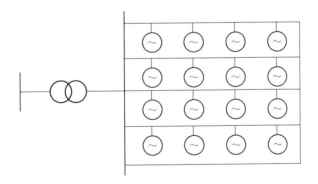

图 5.5　复合环形结构

相比于单边环形结构，复合环形结构减少了冗余馈线；相比于双边环形结构，复合环形结构对馈线传输容量的要求较低。

5. 星形

星形结构如图5.6所示，每条馈电线路上只连接一台风电机组。星形结构常用于风源风向变化较大的地理区域。

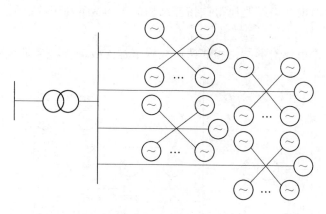

图 5.6　星形结构

（1）优点。星形结构在保证系统可靠性的同时，可以降低对馈电线路传输容量的要求。

（2）缺点。该结构中心处的风电机组开关配置复杂，使得该结构工程造价有所增加。

风电场电力系统最为重要的电气接线为放射形、环形和星形 3 种形式。表 5.1 从电气性能、设备投资、可靠性程度、实施性难度、应用场合这些方面更加直观地对这 3 种主要结构进行了分析对比。

表 5.1　　　　　　　　　　电力系统 3 种主要电气接线方案的对比分析

性能	放射性	环形	星形
电气性能	电能损耗最大，电压偏差损耗最大，继电保护配置简单	电能损耗最小，电压偏差损耗最小，继电保护配置也相对复杂	电能损耗、电压偏差损耗为前两种电气结构的中间，继电保护配置相对简单
适用的开关配置方案	适用传统、完全、部分 3 种开关配置方案	适和采用完全开关配置和部分开关配置	适合采用完全开关配置和传统开关配置
设备投资	电缆长度最短、风电机组间电缆截面逐渐增大，整体投资最小	由于需要比放射形多一倍长度的电缆，而且电缆截面也最大，所需开关数量最多，所以投资最大，为放射形的 2～4 倍之间	电缆长度较短，电缆截面较小，所需开关数量较多，整体投资在放射形和环形之间
可靠性程度	可靠性程度最低，但一般能满足运行要求	可靠性程度最高	可靠性程度在放射性和环形之间
实施性难度	风电机组间接线灵活，结构简单，电缆和开关设备最少，施工工作量较小，实施性难度较小	风电机组间接线较复杂，结构较复杂，电缆和开关设备最多，施工工作量较大，实施难度相对较大	风电机组布置需满足星形连接，设备数量较多，实施难度在放射形和环形之间
应用场合	在陆地和海上风电场中应用广泛	应用很少，在可靠性要求很高的场合应用	应用很少，在特殊风资源情况下的风电场中有应用

风电场电力系统开关配置方案主要有传统开关配置、完全开关配置和部分开关配置 3 种形式。表 5.2 从设备投资、可靠性程度、实施性难度、应用场合这些方面对 3 种主要开关设备配置方案进行了分析对比。

表 5.2	电力系统 3 种主要开关配置方案的对比分析		
性能	传统开关配置	完全开关配置	部分开关配置
设备投资	所用开关最少，设备投资最小，继电保护配置简单	每台风电机组需要多配置一个开关（断路器、负荷开关或隔离开关），设备投资最大。继电保护配置复杂	若干台风电机组需要多配置一个开关（断路器、负荷开关或隔离开关），断电保护复杂，需要配置集电差动保护设备，投资在传统开关和完全开关配置之间
可靠性程度	可靠性程度最低，但一般能满足可靠性要求。当一段线路发生故障时，会失去整段风线负荷	可靠性程度最高，当一段线路发生故障时，只会失去很少的风机负荷	可靠性程度在传统开关和完全开关配置之间。当一段线路发生故障时，只会失去部分的风机负荷
实施性难度	设备最少，结构简单，实施难度最小	设备最多，每台风电机组平台上多一个开关和开关柜，结构相对复杂，实施难度最大	设备数量居中，实施难度在传统开关和完全开关配置之间
应用场合	在陆地和海上风电场中应用广泛。适用于陆地以及近海风电场	目前应用较少，仅在欧洲少数海上风电场应用。适用于近海，大容量的海上风电场，以及对可靠性较高的场合	适合应用陆地和海上风电场，但目前无应用案例

5.1.3 电力系统电压等级

电力线路电压等级是电力系统一次设备费用和有功损耗的主要影响因素。

若风电机组电力线路采用 35kV 电压，由于电压等级高，输电线路的有功损耗小，相同截面的导线，35kV 线路有功损耗仅为 10kV 线路的 1/12 左右，虽然 35kV 电力线路截面选择通常小于 10kV 线路，且每回所接风电机组台数较多，但线路损耗仍然小于 10kV 线路。

从一次投资成本角度考虑，由于 35kV 电压等级高，所使用的箱式变压器、升压变电站主变压器、开关柜和线路综合造价都比 10kV 系统高；但 35kV 系统单回输送容量大，每回路连接风电机组数目比 10kV 线路多，故所需开关柜数量较少。

除此之外，35kV 系统单回输送容量大，使用输电线路的截面小，容易满足设计施工要求；可以结合地形因素合理分配每回路的风电机组数目，适当减少回路数，线路走廊问题容易解决；同时每回线路可以留有一定的输送裕量，方便今后扩建时沿线风电机组接入。而 10kV 系统由于电压等级低，使用输电线路截面大，为满足实际工程对线路截面的设计要求，车回架空线路所连接的风电机组数目不能超过 5 台，相应回路数较多，线路走廊不好解决，电缆线路的输送容量更小，投资成本也更大。

5.1.4 电力线路类型

电力系统传输线路可以有架空线和电缆两种选择，两者技术经济性能不同，应根据实际情况进行选择。

相同截面积下电缆的阻抗值小于架空线的，电缆的载流量也比架空线的小；对于连接风电机组数目相同的回路，所使用的电缆截面要大于架空线路的，因此电缆产生的有功损耗比架空线路的小。

相同电压等级下，电缆造价比架空线高，并且由于载流量比架空线小得多，通常选择电缆截面的比架空线的大，有些情况甚至要增加回路数才能满足容量要求，因此成本要远远高于架空线路。

直埋敷设的电缆埋在地下，受周围环境影响小，电缆内部故障率较低，故障主要出现在外部电缆头处，而架空线路裸露在空气中，受环境影响大，容易出现故障，因此电缆的可靠性要高于架空线路。但实际中，电缆的与架空线路相比，电缆的故障维修周期较长。但无论如何，在山区、雷电多发区等架空线架设困难或者环境条件恶劣的地区，电力线路只能使用直埋敷设的电力电缆。

5.2　风电场数学模型

风电场是由一定数量的风电机组或风电机组群及变压器、电力线路、场用负荷及无功补偿装置等电气设备组成。风电机组出口电压一般为 0.69kV，单机装机容量从几百千瓦到几兆瓦不等，采用逐级升压的方式将电压升高至 110kV 或 220kV 接入电网。随着风电场规模的扩大，大型风电场可将电压升高至 500kV 甚至更高等级的电压接入电网，假设某风电场的典型接线型式如图 5.7 所示。为了比较真实地反映实际风电场，了解实际风电场各主要组成部分的工作原理，风电场的数学模型又分为风电机组模型、变压器模型、电力线路模型、负荷模型及无功补偿装置模型等。

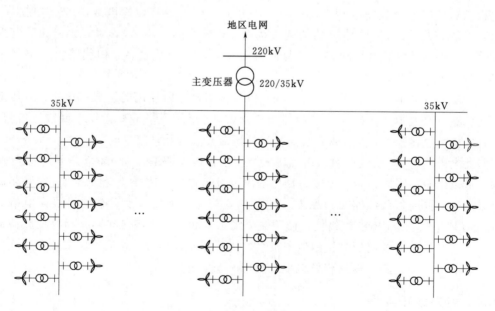

图 5.7　某风电场典型接线图

图 5.7 接线型式图中描述的是每台风电机组配备一台箱式变压器，箱式变压器将风电机组出口的电压由 0.69kV 升高至 35kV，由电力线路连接通过汇流母线送至风电场变电站将电压升高至 220kV 接入地区电网。

5.2.1 风电机组模型

与火电机组、水电机组发电原理不同的是，风电机组随着风速大小的变化其转化输出的电能也是在不断变化的，其电能输出过程非常不稳定。因此，风电机组模型除了风力发电机模型还包括风速模型。

5.2.1.1 风速模型

为了比较准确地描述风电本身所具有的间歇性、随机性及不稳定性等特点，目前普遍将风速模型分为基本风、阵风、渐变风和随机风 4 种风速模型，作用在风电机组上的为 4 种风速的叠加。

1. 基本风

基本风是决定风电机组额定功率大小，在风电机组运行发电过程中始终存在的风。可以通过威布尔分布参数由风电场测得的风速近似得出

$$v_{基本风} = C\Gamma\left(1 + \frac{1}{K}\right) \tag{5.1}$$

式中　$v_{基本风}$——基本风速；

　　　　C——威布尔分布的尺度参数；

　　　　K——威布尔分布的形状参数；

　　　　Γ——伽马函数。

2. 阵风

阵风是指在风电机组运行过程中突然变化的风，描述此类风速的特性的一般表示为

$$v_{阵风} = \begin{cases} 0 & ,t < 0 \\ v_{\cos} & ,T_0 \leqslant t < T_G \\ 0 & ,t \geqslant T_0 + T_G \end{cases} \tag{5.2}$$

$$v_{\cos} = \frac{1}{2} v_{阵风(\max)} \left[1 - \cos 2\pi \left(\frac{t}{T_G} - \frac{T_0}{T_G}\right)\right] \tag{5.3}$$

式中　T_0——阵风的启动时间；

　　　　T_G——阵风的周期；

　　　$v_{阵风(\max)}$——阵风的最大值。

3. 渐变风

渐变风是指在风电机组运行过程中逐渐变化的风，该风速模型可以用渐变风的成分来模拟，其表达式为

$$v_{渐变风} = \begin{cases} 0 & ,t < T_0 \\ v_{\text{rmap}} & ,T_0 \leqslant t < T_R \\ v_{渐变风(\max)} & ,T_R \leqslant t < T_R + T_B \\ 0 & ,t \geqslant T_R + T_B \end{cases} \tag{5.4}$$

$$v_{\text{rmap}} = v_{渐变风(\max)} \left(1 - \frac{\dfrac{t}{T_R}}{T_0 - T_R}\right) \tag{5.5}$$

式中　$v_{渐变风}$——渐变风速；

$v_{渐变风(max)}$——渐变风速的最大值；

T_0——渐变风的起始时间；

T_R——渐变风的终止时间；

T_B——渐变风的保持时间。

4. 随机风

随机风一般用随机噪声风来表示风速变化的随机性，其表达式为

$$v_{随机风} = 2 \sum_{i=1}^{N} \sqrt{S_V(w_i) \Delta w} \cos(w_i + \varphi_i) \tag{5.6}$$

$$w_i = \Delta w \left(i - \frac{1}{2} \right) \tag{5.7}$$

$$S_V(w_i) = \frac{2 K_N F^2 |w_i|}{\pi^2 \sqrt[3]{1 + \left(\frac{F w_i}{\mu \pi} \right)^2}^{\,4}} \tag{5.8}$$

以上式中　φ_i——随机变量，其变量值均匀分布在 $0 \sim 2\pi$ 之间；

K_N——风电场所在地区地表的粗糙系数；

F——扰动的范围；

μ——相对高度的平均风速。

在实际风电场中作用在风轮上的风速为 4 种风速的叠加，其叠加风速的表达式为

$$v = v_{基本风} + v_{阵风} + v_{渐变风} + v_{随机风} \tag{5.9}$$

5.2.1.2　风轮模型

风轮是风力发电系统中能量转换的首要环节，将风能转化成机械能。根据空气动力学原理，并结合贝茨理论可以得到风电机组输出的机械功率为

$$P_M = \frac{1}{2} C_p \rho A v^3 \tag{5.10}$$

式中　ρ——空气密度；

A——流过风轮的气流截面积；

C_p——风能利用系数，理论最大值为 0.593，一般水平轴风电机组取 0.2～0.5；

v——风速。

风轮的风能利用系数 C_p 不仅与桨距角 β 有关，而且还与叶尖速比 λ 有关，$C_p = f(\lambda, \beta)$。

$$\lambda = \frac{\omega_{tur} R}{v} = \frac{2\pi R n}{v} \tag{5.11}$$

式中　λ——叶尖速比；

ω_{tur}——叶片旋转的角速度；

n——叶片的转速。

机械转矩 T_M 为

$$T_M = \frac{P_M}{\omega_{tur}} = \frac{1}{2} \rho \pi R^3 v^2 \frac{C_p}{\lambda} \tag{5.12}$$

风轮的风能利用系数 C_p 是叶尖速比 λ 和桨距角 β 的综合函数，可以通过式（5.13）

近似计算风轮的风能利用系数。

$$C_p(\lambda,\beta) = 0.73\left[\frac{151}{\lambda_i} - 0.58\beta - 0.002\beta^{2.14} - 13\!\cdot\!2\right]e^{-\frac{18.4}{\lambda_i}}$$

$$\lambda_i = \frac{1}{\dfrac{1}{\lambda+0.02\beta} - \dfrac{0.03}{\beta^3+1}} \tag{5.13}$$

利用式（5.13），可以画出一簇数据的风能利用系数 C_p 立体曲线走向图形，如图 5.8 所示。

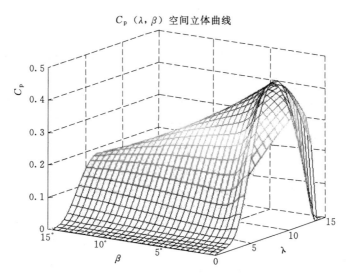

图 5.8　风电机组的功率系数 C_p—λ 立体曲线

但为了分析方便，C_p 和 λ 的二维空间图 5.9 所示。

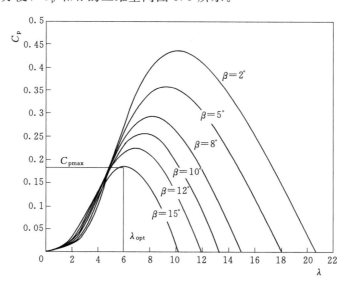

图 5.9　风电机组的功率系数 C_p—λ 平面曲线

由图 5.9 可以看出，保持 λ 不变，桨距角 β 越大，风能利用系数 C_p 就越小；保持 β 不变，那么如图 5.9 任意一条蓝色曲线，该曲线存在最佳的叶尖速比 λ_{opt} 使风能利用系数达到最大值 C_{pmax}，该值称为最大风能利用系数。不在最佳叶尖速比的时候，都不能达到最好的风能捕获效率。不同桨距角下，控制叶尖速比使风轮运行在 C_{pmax} 下，是最大风能捕获的原理。

如式（5.11），在风速发生变化时，为了确保风轮运行在最大风能利用系数 C_{pmax} 附近，只有通过改变风轮的转速实现，保证比值不发生改变。在额定风速以下，一般桨距角 β 保持为 0，尽量使风轮运行在最大风能利用系数 C_{pmax} 附近。

5.2.1.3　风力发电机模型

1. 笼型异步发电机（SCIG）风电机组的稳态模型

SCIG 并网系统如图 5.10 所示，包括风轮机械驱动和发电系统。笼型异步发电机直接连接于电网，并通过齿轮箱与风轮耦合。这种发电机系统受电网频率制约，转速变化很小，所以可认为在恒定速度下运行。高风速时，可以利用叶片失速调节或叶片桨距角调节限制从风中获取的功率。SCIG 要吸收无功功率建立磁场，所以机端加载并联电容器向异步发电机提供励磁电流，从而改善系统的功率因数。

SCIG 稳态等效电路如图 5.11 所示，其中下标 1 表示定子侧物理量，下标 2 表示转子侧物理量。只考虑一相的量，且所有的量已折算至定子侧。

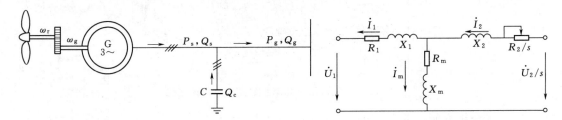

图 5.10　SCIG 风力发电系统结构图　　　　图 5.11　SCIG 稳态等效电路

忽略定子电阻和铁芯的功率损耗，可得到简化的异步发电机 Γ 型等值电路，从而可得到

$$P_e = -\frac{U_1^2 R_2/s}{R_2/s + X_k^2} \tag{5.14}$$

$$s = \frac{U_1^2 R_2 - \sqrt{U_1^4 R_2 - 4P_e^2 X_k^2 R_2^2}}{2P_e X_k^2} \tag{5.15}$$

$$\varphi = \arctan\left(\frac{R_2^2 + X_k(X_k + X_m)s^2}{R_2 X_m s}\right) \tag{5.16}$$

$$Q_e = \frac{R_2^2 + X_k(X_k + X_m)s^2}{R_2 X_m s}P_e \tag{5.17}$$

其中　　　　　　　　　　　　$X_k = X_1 + X_2$

式中　　s——转差率；

　　　　φ——功率因数角；

P_e、Q_e——发电机发出的有功功率和吸收的无功功率。

从含有异步风电机组的潮流计算到异步发电机的稳态数学模型，采用迭代求解的方法进行计算。可先根据风速功率曲线，由风速得到风电机组输出的有功功率 P_e，设定风电机组节点的电压初值 U_1，由 P_e 和 U_1，根据式（5.15）计算转差率 s；由 P_e 和 s 根据式（5.16）计算无功功率 Q_e；将风电场节点视为 PQ 节点，利用常规潮流计算的方法求解整个系统的潮流。

2. 笼型异步发电机的动态模型

风轮从风中获取的功率，列出为

$$P_{Wt} = \frac{1}{2}\rho A v^3 C_p(\lambda, \theta) \tag{5.18}$$

以异步发电机转差率为状态量，异步发电机的转子运动方程为

$$T_J \frac{ds}{dt} = \frac{P_e - P_m}{1 - s} \tag{5.19}$$

即

$$\frac{ds}{dt} = \frac{1}{\tau_j}(T_e - T_m) \tag{5.20}$$

式中　s——转差率；

　　　P_m——输入机械功率，忽略风轮和齿轮箱传动损耗，$P_m = P_{Wt}$；

　　　P_e——输出电磁功率；

　　　T_m——输入机械转矩；

　　　T_e——异步发电机的电磁转矩，$T_e = \psi_d i_q - \psi_q i_d = E'_q i_q + E'_d i_d$；

　　　τ_j——异步发电机的惯性时间常数。

考虑轴柔性时，以风轮和发电机转速额定为最佳状态，传动轴运动方程为

$$\left.\begin{array}{l} T_{Wt} - T_m = J_m \dfrac{d\omega_m}{dt} \\[2mm] T_m = D_m(\omega_m - \omega_g) + k_m \displaystyle\int (\omega_m - \omega_g)dt \\[2mm] T_m - T_e = J_g \dfrac{d\omega_g}{dt} \end{array}\right\} \tag{5.21}$$

式中　T_{Wt}——风轮的机械转矩；

　　　J_m——风轮转动惯量；

　　　J_g——发电机转动惯量；

　　　T_e——发电机电磁转矩；

k_m、D_m——机械耦合系统的刚度和阻尼。

在以同步转速 ω_s 旋转的 dq 坐标轴下 SCIG 电磁暂态方程式为

$$\frac{de'_d}{dt} = \frac{1}{T'_0}e'_d - (Xs - X's)i_{qs} + s\omega_s e'_q \tag{5.22}$$

$$\frac{de'_q}{dt} = \frac{1}{T'_0}e'_q - (Xs - X's)i_{ds} + s\omega_s e'_d \tag{5.23}$$

电磁功率方程为

$$P_e = T_e = \text{Re}(\dot{E}\hat{\dot{I}}_1) \tag{5.24}$$

SCIG 利用就地的功率因数校正电容器提供异步发电机励磁电流，即

$$i_{dg} = i_{ds} + i_{dc} = i_{ds} + \frac{1}{X_c} u_{qg} \tag{5.25}$$

$$i_{qg} = i_{qs} + i_{qc} = i_{qs} + \frac{1}{X_c} u_{dg} \tag{5.26}$$

笼型异步发电机的电压电流关系在 dq 平面上可以表示为

$$\left.\begin{aligned}
U_{ds} &= -R_s I_{ds} + \omega_s \left[(L_{s\delta} + L_m) I_{qs} + L_m I_{qr} \right] \\
U_{qs} &= -R_s I_{qs} - \omega_s \left[(L_{s\delta} + L_m) I_{ds} + L_m I_{dr} \right] \\
U_{dr} &= -R_r I_{dr} + s\omega_s \left[(L_{r\delta} + L_m) I_{qr} + L_m I_{qs} \right] + \frac{\mathrm{d}\Phi_{dr}}{\mathrm{d}t} \\
U_{qr} &= -R_r I_{qr} - s\omega_s \left[(L_{r\delta} + L_m) I_{dr} + L_m I_{ds} \right] + \frac{\mathrm{d}\Phi_{qr}}{\mathrm{d}t}
\end{aligned}\right\} \tag{5.27}$$

式中　　下角 s——定子；

　　　　下角 r——转子；

　　　　下角 d——d 轴分量；

　　　　下角 q——q 轴分量；

　　　　L_m——电感；

　　　　$L_{s\delta}$——定子的漏电感；

　　　　$L_{r\delta}$——转子的漏电感；

　　Φ_{qr}、Φ_{dr}——转子 q 方向上和 d 方向上的磁通链；

　　　　s——转差率；

　　　　ω——角频率。

笼型异步发电机在 dq 平面上定子的有功和无功功率分别为

$$\left.\begin{aligned}
P_s &= U_{ds} I_{ds} + U_{qs} I_{qs} \\
Q_s &= U_{qs} I_{ds} - U_{ds} I_{qs}
\end{aligned}\right\} \tag{5.28}$$

笼型异步发电机的机电转矩为

$$T_e = \Phi_{ds} I_{qs} + \Phi_{qs} I_{ds} \tag{5.29}$$

笼型异步发电机在发出有功功率的同时还要吸收大量的无功功率，所以在发电机满负荷运行时其功率因数是比较低的，一般在异步发电机的发电机端并联电容器组以防止其并网运行大量从电网吸收无功功率。

3. 双馈异步发电机模型

双馈异步发电机在三相静止坐标系下的数学模型，然后经坐标变换得到在两相同步旋转坐标下的数学模型，其相互关系如图 5.12 所示。规定定子侧采用发电机惯例，转子侧采用电动机惯例。

（1）在三相静止坐标系下的双馈感应发电机的数学模型。

1）电压方程。根据规定的正方向，定子侧和转子侧的电压方程为

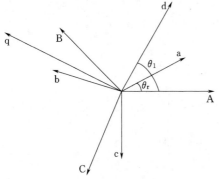

图 5.12　双馈异步发电机的三相静止坐标系和两相旋转坐标系的相互关系

$$U_s = -R_s I_s + p\psi_s$$
$$U_r = R_r I_r + p\psi_r$$

(5.30)

其中

$$U_s = \begin{bmatrix} u_{as} & u_{bs} & u_{cs} \end{bmatrix}^T$$

$$U_r = \begin{bmatrix} u_{ar} & u_{br} & u_{cr} \end{bmatrix}^T$$

$$I_s = \begin{bmatrix} i_{as} & i_{bs} & i_{cs} \end{bmatrix}^T$$

$$I_r = \begin{bmatrix} i_{ar} & i_{br} & i_{cr} \end{bmatrix}^T$$

$$\psi_s = \begin{bmatrix} \psi_{as} & \psi_{bs} & \psi_{cs} \end{bmatrix}^T$$

$$\psi_r = \begin{bmatrix} \psi_{ar} & \psi_{br} & \psi_{cr} \end{bmatrix}^T$$

$$R_s = \begin{bmatrix} R_s & 0 & 0 \\ 0 & R_s & 0 \\ 0 & 0 & R_s \end{bmatrix}$$

$$R_r = \begin{bmatrix} R_r & 0 & 0 \\ 0 & R_r & 0 \\ 0 & 0 & R_r \end{bmatrix}$$

式中　　u_{as}、u_{bs}、u_{cs}、u_{ar}、u_{br}、u_{cr}——定转子的相电压；

i_{as}、i_{bs}、i_{cs}、i_{ar}、i_{br}、i_{cr}——定转子的相电流；

ψ_{as}、ψ_{bs}、ψ_{cs}、ψ_{ar}、ψ_{br}、ψ_{cr}——定转子各相绕组的磁链；

R_s、R_r——定转子绕组的等效电阻；

p——微分算子 d/dt。

假设转子绕组的相关参数已经折算到了定子侧。

2）磁链方程。双馈异步发电机的定子侧与转子侧的磁链方程分别为

$$\left.\begin{array}{l} \psi_s = -L_{11} I_s + L_{12} I_r \\ \psi_r = -L_{21} I_s + L_{22} I_r \end{array}\right\}$$

(5.31)

其中

$$L_{11} = \begin{bmatrix} L_{ms} + L_{ls} & -0.5L_{ms} & -0.5L_{ms} \\ -0.5L_{ms} & L_{ms} + L_{ls} & -0.5L_{ms} \\ -0.5L_{ms} & -0.5L_{ms} & L_{ms} + L_{ls} \end{bmatrix}$$

$$L_{22} = \begin{bmatrix} L_{mr} + L_{lr} & -0.5L_{mr} & -0.5L_{mr} \\ -0.5L_{mr} & L_{mr} + L_{lr} & -0.5L_{mr} \\ -0.5L_{mr} & -0.5L_{mr} & L_{mr} + L_{lr} \end{bmatrix}$$

$$L_{12} = L_{21}^{-1} = L_{ms} \begin{bmatrix} \cos\theta_r & \cos(\theta_r - 120°) & \cos(\theta_r + 120°) \\ \cos(\theta_r + 120°) & \cos\theta_r & \cos(\theta_r - 120°) \\ \cos(\theta_r - 120°) & \cos(\theta_r + 120°) & \cos\theta_r \end{bmatrix}$$

式中　L_{11}、L_{22}——定转子的自感矩阵；

L_{ms}、L_{mr}——定子绕组之间和转子绕组之间的互感；

L_{ls}、L_{lr}——定转子绕组的漏感；

θ_r——定子 A 相轴线与转子 a 相轴线之间的夹角，如图 5.12 所示。

3）运动方程。双馈异步发电机的运动方程为

$$n_\text{p}(T_\text{m}-T_\text{e})=J\,\frac{\mathrm{d}\omega_\text{r}}{\mathrm{d}t}+B\omega_\text{r} \tag{5.32}$$

式中　n_p——双馈异步发电机的极对数；

　　　T_m——风轮的机械转矩；

　　　T_e——电磁转矩；

　　　ω_r——转子电角速度；

　　　J——转动惯量；

　　　B——阻力系数；

$J\,\dfrac{\mathrm{d}\omega_\text{r}}{\mathrm{d}t}$——加速转矩；

$B\omega_\text{r}$——克服双馈异步发电机自身机械损耗所需的转矩。

4）电磁转矩方程。电磁转矩方程为

$$T_\text{e}=\frac{1}{2n_\text{p}}\left(I_\text{r}^\text{T}\,\frac{\mathrm{d}L_{21}}{\mathrm{d}\theta_\text{r}}I_\text{s}+I_\text{s}^\text{T}\,\frac{\mathrm{d}L_{12}}{\mathrm{d}\theta_\text{r}}I_\text{r}\right) \tag{5.33}$$

上述式（5.30）~式（5.33）为双馈异步发电机在三相静止坐标系下的数学模型，也是基本方程。可以看到双馈异步发电机的数学模型在三相静止坐标系下是一个高阶、非线性、时变性、强耦合的系统，对它的分析和求解非常困难，根源就在于磁链方程中的电感系数矩阵。定子、转子间的互感矩阵的改变的根源是 θ_r 的不固定。因此一方面为了简化双馈异步发电机运行特性的分析过程，另一方面为了得到简单有效的矢量控制策略，需像分析其他普通三相交流电机一样，通过坐标变换简化双馈异步发电机的数学模型，通常就是将 ABC 三相静止坐标系下的数学模型转换到 dq 两相旋转坐标系下。

（2）两相同步旋转坐标系下的双馈异步发电机的数学模型。把三相静止坐标系下的数学模型变换到两相同步旋转坐标下称为派克（Park）变换，最先用在同步电机的分析过程中，它的原理为：三相静止坐标系下的相关物理量的瞬时值可以使用一个以一定速度在空中旋转的矢量表示出来，旋转速度为同步速度，并将该空间矢量分解到为两相互相垂直的坐标。

同理，采用派克变换分析双馈异步发电机的过程为：将定转子电压、电流和磁链采用派克变换转换到两相同步旋转坐标系下，也就是将三相静止绕组等效为两相相互垂直并同步旋转的绕组，进而定了绕组和转子绕组间就不会发生相对运动，因此定转子间的互感磁链矩阵固定不变。此外，在相互垂直的两相同步旋转坐标系的坐标轴下绕组间没有磁的耦合，所以变换后的双馈发电机的数学模型得到了很大的简化。

图 5.12 所示为双馈发电机的三相静止坐标系和两相旋转坐标系之间的关系。其中，ABC 表示定子三相静止坐标，abc 表示以 ω_r 旋转的转子三相旋转坐标；dq 表示以同步速 ω_1 转速旋转的 dq 坐标，d 轴和 q 轴相互垂直，且 d 轴落后于 q 轴 $90°$；θ_1 为 d 轴与 A 轴的夹角，有 $\theta_1=\omega_1\cdot t$；θ_r 为转子 a 轴与定子 A 轴的夹角。

现采取变换前后功率不变的原则，将三相静止 ABC 坐标系变换到两相旋 dq 坐标系，变换矩阵 T 为

$$T=\sqrt{\frac{2}{3}}\begin{bmatrix}\cos\theta_1 & \cos(\theta_1-120°) & \cos(\theta_1+120°)\\ -\sin\theta_1 & -\sin(\theta_1-120°) & -\sin(\theta_1+120°)\end{bmatrix} \tag{5.34}$$

逆变换矩阵 T^{-1} 为

$$T^{-1} = \sqrt{\frac{2}{3}} \begin{bmatrix} \cos\theta_1 & -\sin\theta_1 \\ \cos(\theta_1 - 120°) & -\sin(\theta_1 - 120°) \\ \cos(\theta_1 + 120°) & -\sin(\theta_1 + 120°) \end{bmatrix} \tag{5.35}$$

那么利用上述变换矩阵就可以把定子 ABC 坐标系和转子 abc 坐标系下的电压、电流、磁链和电磁转矩等变换到 dq 坐标系下,进而得到两相同步旋转坐标系下的双馈发电机的数学模型。

1) dq 坐标系下的电压方程。将坐标变换矩阵应用到定子电压方程中,可得

$$TU_s = T(-R_s I_s) + T(p\psi_s) \tag{5.36}$$

其中
$$TU_s = U_{dqs}$$
$$T(-R_s I_s) = -R_s(TI_s) = -R_s I_{dqs}$$
$$T(p\psi_s) = p\psi_{dqs} - (pT)T^{-1}\psi_{dqs}$$

则 dq 坐标系下的定子电压方程为

$$U_{dqs} = -R_s I_{dqs} + p\psi_{dqs} + S\psi_{dqs} \tag{5.37}$$

其中
$$U_{dqs} = \begin{bmatrix} u_{ds} & u_{qs} \end{bmatrix}^T$$
$$I_{dqs} = \begin{bmatrix} i_{ds} & i_{qs} \end{bmatrix}^T$$
$$\psi_{dqs} = \begin{bmatrix} \psi_{ds} & \psi_{qs} \end{bmatrix}^T$$

式中　u_{ds}、u_{qs}——定子电压 dq 轴分量;

　　　i_{ds}、i_{qs}——定子电流 dq 轴分量;

　　　ψ_{ds}、ψ_{qs}——定子磁链 dq 轴分量。

同理,可得转子电压在 dq 坐标系下的电压方程为

$$U_{dqr} = -R_r I_{dqr} + p\psi_{dqr} + S_r \psi_{dqr} \tag{5.38}$$

其中
$$S_r = \begin{bmatrix} 0 & -p(\theta_1 - \theta_r) \\ p(\theta_1 - \theta_r) & 0 \end{bmatrix} = \begin{bmatrix} 0 & -\omega_2 \\ \omega_2 & 0 \end{bmatrix}$$
$$U_{dqr} = \begin{bmatrix} u_{dr} & u_{qr} \end{bmatrix}^T$$
$$I_{dqr} = \begin{bmatrix} i_{dr} & i_{qr} \end{bmatrix}^T$$
$$\psi_{dqr} = \begin{bmatrix} \psi_{dr} & \psi_{qr} \end{bmatrix}^T$$

式中　u_{dr}、u_{qr}——转子电压 dq 轴分量;

　　　i_{dr}、i_{qr}——定子电流 dq 轴分量;

　　　ψ_{dr}、ψ_{qr}——定子磁链 dq 轴分量。

将定子侧和转子侧在 dq 坐标系下的电压方程写成矩阵形式为

$$\begin{bmatrix} u_{ds} \\ u_{qs} \\ u_{dr} \\ u_{qr} \end{bmatrix} = \begin{bmatrix} -R_s & 0 & 0 & 0 \\ 0 & -R_s & 0 & 0 \\ 0 & 0 & R_r & 0 \\ 0 & 0 & 0 & R_r \end{bmatrix} \begin{bmatrix} i_{ds} \\ i_{qs} \\ i_{dr} \\ i_{qr} \end{bmatrix} + p \begin{bmatrix} \psi_{ds} \\ \psi_{qs} \\ \psi_{dr} \\ \psi_{qr} \end{bmatrix} + \begin{bmatrix} -\omega_1 \psi_{qs} \\ \omega_1 \psi_{ds} \\ -\omega_2 \psi_{qr} \\ \omega_2 \psi_{dr} \end{bmatrix} \tag{5.39}$$

从式(5.39)可以看出,与三相静止坐标系下的定子和转子的电压方程相比,在两相同步旋转坐标系下的电压方程多出了一项 $\begin{bmatrix} -\omega_1 \psi_{qs} & \omega_1 \psi_{ds} & -\omega_2 \psi_{qr} & \omega_2 \psi_{dr} \end{bmatrix}^T$,为发电机电势。由于在三相静止坐标系下,定子绕组和转子绕组分别对于各自静止不动的,但如果

把它们等效为同步旋转的两相绕组，那么也就是对于磁场一直处于相对运动中，因此在定子和转子绕组中都会感应出电动势，也就是发电机电势。对于定子来说同步旋转坐标系是以 ω_1 切割定子绕组，对于转子来说同步旋转坐标系是以 ω_2 切割转子绕组。

2）dq 坐标系下的磁链方程。将坐标变换矩阵应用到定子磁链方程中，可得

$$T\psi_s = -TL_{11}I_s + TL_{12}I_r \tag{5.40}$$

其中

$$-TL_{11}I_s + TL_{12}I_r = -TL_{11}T^{-1}I_{dqs} + TL_{12}T^{-1}I_{dqr}$$

$$-TL_{11}T^{-1} = \begin{bmatrix} -L_s & 0 \\ 0 & -L_s \end{bmatrix}$$

$$T\psi_s = \psi_{dqs}$$

$$TL_{12}T^{-1} = \begin{bmatrix} L_0 & 0 \\ 0 & L_0 \end{bmatrix}$$

则可得到 dq 坐标系下的定子磁链方程为

$$\psi_{dqs} = -L_s I_{dqs} + L_0 I_{dqr} \tag{5.41}$$

式中　L_s——dq 坐标系下定子绕组的自感，$L_s = L_{ls} + 1.5L_{ms}$；

　　　　L_0——dq 坐标系下定子绕组与转子绕组间的等效互感，$L_0 = 1.5L_{ms}$。

同理，可得 dq 坐标系下定子磁链方程为

$$\psi_{dqr} = -L_0 I_{dqs} + L_r I_{dqr} \tag{5.42}$$

式中　L_r——dq 坐标系下转子绕组的自感，$L_r = L_{lr} + 1.5L_{mr}$。

将定子侧和转子侧在 dq 坐标系下的磁链方程写成矩阵形式为

$$\begin{bmatrix} \psi_{ds} \\ \psi_{qs} \\ \psi_{dr} \\ \psi_{qr} \end{bmatrix} = \begin{bmatrix} -L_s & 0 & L_0 & 0 \\ 0 & -L_s & 0 & L_0 \\ -L_0 & 0 & L_r & 0 \\ 0 & -L_0 & 0 & L_r \end{bmatrix} \cdot \begin{bmatrix} i_{ds} \\ i_{qs} \\ i_{dr} \\ i_{qr} \end{bmatrix} \tag{5.43}$$

3）dq 坐标系下的运动方程。在两相同步旋转坐标系下的双馈发电机的运动方程与在三相静止坐标系下的一样。

在两相同步坐标系下，双馈感应发电机的电磁转矩可以表示为

$$T_e = n_p L_0 (i_{qs} i_{dr} - i_{ds} i_{qr}) \tag{5.44}$$

4. 直驱式永磁同步发电机模型

（1）在 ABC 坐标系下的数学模型。根据电和磁的关系，可推导出三相永磁同步发电机的定子电压方程为

$$\begin{bmatrix} u_A \\ u_B \\ u_C \end{bmatrix} = \begin{bmatrix} R_A & 0 & 0 \\ 0 & R_B & 0 \\ 0 & 0 & R_C \end{bmatrix} \begin{bmatrix} I_A \\ I_B \\ I_C \end{bmatrix} + \begin{bmatrix} \dfrac{d\psi_A}{dt} \\ \dfrac{d\psi_B}{dt} \\ \dfrac{d\psi_C}{dt} \end{bmatrix} \tag{5.45}$$

式中　R_A、R_B、R_C——定子等效电阻；

　　　　ψ_A、ψ_B、ψ_C——A、B、C 相绕组的全磁链。

三相绕组的磁链方程为

$$
\begin{bmatrix} \psi_A \\ \psi_B \\ \psi_C \end{bmatrix} = \begin{bmatrix} L_{AA} & L_{AB} & L_{AC} \\ L_{BA} & L_{BB} & L_{BC} \\ L_{CA} & L_{CB} & L_{CC} \end{bmatrix} \begin{bmatrix} i_A \\ i_B \\ i_C \end{bmatrix} + \begin{bmatrix} \psi_{fA} \\ \psi_{fB} \\ \psi_{fC} \end{bmatrix} \tag{5.46}
$$

式中　L_{ii}、L_{ij}——定子绕组的自感和互感（i，j＝A、B、C，且 $i \neq j$）；

ψ_{fA}、ψ_{fB}、ψ_{fC}——永磁励磁磁场在 A、B、C 绕组中产生的交链。

又由于三相绕组成呈对称分布，导致绕组中的电流也是对称分布，且 $L_{AA} = L_{BB} = L_{CC}$，$L_{AB} = L_{BC} = L_{CA} = L_{BA} = L_{CB} = L_{AC}$，则可以得到

$$
\begin{bmatrix} u_A \\ u_B \\ u_C \end{bmatrix} = \begin{bmatrix} R_A + \dfrac{3}{2}pL_S & 0 & 0 \\ 0 & R_B + \dfrac{3}{2}pL_S & 0 \\ 0 & 0 & R_C + \dfrac{3}{2}pL_S \end{bmatrix} + \begin{bmatrix} \dfrac{d\psi_A}{dt} \\ \dfrac{d\psi_B}{dt} \\ \dfrac{d\psi_C}{dt} \end{bmatrix} + \omega\varphi_f \begin{bmatrix} \sin\theta \\ \sin\left(\theta - \dfrac{2\pi}{3}\right) \\ \sin\left(\theta + \dfrac{2\pi}{3}\right) \end{bmatrix}
$$

$$\tag{5.47}$$

式中　θ——空间电角度，$\theta = \omega t + \gamma$；

ω——旋转电角度；

γ——初始角度；

p——微分算子；

L_S——电枢绕组电感；

ψ_f——转子磁链幅值。

（2）αβ 坐标系下的数学模型。对 ABC 坐标下定子电压方程进行 3/2 变换，可以得到 αβ 下定子电压方程为

$$
\begin{bmatrix} u_\alpha \\ u_\beta \end{bmatrix} = \begin{bmatrix} R + pL & 0 \\ 0 & R + pL \end{bmatrix} + \omega \sqrt{\frac{3}{2}} \psi_f \begin{bmatrix} -\sin\theta \\ \cos\theta \end{bmatrix} \tag{5.48}
$$

式中　u_α、u_β——α 轴、β 轴下的电压。

（3）dq 坐标系下的数学模型。在 dq 坐标下，d 轴正方向是转子磁链正方向，d 轴与 A 相夹角为 θ。发电机的电压、转矩及机械方程为

$$
\begin{cases}
L_d \dfrac{di_d}{dt} = -u_d + \omega L_q i_q - R i_d \\[2mm]
L_q \dfrac{di_q}{dt} = -u_d - \omega L_q i_d - R i_q + \omega\psi \\[2mm]
T_e = \dfrac{3}{2}p \left[(L_d - L_q) i_d i_q - i_q \psi \right] \\[2mm]
J \dfrac{d\omega}{dt} = T_m - T_e - F\omega
\end{cases} \tag{5.49}
$$

式中　T_m、T_e、F、J——风轮机械转矩、电磁转矩、阻尼系数和转动惯量。

根据式（5.45）～式（5.49）建立永磁同步发电机模型。

5.2.2　变压器模型

大型风电场常采用二级或三级升压模式，在风电机组出口处装设满足其容量输送的变

压器，将 0.69kV 的机端电压升高至 10kV 或 35kV，汇集后再送入风电场升压站将电压变换为 110kV 或 220kV，最后并入风电场所在地区的区域电网。目前，风电场普遍采用的是双绕组变压器，其等值电路如图 5.13 所示。

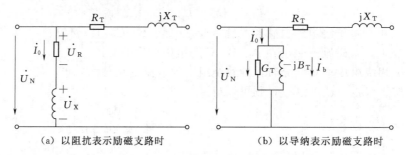

(a) 以阻抗表示励磁支路时   (b) 以导纳表示励磁支路时

图 5.13 双绕组变压器的等值电路图

双绕组变压器的总电阻、总电抗、电导和电纳的表达式为

$$R_T = \frac{P_k U_N^2}{1000 S_N^2} \tag{5.50}$$

$$X_T = \frac{U_k \%}{100} \frac{U_N^2}{S_N} \tag{5.51}$$

$$G_T = \frac{P_0}{1000 U_N^2} \tag{5.52}$$

$$B_T = \frac{I_0 \%}{100} \frac{S_N}{U_N^2} \tag{5.53}$$

5.2.3 电力线路模型

风电场用电力线路主要包括架空线路和电缆线路两大类。架空线路的导线和避雷线架设在空中，要承受非常大的机械力作用，还要受到温度变化和有害气体侵蚀的影响，具有相当高的机械强度和抗腐蚀能力。而电缆不需在地面上架设杆塔，占用土地面积少，供电可靠且比较安全，但造价较高。风电场电力线路一般使用长度都不会超过 100km 的短线路。

电力线路的电阻、电抗、电纳和电导的计算式为

$$R = \frac{\rho}{S} \tag{5.54}$$

$$X = 0.1445 \lg \frac{D_m}{r} \tag{5.55}$$

$$B = \frac{7.58}{\lg \dfrac{D_m}{r}} \times 10^{-6} \tag{5.56}$$

$$G = \frac{\Delta P}{U^2} \times 10^{-3} \tag{5.57}$$

5.2.4 负荷模型

风电场用负荷的模型比较简单，就是以给定的有功功率和无功功率来表示，只有在计算精度较高时才涉及负荷的静态特性。

风电场负荷的静态特性可表示为

$$
\left.
\begin{aligned}
P_{负荷} &= P_{N}\left(\frac{U}{U_{N}}\right)^{P} \\
Q_{负荷} &= Q_{N}\left(\frac{U}{U_{N}}\right)^{Q}
\end{aligned}
\right\}
\tag{5.58}
$$

也可以表示为

$$
\left.
\begin{aligned}
P_{负荷} &= P_{N}\left[a_{P}+b_{P}\left(\frac{U}{U_{N}}\right)+c_{P}\left(\frac{U}{U_{N}}\right)^{2}+\cdots\right] \\
Q_{负荷} &= Q_{N}\left[a_{Q}+b_{Q}\left(\frac{U}{U_{N}}\right)+c_{Q}\left(\frac{U}{U_{N}}\right)^{2}+\cdots\right]
\end{aligned}
\right\}
\tag{5.59}
$$

式中 P_{N}、Q_{N}——在额定电压下的有功和无功负荷;

        $P_{负荷}$、$Q_{负荷}$——电压偏离额定值时的有功和无功负荷;

a_{P}、b_{P}、c_{P}、a_{Q}、b_{Q}、c_{Q}——待定系数,它们的数值可通过拟合相应的特性曲线求得。

5.2.5 无功补偿装置模型

目前风电场普遍采用的无功补偿装置主要有并联电容器组、静止无功补偿器和静止同步补偿器三种。

SVC 是基于电力电子技术及其控制技术发展起来的具有优良性能的动态无功补偿装置,占据了动态无功补偿装置全球范围内市场的主导地位。SVC 的类型有多种,其中 TSC-TCR 型 SVC 由于具有响应速度快、灵活性好,可以跟踪电网和负荷的波动,实现电容器快速切除而避免谐振发生等诸多优点,而在风电场无功补偿中广泛使用。风电场目前所使用的主要以 TCR(晶闸管控制的电抗器)、TSC(晶闸管投切的电容器),以及两者的混合装置等形式组成的 SVC。TSC-TCR 型 SVC 可以通过动态回路 TCR 实现对感性无功的动态调节。通过对 TCR 支路里晶闸管的导通角和导通时间进行控制,可以调节流过电抗器的电流的大小和相位,间接控制了 TCR 输出感性无功的大小,且这个感性无功是连续的,可以使 TSC 投切的多余的无功功率得到平衡。

TCR 和 TSC 两者混合装置的 SVC,其基本结构如图 5.14 所示。

SVC 是由 TCR 来实现其平滑调节的,TCR 的瞬时电流、等效电纳和从系统吸收的无功 Q_{TCR} 为

$$
I_{TCR}=\frac{\sqrt{2}U}{X_{R}}(\cos\psi-\cos\omega t)
\tag{5.60}
$$

$$
B_{TCR}=\frac{2(\pi-\psi)+\sin2\psi}{\pi X_{R}}
\tag{5.61}
$$

$$
Q_{TCR}=\frac{U^{2}}{X_{TCR}}=\frac{2(\pi-\psi)+\sin2\psi}{\pi X_{R}}U^{2}
\tag{5.62}
$$

式中 ψ——触发角;

    ω——电源额定角速度;

    X_{R}——TCR 中电抗器阻抗。

TSC 所补偿的无功功率是固定的,电容在接通期间,向系统注入的无功功率 Q_{TSC} 为

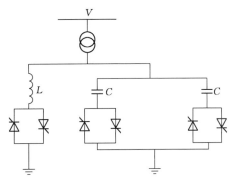

图 5.14   TCR 和 TSC 两者混合
装置的 SVC 的基本结构图

$$Q_{TSC} = \omega C U^2 = \frac{U^2}{X_{TSC}} \tag{5.63}$$

SVC 装置输出的无功功率为

$$Q_{SVC} = Q_{TSC} - Q_{TCR} = \left[\frac{1}{X_{TSC}} - \frac{2(\pi - \psi) + \sin2\psi}{\pi X_R} \right] U^2 \tag{5.64}$$

5.3　风电并网对电力系统的影响

5.3.1　风电并网要求与低电压穿越

5.3.1.1　风电并网要求及电网电压跌落对风电机组的影响

风电技术较为先进的国家如德国、丹麦、美国等根据电网实际运行状况制定了风电并网导则，对接入电网的风电场提出了严格的技术要求，对风电机组的低电压穿越能力做出了具体的规定。风电机组的低电压穿越能力决定了风电能否大规模并网稳定不脱网运行，以保证在外部电网故障时风电机组具有不间断运行能力。中国根据实际电网结构及风电发展情况制定了风电场接入电网技术规定，其中对风电机组低电压穿越能力也做出了详细的规定。

中国电网导则的相关规定主要对有功功率、无功功率、并网点电压、低电压穿越、风电场运行频率等几方面进行要求。具体如下：

1. 有功功率

风电场应具备有功功率调节能力，能根据电网调度部门指令控制其有功功率输出。

2. 无功功率

（1）风电场在任何运行方式下，应保证其无功功率有一定的调节容量，该容量为风电机组运行时的可控功率因数−0.95～0.95 所确定的无功功率容量范围，风电场的无功功率能实现动态连续调节，保证风电场具有在任何事故情况下能够调节并网点电压恢复至正常水平足够的无功容量。

（2）百万千瓦级以上的风电基地，单个风电场无功调节容量为风电场额定运行时功率因数−0.97（滞后）～0.97（超前）所确定的无功功率容量范围。

3. 并网点电压

（1）电压运行范围。当风电场并网点的电压偏差在其额定电压的−10％～＋10％之间时，风电场内的风电机组应能正常运行；当风电场并网点电压偏差超过＋10％时，风电场的运行状态由风电场所选用风电机组的性能确定。

（2）电压控制要求。当公共电网电压处于正常范围内时，风电场应当能够控制风电场并网点电压在额定电压的 97％～107％范围内。

4. 中国风电机组低电压穿越要求

（1）从图 5.15 可以看出，风电场内的风电机组具有在并网点电压跌至 20％额定电压时能够保证不脱网连续运行 625ms 的能力。

（2）风电场并网点电压在发生跌落后 2s 内能够恢复到额定电压的 90％时，风电场内的风电机组能够保证不脱网连续运行。

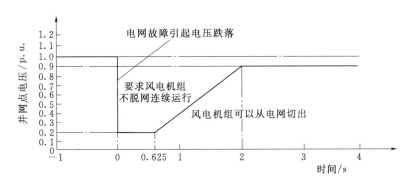

图 5.15 风电场低电压穿越要求

风电场在不同电网频率偏差范围下的允许运行时间见表 5.3。

表 5.3 风电场在不同电网频率偏差范围下的允许运行时间

电网频率范围	要 求
低于 48Hz	根据风电场内风电机组允许运行的最低频率而定
48～49.5Hz	每次频率低于 49.5Hz 时要求风电场具有至少运行 30min 的能力
49.5～50.2Hz	连续运行
高于 50.2Hz	每次频率高于 50.2Hz 时，要求风电场具有至少运行 2min 的能力，并执行电网调度部门下达的高周切机策略，不允许停机状态的风电机组并网

5. 国外对风电机组低电压穿越的要求

国外电网运营商制定了一系列标准对低电压穿越进行规定，不同国家之间有着不同的要求：德国爱纳康公司要求电网电压跌落到 15% 时持续 300ms，澳大利亚要求跌落到 0% 时 175ms，而丹麦要求跌落到 25% 持续 100ms 左右。在这些标准中，德国爱纳康公司的标准影响最大。

德国目前执行的风电并网导则于 2007 年制定。德国输电运营商和德国配电运营商分别针对接入了本电压等级的发电厂制定了相应规范。对低电压穿越的要求如图 5.16 所示。

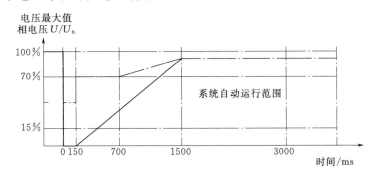

图 5.16 低电压穿越要求

图 5.16 中实线以上的区域是风力发电系统需要保持同电力系统之间连接的部分。只有当电力系统出现虚线下方区域所示的故障时，才允许风力发电系统同电网系统脱离。电

网故障清除后，风力发电系统需要立即恢复向电网输出有功功率，并且保证至少每秒增加20％的额定输出功率。

同时电网出现故障时，系统无功功率不足，导致网侧电压下降。需要风电机组发电机侧提供无功电流。爱纳康公司标准中，不但规定了风力发电系统低电压运行能力范围，还对电网电压跌落时风力发电系统需要提供的无功电流进行规定。风电机组发电机侧的无功电流应满足图 5.17。从图 5.17 可以看出当电压降低为额定电压的 50％时，风电机组提供的无功电流等于额定电流，并且要求电流调节时间应小于 20ms。

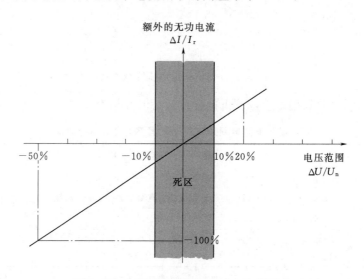

图 5.17　电网电压跌落对无功电流的要求

电网发生故障导致双馈发电机侧电压跌落，造成发电机定子电流增加。由于转子与定子之间的强耦合，快速增加的定子电流会导致转子电流急剧上升，由于风电机组调节速度较慢，故障前期风电机组吸收的风能不会明显减少，而风电机组由于机端电压降低，不能正常向电网输送有功功率，即有一部分能量无法输入电网，这些能量由系统内部消化，将导致直流环节电容充电、直流电压快速上升、电机转子加速、电磁转矩突变等一系列问题。所以提高风电机组的低电压穿越能力尤为重要。

5.3.1.2　风电机组低电压穿越的解决方案

LVRT 功能实现的途径主要有两种：增加硬件电路，改进控制策略。

改进控制策略只能降低电网故障时风电机组的暂态过电压、过电流，从能量角度来看，不能从根本上解决故障过程中能量过剩导致的过电压、过电流问题，只能在电压、电流之间寻找一种较好的均衡状态，减小故障期间过电压、过电流对风电机组的影响，仅适用故障跌落不明显的状况。而增加硬件电路则能从根本上解决故障期间过电流、过电压问题，极大地增强了风电机组的 LVRT 能力，为这一问题提供了较好的解决方案。

1. 增加硬件电路增强风电机组的低电压穿越能力

（1）转子撬棒（Crowbar）保护电路控制。对于双馈式风电机组，转子侧增加撬棒保护电路是最常用的方法，图 5.18 给出了双馈式风电机组转子侧保护电路的几种不同形式。

图 5.18（a）是采用两相交流开关构成的保护电路交流开关由晶闸管反向并联构成。

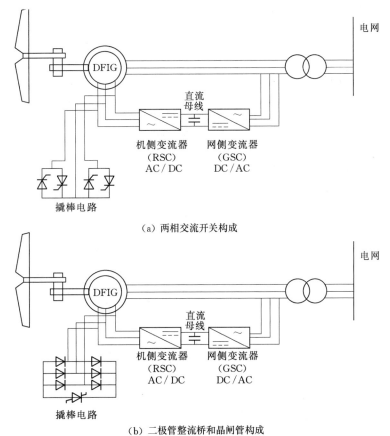

图 5.18　双馈风电机组转子侧保护电路

当发生电网故障时，通过交流开关短路转子绕组，起到保护变流器的作用。图 5.18（b）是由二极管整流桥和晶闸管构成的保护电路，当直流侧电压达到最大值时，通过触发晶闸管导通实现对转子绕组的短路，同时断开转子绕组与转子侧变流器的连接，保护电路与转子绕组一直保持连接，直到主回路开关将定子侧彻底与电网断开为止。对于图 5.18 所示的晶闸管被动式撬棒电路，由于双馈发电机多运行于同步转速附近，转子侧频率通常较低，一旦撬棒动作后难以关断，因此对这种基于晶闸管的被动式撬棒保护电路，通常需要双馈发电机的定子从电网脱开且等双馈发电机转子电流衰减殆尽后，晶闸管恢复到其阻断状态，待条件允许的情况下双馈发电机重新执行并网操作。

由于上面种电路都是被动式保护，被称之为被动撬棒法，难以适应新的电网规则要求，因此现在大都采用自关断器件构成的主动式保护电路即主动撬棒电路图 5.19 是两种主动撬棒电路。

图 5.19（a）是采用了关断器件和二极管构成的可控整流桥，图 5.19（b）是在二极管整流桥后采用关断器件和电阻构成的斩波器，这种保护电路使转子侧变流器在电网故障时可以与转子保持连接，当故障消除后通过切除保护电路，使风电系统快速恢复正常运行，因而具有更大的灵活性。该方法简单有效，且成本较低，便于实现。但实际效果严重

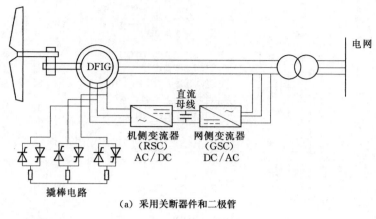

（a）采用关断器件和二极管

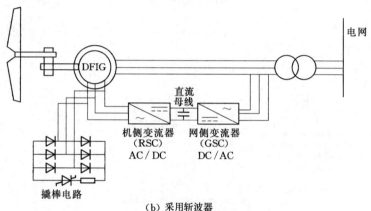

（b）采用斩波器

图 5.19 主动撬棒电路

依赖于内部运行条件和故障特征，对于非对称故障能起到的作用有限并且在不同运行状态间切换会不可避免地产生暂态响应，尤其是在电压恢复过程中，电网电压从故障状态恢复到正常会使系统产生一个暂态过程，若此时退出还将加剧该暂态过渡过程，且当撬棒电路工作时，由于双馈电机处于感应电机中，当电网电压恢复时，电机将从电网中吸收大量的无功，而不利于电网运行。

1）撬棒保护电路的基本工作原理。常选用的撬棒电路（Crowbar）由一个三相二极管整流桥、可关断晶闸管和放电电阻组成。A、B、C 三个端口接到电机的转子绕组上。通过可关断晶闸管来控制 Crowbar 电路的开通或关断，其结构如图 5.20 所示。

在 Crowbar 设计中，合理的选取放电电阻的阻值比较重要。选取较大的阻值可以使暂态分量衰减的更快，但较大的电阻值可能会造成转子侧的过压，使直流母线电容反充电，同时还有可能损坏转子侧变流器。另外较大阻值的瞬态功耗也比较大，从散热角度对放电电阻的体积也有一定要求。Crowbar 的控制策略如图 5.21 所示。

图 5.21 中 i_{ra} 是转子 A 相电流；i_{rb} 是转子 B 相电流；i_{rc} 是转子 C 相电流；U_{dc} 是直流母线电压。任何一种过流或过压都会触发 Crowbar 电路，同时封锁转子侧变换器。当转子电流和直流母线电压同时下降到下限制以下时，切除 Crowbar 保护电路，转子侧变换器

恢复工作。由于 Crowbar 电路中开关器件采用了可关断晶体管,因此 Crowbar 的控制更为灵活。

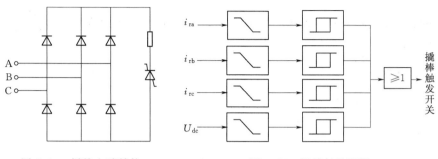

图 5.20　撬棒电路结构　　　　图 5.21　撬棒触发逻辑

2) 撬棒电路的调控过程。短路故障发生后,定转子侧出现冲击电流。控制系统检测到转子过电流后关闭转子侧变换器开启 Crowbar 电路,通过 Crowbar 电路对转子浪涌电流的缓冲后,此时可以切除 Crowbar 电路,利用转子侧变换器灵活的控制能力加快发电机恢复到稳态,同时可以向发电机内注入励磁电流,减少双馈发电机在电网故障情况下从电网吸收的无功功率。

由于 Crowbar 电路的作用,电网电压跌落时定转子暂态电流开始快速衰减,在此阶段输出有功功率下降,同时通过网侧变流器向电网注入一定的无功功率。当转子侧电流衰减到一定程度后,Crowbar 电路关断,转子侧变流器重新工作,此时根据故障后电网实际电压进行控制。当电网故障清除后,电网电压恢复正常,双馈发电机经过短暂的调节过程后,重新恢复正常运行状态。在整个暂态过程中,由于 Crowbar 的保护作用,转子侧变流器可以一直工作在变流器容量允许的范围内。发电机定子可以始终保持与电网相连,实现了低电压穿越。

图 5.22 是 0.05s 的时候电网发生跌落后撬棒电路工作,0.4s 时的时候电网故障排除,撬棒被切除。整个过程中风电机组的功率输出、电磁转矩、转子电流的变化情况。

通过对 Crowbar 合理的设计和控制,在故障情况下,可以使双馈发电机迅速恢复到可控运行状态。

(2) 储能方法控制。直流母线电压升高时的应对策略:在电网电压跌落的过程中,网侧变流器传送功率的能力受到限制,不能及时将功率输送至电网,对直流母线电压的控制能力降低,因此在电网电压跌落的动态过程中会引起变流器直流母线电压的升高,威胁到半导体变流器件的安全运行。为了避免电网故障时直流母线电压升高,如图 5.23 所示,在直流母线连接到储能装置(ESS)上,在转子侧和网侧变流器输出有功功率严重不平衡的情况下,该电路起到了限制直流母线电压突变的作用。

2. 改进控制策略增强风电机组的低电压穿越能力

低电压穿越能力除上述的增加外部硬件电路,还可以通过改进桨距角的控制策略和改进机侧网侧变流器的控制策略来提升风电机组的低电压穿越能力。

(1) 桨距角的控制策略主要是根据不同电压跌落深度快速做出相应桨距角的变化响应。电网电压骤降之后,风电机组进入低电压穿越模式,输出有功迅速下降。同时双馈变

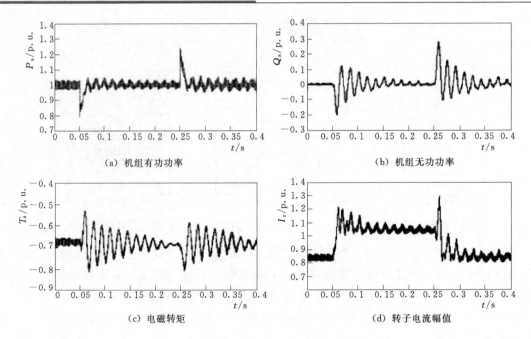

图 5.22　撬棒电路投入和切除时变化情况

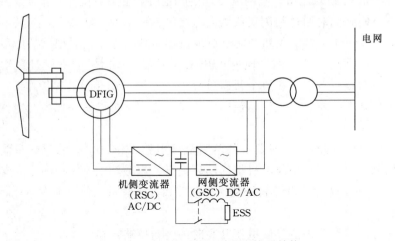

图 5.23　增加储能装置后的变换器结构

流器会出现转子过流、母线过压等现象，导致启动 Crowbar 电路，封闭转子侧 PWM 变换器脉冲，使发电机提供的电磁阻转矩迅速减小。若风轮的输入转矩不变，使风轮的气动转矩大于发电机的电磁转矩，不平衡的转矩将导致双馈风电机组转速快速上升，此时要求增大桨距角以减小机组的输入功率，从而阻止风电机组转速上升，即实行变桨距控制。且依据不同的风速、转速及电压跌落深度，调整叶片的桨距角，通过减小风电机组的输入功率来适应电网故障下输出电能的减小。图 5.24 是桨距角的增加量和风速、电网电压跌落系数（跌落深度）的关系。

图 5.24 中 $\Delta\beta$ 为桨距角的增加量。

从图 5.24 上可以看出风速电压跌落深度不同，需要调整的桨距角也不同，电压跌落

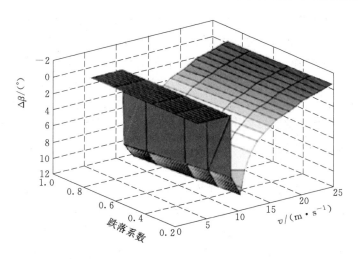

图 5.24 桨距角调整趋势图

的深度小，持续时间越长，电磁阻转矩失去的时间也就越长，变桨机构需要调整的角度越大。电网正常情况下，当双馈式风电机组运行在亚同步状态，桨距角为零实现最大风能追踪；当风电机组运行在超同步状态，桨距角不为零限制风能捕获。电网电压跌落时，启用桨距角紧急控制，依据不同的风速、转速及电压跌落深度，调整叶片的桨距角，通过减小风电机组的输入功率来适应电网故障下输出电能的减小。所以，在外部故障导致的低电压持续存在时，风电机组转子撬棒电路（Crowbar）投入的同时需要调节风电机组桨距角，减小风电机组捕获的风能，进而减小风电机组机械转矩，以稳定发电机转速，实现风电机组的低电压穿越功能。

（2）改变变流器的控制策略增强风电机组低电压穿越能力。图 5.25 是电网故障的情况下，双馈风电机组的整体控制结构图，通过对其机侧变流器（RSC）和网侧变流器（GSC）及撬棒电路的有效控制使风电机组输出无功功率，在故障的情况下对电网提供无功支撑。

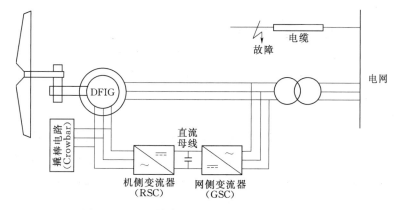

图 5.25 电网故障风电机组变流器调控结构图

1）机侧无功功率的控制。DFIG 电机定子直接连接在电网上，作为一个有功和无功源。定子的无功功率以通过控制转子的 d 轴电流来间接控制。当时交流侧 Crowbar 电路切除后，RSC 重新启动工作。如果此时，转子回路和 RSC 中的电流没有超出设备的上限电流，RSC 将能重新控制 DFIG 向电网中输送无功功率，支持电网的快速恢复。

2）网侧无功功率控制。当电网电压发生骤降，Crowbar 电路被开启，此时有功功率将不再在 RSC 和 GSC 之间进行传递，此时通过控制 GSC 可以向电网中注入无功功率，即网侧变流器作为静止无功补偿器来运行，尽可能弥补 DFIG 定子吸收的无功功率。经过一个短暂时间，当电机的瞬态磁链衰减完毕，Crowbar 电路退出运行，RSC 重新投入运行控制电机。此时 GSC 重新传输有功功率，但是不同于 RSC，在传输有功功率的同时，GSC 继续向电网中注入无功功率。

最后 dq 坐标系下的参考电压值送到 SVPWM 模块产生 GSC 的三相电压调制信号。电网电压故障时，DFIG 的 Crowbar 电路和系统的无功功率的联合控制。在电网电压故障时，机侧变流器被短路。此时控制网侧变流器向电网中注入无功电流。通过网侧变流器满足电机带有 Crowbar 电路所吸收的无功功率，且不需要从电网中吸收无功功率，还可以向电网中注入少许无功功率。当 Crowbar 电路退出运行，此时机侧变流器重新投入运行，控制转子电流使定子发出一定量的无功功率。网侧变流器除了满足电机侧所需的有功功率之外，其余容量发出无功功率。使 DFIG 系统最大限度向电网中注入无功电流，支撑电网电压恢复。

5.3.2　风电系统无功补偿

大规模风电场一般接入电网末端，缺乏常规电源支撑，地区电网结构较弱。而且风电场并网运行时，需要先将风电机组出口电压升高，通过架空线路将电能汇集在风电场升压站，通过升压站内的变压器将电压再次升高，送入大电网。这个过程中风电场需要吸收大量的无功功率。为了整个风电场无功平衡，减少向大电网吸收无功功率，风电场要充分利用双馈风电机组的调节能力。此外，当风电机组的无功容量不能满足系统电压调节需要时，应在风电场集中加装适当容量的无功补偿装置，必要时还需要加装动态无功补偿装置。实际工程中，大多数双馈式风电机组按恒功率因数控制，风电场无功调节主要依赖动态无功补偿装置。

5.3.2.1　三种风电机组无功电压控制能力

在输电网和配电网中，节点电压取决于网络阻抗特性和支路电流、节点电压和无功功率相关联，因此，节点电压可以通过改变发电机发出或者吸收的无功功率进行控制。下面对上述 3 种风电机组的电压控制能力逐一进行讨论。

1. 恒速型

恒速风电机组中的笼型异步发电机总是吸收无功功率，吸收无功功率的数量取决于端电压、发出的有功功率和转速。笼型异步发电机不能用来控制电压，因为它只能吸收而不能发出无功功率。并且，它与电网交换的无功功率不可控，只能由风轮转速、有功功率和端电压决定。

笼型异步发电机吸收无功功率是这种风电机的一个缺点，特别是在大型风电机或者大型风电场和弱电网相连的情况下。在这样的情况下，无功需求可能引起节点（包括公共连接点 PCC）电压的严重下降。因此，在大多数情况下，风电机组吸收的无功功率要由电容器来补偿。这样，无功功率既在发电机与电容器之间交换，也在发电机与电网之间交换。与电网交换无功功率的减少，可以在总体上改善风电机组输入电网功率的功率因数。

常规电容器是不可控的无功电源。通过附加补偿电容器，风电机组对节点电压的影响会减少。但是这仅仅是质量上的改善，电压控制能力并没有提高。因为在转速、端电压、有功功率和无功功率间还有独特的关系。恒速风电机组的电压控制能力只有利用更先进的可控无功电源才能提高，例如，可切换电容器或者电容器组，静止无功补偿器（SVC）和静止调相机或静止无功发生器（STATCOM）等。

2. 双馈式

双馈式异步发电机发出的无功功率由转子电流控制，在这种情况下，无功功率跟转子转速、有功功率等变量之间没有必然的联系。发出或者吸收的无功功率可以在大范围内变化。

双馈式异步发电机无功功率分量在一定程度上受转速和发出有功功率的影响，就像笼型异步发电机那样，虽然它不是直接由这些变量来决定的。原因是发电机的电磁转矩和发出或吸收的无功都直接取决于由变换器供给转子的电流。产生电磁转矩的电流由电磁转矩的设定值来决定，而电磁转矩的设定值又由转速控制器根据转子的实际转速获得。产生电磁转矩需要的电流本身也决定了变换器的容量，使其允许流通发出或吸收无功功率的电流。

3. 直驱式

对于直驱式变速风电机组，与电网交换的无功功率不取决于发电机的特性，而是由电网侧变流器的特性决定的。发电机与电网是完全隔离的。因此，发电机自身和变流器发电机侧交换的无功功率，以及变流器电网侧与电网交换的无功功率，这两者之间是解耦的。这意味着发电机的功率因数和变流器电网侧的功率因数是可以单独控制的。

具有直驱式同步发电机的变速风电机用端电压作为可变参数时的运行范围，而不考虑转速的变化。由于发电机和电网是隔离的，转速的变化几乎对电网没有影响。假设在额定电压和额定功率时，风电机组能够在超前/滞后功率因数为 $\cos\varphi = \pm 0.9$ 的情况下运行。同时，具有直驱式同步发电机的变速风电机组允许进行无功功率或者端电压控制，因为多个无功功率的值对应单一的有功功率值。

5.3.2.2　影响电压控制的各种因素

根据以上讨论，具有电压控制能力的风电机组可以通过改变其发出或者吸收无功功率的数量来控制节点电压。为了进行电压控制，需要测量某一节点的电压，将其作为电压控制器的输入。电压控制器按照其自身的传递函数来确定需要发出或吸收的无功功率的大小。由风电机组控制其自身的端电压是最容易的，但有时我们要选择电网的某一节点的电压进行控制，尽管由于电网电压的局部特性，这个节点必须在风电机组的附近。当测量到电压低于设定值时，就增加发出的无功功率，当测量到电压高于设定值时，就减少发出的无功功率。

影响发出或者吸收无功功率的数量和控制无功功率的变流器电流间的关系的因素包括：①发电机的参数（仅限于采用双馈异步发电机的风电机组）；②电压控制器的整定点；③风电机组接入电网的（连接线）电阻、电抗的值；④流经与电网连接线的有功功率的量。

上述因素中，发电机的参数与发电机的大小紧密相关，相同额定功率的双馈风电机组具有相似的发电机参数。因此，发电机参数的影响很小。因为端电压的整定点几乎总是等于电压的额定值，可变化的范围很小，所以端电压控制器的整定点也不能起主要作用。采用无功补偿装置为一种可行方式。

5.3.2.3 各种无功补偿装置工作原理

1. 并联电容器

在电网中，大多数的电气设备运行都是需要消耗感性无功功率的，如电动机、变压器等，很大的一部分均属于感性的负载，按照电磁学的理论，这部分感性负载在实际运行的

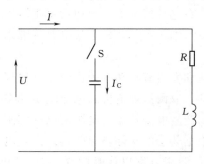

图 5.26 并联电容器无功
补偿装置简化模型

过程中能够带动设备做功的原因就是向电网索取滞后的无功电流，从而带动设备运转，实现了能量的转换。那么，为了仍然使电网保证较高的功率因数，就要补偿这部分感性负载设备造成的滞后的无功消耗，在一开始比较普遍的方法是并联电容器的方式进行补偿。在电网中或者负载处加装并联电容器，可以提供感性负载所从电网中吸收的无功，这样电网电源就不用额外提供无功，能量全部用来提供有功，提高了功率因数，同时提高了变压器和线路因输送电能的利用率。并联电容器无功补偿装置简化模型如图 5.26 所示。

在电力系统的实际情况中，由于同步电动机的使用范围特别小，所以绝大部分负载是异步电动机。而对于异步电动机来说，以及电力系统其他的电气设备来说，等效电路可以看作图 5.26 中的电阻和电感串联的电路，按照功率因数的公式，即

$$\cos\varphi = \frac{R}{\sqrt{R^2 + X_L^2}} \tag{5.65}$$

在给 R、L 电路并联 C 之后，该电路的电流方程为

$$\dot{I} = \dot{I}_C + \dot{I}_{RL} \tag{5.66}$$

通常情况下，电容发出的电流和电感发出的电流不相等的，电容电流较小时会出现欠补偿，电感电流较小时会出现过补偿。欠补偿的情况如图 5.27 所示，这种情况下电容 C 较小，电容发出的电流全部可以补偿感性电流之后，但是感性电流依然会剩余一部分，这时的干路电流依然呈现感性，因此 I 滞后于 U，$\varphi_1 > \varphi_2$ 也体现了两者的关系。但是同初始情况对比，U 和 I 的相位差由 φ_1 变为 φ_2，角度变小，功率因数提高。由于此时系统的 U 与 I 依然存在一定的角度差，I 的相位滞后电压 U，这也就是欠补偿。

而过补偿如图 5.28 所示，与欠补偿不同的是，在这种工况下，电容器的 C 较大，容性电流的一部分就能抵消全部的感性电流，容性电流中剩余的部分使得干路电流呈容性，此时 I 的角度超前于 U，$\varphi_1 < \varphi_2$ 也体现了两者的关系，这就是过补偿。

在电力系统中，通常不希望也不愿意看到补偿的情况出现，一旦出现过补偿，电力系统的电压也会升高，同时由于系统中存在着容性的无功功率，同样会给增加输电线路的损耗，也会增大电容器等元件本身的功率损耗，致使电容器的温度升高，给电容器等元件的寿命带来不利的影响。

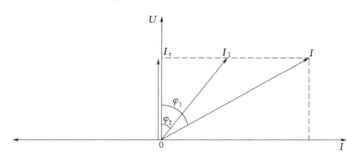

图 5.27 并联电容器欠补偿工况图

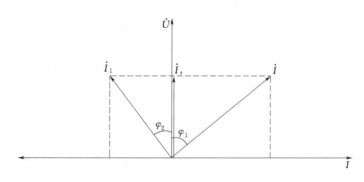

图 5.28 并联电容器过补偿工况图

2. 晶闸管投切电容器（TSC）

TSC 的基本原理（图 5.29）与并联电容组不同的就是 TSC 可以用晶闸管控制投入电网系统的电容器组数。TSC 向电网投入一定的电容器组，有效减小电网中存在的感性电流，对电网中存在的感性负荷进行补偿，那么，电网的感性负荷随着电容器组的投入逐渐变小，当系统中容性电流出现时，TSC 的控制系统发出信号，切除电容器，这样对于系统的感性负荷来说，实现了自动跟踪补偿。

另外，TSC 通过控制系统控制电容器的投入时间，有效避免冲击性电流的产生。按照电容器电流的公式为

$$i_c = C \frac{du}{dt} \tag{5.67}$$

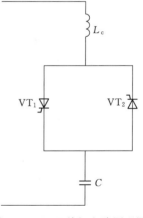

图 5.29 TSC 单相电路原理图

在电压波谷投入电容器组，电源电压的变化率最大；在电压的波峰时投入电容器，电源电压的变化率最小，斜率为 0，在此时投入电容器，就不会有冲击性的电流产生。

如图 5.30 所示，TSC 是由一个电抗器、两个反向并联的晶闸管、一个电容器相互串联组成。其中电抗器的作用是抑制冲击电流。晶闸管的作用是控制电容器的投切，它只能是处于关断状态或者导通状态。同时，电抗器和电容器只要按照一定的参数进行设置，可以避免发生谐振。只要选择合适的控制电路，就可以控制 TSC 零冲击投入电网中。

3. 晶闸管控制电抗器（TCL）

TCL 工作的原理如图 5.31 所示，它由电抗器、两个反并联的晶闸管相互串联组成，

TCR 的晶闸管与 TSC 中的晶闸管的作用基本相同，它可以对电抗器阻值进行有效调整。TCR 分别角接和星接两种方式。但是在一般情况下，角接可以抵消系统的三倍次谐波，所以 TCR 三相一般以角接的形式存在。

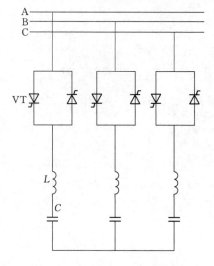

图 5.30　TSC 三相电路原理图

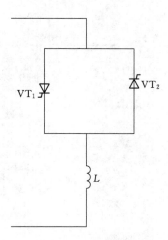

图 5.31　TCL 单相电路原理图

TCR 触发角 α 的控制范围为 $90°\sim180°$。这时可以分为三种情况。

（1）$\alpha=90°$，导通角 $\alpha=180°$，晶闸管完全开通，电抗器全投，无功电流最大。

（2）$90°<\alpha<180°$，$0°<\sigma<180°$，TCR 中的电流呈非连续脉冲形，对称分布于正半波和负半波。

（3）$\alpha=180°$，导通角 $\sigma=0°$ 晶闸管完全关断，TCR 与电力系统无功率交换态，无功电流为 0。

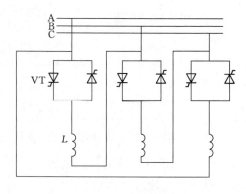

图 5.32　TCL 三相电路原理图

调节 TCR 触发角 α 来调节电抗器的电流，在 0 到最大之间变化，相当于改变电抗器的等效电抗值。当 $90°<\alpha<180°$ 时，晶闸管在导通状态下，当晶闸管关断时，在电流过零点时刻，也就是电网换相的时刻。TCR 同电网换相一样，一旦开始导通，只能在下半个周期作用，从而导致晶闸管死区时间。TCL 三相电路原理如图 5.32 所示。

4. 静止无功补偿装置（SVC）

SVC 的基本组成是由 n 组 TSC 和一组 TCR（图 5.33）。SVC 的原理是通过系统监测电网所缺少的无功类型，经过分析计算得出所需补偿的无功容量，通过控制系统发出逻辑信号控制 TSC 投切电容器组的数量，当补偿足够之后停止补偿，一般情况下，为了将系统中的感性电流全部抵消，一般 SVC 会控制系统的略微一点过补偿，然后系统控制 TCR 控制电抗器提供部分感性电流抵消 TSC 过补偿的部分，最后达到电网系统要求的效果。这种

SVC 的无功补偿装置结合了 TSC 和 TCR 的优点，同时又避免了 TSC 和 TCR 的缺点。

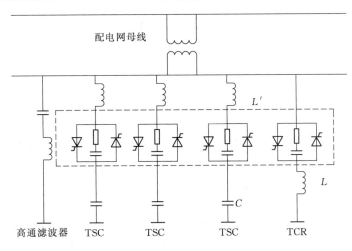

图 5.33 SVC 三相电路原理图

SVC 一般的工作方式是：首先通过控制系统监测并计算电网中需要的无功容量，然后算出需要投入 TSC 的组数，此时 TSC 会出现过补偿的情况，然后系统控制 TCR 发出感性电流，补偿 TSC 过补偿的部分，实现满足电网要求补偿无功的确定值。简单点说就是，晶闸管控制投切电容器组（TSC）是粗调，而 TCR 是细调。

对于 SVC 的响应时间来说，在于 TSC 和 TCR 的响应时间。TSC 响应时间较慢，一般为二到三个周波；而 TCR 的响应时间虽然较快，基本不到一个周波。但按照原理来说，它在 TSC 响应之后才能动作，因此，SVC 的响应时间一般大于两个周波。

5. 静止无功发生器（SVG）

SVG 的本质是一个电压源或者电流源。它由许多电压源型变流器或者电流源变流器组成桥式电路，通过电抗器连接入电网。并经过 SVG 控制的系统的调整，使 SVG 的电压与电网侧的电压保持相同的频率、相同的相位，电抗器可以保证平滑调节。SVG 的电压小于电网侧电压时，通过 SVG 的控制系统来控制来吸收无功，SVG 的电压大于电网侧电压时，通过 SVG 的控制系统来控制来输出无功，SVG 的电压等于电网侧电压时，控制系统控制既不用输出无功，也不用吸收无功。其工作基本原理图如图 5.34 所示。

图 5.34 可知，$\dot{U}_S$ 和 $\dot{U}_1$，分别为电网和 SVG 输出的交流电压。当 $\dot{U}_1 = \dot{U}_S$ 时，$I_L = 0$，SVG 既不发出无功，也不吸收无功；当 $\dot{U}_1 > \dot{U}_S$ 时，I_L 超前电压，调节 $\dot{U}_1$ 来连续控制 I_L，进而调节 SVG 发出容性无功；当 $\dot{U}_1 < \dot{U}_S$ 时，I_L 为滞后的电流，SVG 吸收的无功可以连续控制。

由于 SVG 本身的逆变器存在损耗，电抗器也存在一定的损耗，所以将总损耗等效为串联在电路中的一个电阻 R。那么，SVG 的等效电路可以简化为图 5.35。此时，SVG 输出电压，$\dot{U}_1$ 与 $\dot{I}$ 相位差是 90°，而电网电压 $\dot{U}_S$ 与电流 $\dot{I}$ 的相位差不再是 90°，而是比 90° 小了 δ 角，来补偿等效电路中的有功损耗。角 δ 就是 SVG 的电压 $\dot{U}_1$ 和电网电压 $\dot{U}_S$ 的相位差，改变角 δ 和 $\dot{U}_1$ 的大小，则 SVG 从电网吸收的无功大小可调。

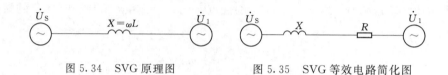

图 5.34　SVG 原理图　　　　　图 5.35　SVG 等效电路简化图

5.3.3　风电机组功率系统调节

风电机组并网后，发电功率将注入电网。由于风能的易变性和间歇性，风电输出功率也是波动的。为了从风电中获取最大功率和平稳功率输出，必须对风电机组的输出功率（包括有功和无功功率）进行调节。

5.3.3.1　笼型异步风力发电机功率调节

1．并网运行时的功率输出

异步发电机并网运行时，它向电网送出电流的大小及功率因数，取决于转差效率 s 及

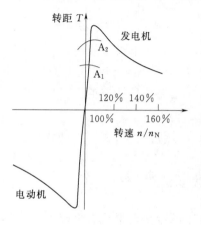

图 5.36　异步发电机的转矩（T）
—转速（$n/n_{\rm N}$）特性

电机的参数，前者与异步发电机负荷的大小有关，后者是设计好的电机给定的数值，因此这些量都不能加以控制或调节。并网后电机运行在其转矩—转速曲线（图5.36）的稳定区。当风轮传给发电机的机械功率及转矩随风速而增加时，发电机的输出功率及其反转矩也相应增大，原先的转矩平衡点 A_1 沿其运行特性曲线移至转速较前稍高的一个新平衡点 A_2，继续稳定运行。但当发电机的输出功率超过其最大转矩所对应的功率时，其反转矩减小，从而导致转速迅速升高，在电网上引起飞车，这是十分危险的。为此必须具有合理可靠的失速桨叶或限速机构，保证风速超过额定风速或阵风时，风轮输入的机械功率被限制在一个最大值范围内，保证风电机组的输出电功率不超过其最大转矩所对应的功率值。

需要指出的是，异步发电机的最大转矩与电网电压的平方成正比，电网电压下降会导致发电机的最大转矩成平方关系下降，因此若电网电压严重下降也会引起转子飞车；相反若电网电压上升过高，会导致发电机励磁电流增加，功率因数下降，并有可能造成电机过负荷运行。所以对于小容量电网，一方面应该配备可靠的过压和欠压保护装置，另一方面要求选用过载能力强（最大转矩为额定转矩 1.8 倍以上）的发电机。

2．无功功率及其补偿

异步发电机需要落后的无功功率（感性无功）主要是为了励磁的需要，另外，也为了供应定子和转子漏磁的无功功率。单就一项来说，一般中型、大型异步电机，励磁电流约为额定电流的 20%～25%，因而励磁所需的无功功率达到发电机容量的 20%～25%，再加上第二项，这样异步发电机所需的无功功率总共约为发电机容量的 20%～30%。

接在电网上的负荷，一般来说，其功率因数都是落后的，即需要落后的无功功率，而接在电网上的异步发电机也从电网汲取落后的无功功率，这无疑加重了电网上其他同步发电机提供无功功率的负担，造成不利的影响。所以对配置笼型异步电机的风电机组，通常

要采用功率因数校正电容器（PFC）进行适当的无功补偿。PFC可以根据风电机组出力、电网电压水平等进行优化分组投切。当然若在风电场配置动态无功补偿设备（如SVC、D-STATCOM、SMES等），则对改善风电场的电压水平和电力系统的电压稳定性是很有效的。

5.3.3.2　直驱式永磁同步发电机的功率调节

1. 功率调节

永磁同步发电机用永磁体代替转子励磁绕组。风电机组的输出功率经变流器与电网相连，发电机侧变流器为整流器，电网侧（线路侧）变流器为逆变器，中间用直流连接。在控制功率因数时，将输入电网的有功和无功电流分量加到逆变控制器中。

脉宽调制的电压源逆变器（PWM-VSI）认为是一个理想电源，它产生基频电压，瞬时的电压谐波可忽略。电网采用戴维南等效表示，X表示在公共连接点（PCC）的电网电抗，其中包括了滤波电抗。通常滤波器电抗大于电网电抗，因此电网电抗可以忽略，电阻也可忽略。

电压源变换器（逆变器）连接于电网，P、Q在PCC点的有功和无功功率为

$$P = \frac{3UU_{i1}}{X}\sin\delta \tag{5.68}$$

$$Q = \frac{3U}{X}(U_{i1}\cos\delta - U) \tag{5.69}$$

根据对同步发电机相同的分析，由式（5.68）和式（5.69）可以得到以下结论：①只要控制功角δ和电压幅值U_{i1}，就可控制逆变器注入或吸收有功功率和无功功率；②为了注入有功功率到电网中，逆变器电压必须领先电网电压一个角度δ；③为了注入无功功率到电网中，逆变器电压幅值U_{i1}，必须大于电网电压幅值U。

变换器运行限制、逆变器最大有功和无功的容量取决于下列约束：

（1）变换器电压基波分量的最大有效值，它取决于直流连接电压、所用的调制方法和在稳态条件下允许的最大的幅值调制系数。调制方法和调制系数确定后，无功功率容量取决于变换器直流连接电压。

（2）功率开关元件的额定电流或任何其他电网界面中的限制元件。逆变器可以注入电网的最大视在功率限制值为$S = 3UI$，或表示为中心为坐标原点，半径为$3UI$的圆周，即$P^2 + Q^2 = 3(UI)^2$。

2. 无功功率调节

直驱式永磁同步发电机系统的无功功率控制包括恒电压控制和恒功率因数控制两种方式。

（1）恒电压控制。在这种运行方式下，永磁同步发电机可以吸收或发出无功功率，以维持机端电压恒定。在风电机组无功调节范围之内，风电场可视为PV节点。永磁同步风电机组的无功功率调节范围主要受变换器最大电流限制。

（2）恒功率因数控制。因为发电机由永磁体励磁提供恒定励磁，在发电机和整流器之间没有无功功率交换，所以要通过控制电网侧逆变器的电流在d轴、q轴的分量来控制逆变器与电网之间交换的有功功率P_g和无功功率Q_g，从而满足功率因数调节的要求。一般

是利用风电机组的最大功率跟踪特性来决定有功功率参考值以保证风电机组在最优功率点运行。当采用恒功率因数控制时，若功率因数设定为 $\cos\varphi$，则有

$$Q_g = P_g \tan\varphi \tag{5.70}$$

在这种控制方式下，风电场可视为 PQ 节点。

5.3.3.3　双馈异步发电机的功率调节

双馈异步发电机的特点在于可以最大限度地利用风能或者改善电网功率因数并支持电网。双馈式风电机组的控制方式有两种。

1. 最大限度利用风能

变速恒频风电系统的一个重要优点是可以使风电机组在很大风速范围内按最佳效率运行。从风电机组的运行原理可知，这就要求风电机组的转速正比于风速变化并保持一个恒定的最佳叶尖速比，从而使风电机组的风能利用系数 C_p 保持最大值不变，风电机组输出最大的功率。因此，对变速恒频风力发电系统的要求，除了能够稳定可靠地并网运行之外，最重要的一点就是要实现最大功率输出控制。

风力发电中，风能利用系数 C_p 这个重要的参数反映了风电机组将风能转化为机械能的能力，在一定风速下，C_p 值越高，风电机组将风能转化为机械能的效率越高。在叶尖速比为某一特定值 λ_m 时，风能利用系数达到最大值。对于恒速风电机组来说，风轮角速度 ω 几乎不变，而风速是不断变化的，这样 λ 值就会不断变化，不会一直维持在 λ_m 处，这就导致了风力没有得到充分的利用。只有在风速变化时，风电机组角速度 ω 也正比与风速变化，才可能保持恒定的最大 C_p 值。双馈异步发电机的转速可随风速及负荷的变化及时做出相应的调整，使风电机组始终以最佳叶尖速比运行，因而产生最大的电能输出，最大限度地利用风能。

2. 改善电网功率因数

交流励磁双馈发电机定子结构与笼型异步电机相同，但是转子绕组有滑环和电阻，与笼型异步电机不同，这样转子侧也可以输入、输出电能。当采用交流励磁时，转子磁场的转速与励磁频率有关，双馈异步发电机的内部电磁关系不同于笼型异步发电机和同步发电机，但它却兼有两者的某些特点。

双馈异步发电机定子绕组并入工频电网，转子绕组接一个频率、幅值、相位可调的三相变频电源，当它稳定运行时，定子旋转磁场和转子旋转磁场在空间中应保持相对静止；当定子旋转磁场在空间以 ω_0 的速度运行时，转子旋转磁场相对于转子的旋转角速度为

$$\omega_s = \omega_0 - \omega = \omega_0 - \omega_0(1-s) = \omega_0 s \tag{5.71}$$

式中　ω_0——定子磁场角频率；

　　　　ω——转子旋转角频率；

　　　　ω_s——转子旋转磁场相对于转子旋转的角频率；

　　　　s——转差率。

式（5.71）说明，转子磁场相对于转子的旋转角频率与转差成正比，若交流励磁发电机的转子旋转速度低于同步速，那么转子磁场旋转方向和转子旋转方向相同；如果转子的转速高于同步速，那么两者旋转方向相反。

因为转子的旋转磁场相对于转子的旋转角速度 $\omega = 2\pi f$，所以输入转子绕组的励磁电流的频率就应当是转差频率，它与定子频率之间的关系是

$$f_{s} = f_{0} s \tag{5.72}$$

式中　f_0——定子电流频率（50Hz）；

　　　f_s——转子励磁电流频率。

从上述分析可知，双馈电机转子绕组中总是作用着两个频率都是 $f_0 s$ 的电源，一个是转子感应电动势 sE_{20}（E_{20} 是转子开路时的感应电动势），另一个是转子绕组外加电压 U_2。

假设转子侧附加电功势 U_2 的相位角为 δ，则 U_2 与转子感应电动势相量，sE_{20} 的夹角近似为（$\pi - \delta$），转子电流可以由转子回路电压方程来确定

$$E_2 + \dot{U}_2' \mathrm{e}^{j(\pi-\delta)} = \dot{I}_2' Z_2 \tag{5.73}$$

所以转子电流为

$$I_2' = [E_2 + U_2' \mathrm{e}^{-j(\pi-\delta)}] / Z_2 = sE_{20} \mathrm{e}^{-j\varphi_2} / |Z_2| + U_2 \mathrm{e}^{j(\pi-\delta-\varphi_2)} / |Z_2| \tag{5.74}$$

或者

$$I_2' = E_{20} [s\mathrm{e}^{-j\varphi_2} - U_{2*} \mathrm{e}^{-j(\delta+\varphi_2)}] / Z_2 \tag{5.75}$$

其中

$$\varphi_2 = \arccos(r_2 / |Z_2|)$$
$$U_{2*} = U_2' / E_{20}$$
$$Z_2 = r_2 + jsx_2'$$
$$Z_2 = \sqrt{r_2'^2 + s^2 x_2'^2}$$
$$E_2 = E_{20} S$$

将式子展开，就可以得到转子电流的有功分量 I_{2a} 和无功分量 I_{2r}

$$\left. \begin{aligned} I_{2a} &= E_{20} [s\cos\varphi_2 - U_{2*}\cos(\delta+\varphi_2)] / |Z_2| \\ I_{2r} &= -jE_{20} [s\sin\varphi_2 - U_{2*}\sin(\delta+\varphi_2)] / |Z_2| \end{aligned} \right\} \tag{5.76}$$

由转子电流有功分量可以求出电磁转矩表达式为

$$T = C_{\mathrm{T}} E_{20} I_{2a} \tag{5.77}$$

它表示了风轮运行的空气动力学效率。

5.3.4　风电场接入电网控制模式

实际接入电网的风电场有功控制模式的主要包含 5 种控制模式：功率限制模式、平衡控制模式、功率增率控制模式、差值模式、有功控制模式组合运行。本文简单介绍其中 4 种控制模式以及有功控制执行指令是对有功出力进行约束，其中主要是风电场预测功率和风电场期望输出功率之间的关系。

1. 功率限制模式

当风电场处于功率限制模式控制阶段时，风电场全场的有功出力将会控制在预先设定的或调度机构下发的限值内，限制值将会根据控制周期分段给出。风电场会根据自身调节能力，进行预期限制，控制风电机组有功输出，达到预先设定值，风电机组应该严格控制功率精度，保证功率输出值不大于预先设定值，若发出功率值较高超过设定值，需要对风

电场内风电机组进行降功率发电；若发出功率值没有达到预先设定值，需要对风电场内风电机组实行全出力模式，使风电场整场出力达到功率极限。

2. 平衡控制模式

当风电场处于平衡控制模式控制阶段，需要减少风电场有功出力。处于此模式控制阶段时，通过有功控制系统调节，风电场整场有功输出功率按照上级调度部门设定的功率比例调整到接入电网给定的限制值。

3. 功率增率控制模式

当风电场处于功率增率控制模式控制阶段，根据风电场输出的波动性，控制风电场有功输出功率按照给定比例系数进行输出。该模式的比例系数给定与平衡控制模式类似，但该控制模式是利用有功输出为前提进行控制以达到较小输出波动为目的控制方式。所以风电场功率输出应该以风功率预测为基准，将输出功率平滑化，完成控制目标。

4. 差值模式

当风电场处于差值模式控制阶段时，风电场需要按照上级调度指令，将实际输出功率参考值与预测值按照等额差值输出。该模式运行时，按照电网调度提供的功率差值 ζ，风电场整场有功输出功率会全面下降，对风电机组进行有功控制时，会在不同方面考虑进行启停风电机组以及升降功率。图 5.37 为功率控制模式，P_{ava} 为风电场的预测功率；P_{ref} 为风电场期望的输出功率。

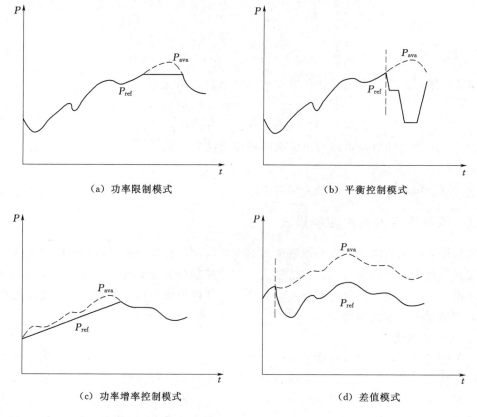

（a）功率限制模式　　　　　　　　　　（b）平衡控制模式

（c）功率增率控制模式　　　　　　　　　（d）差值模式

图 5.37　风电场功率控制模式

风电场的有功功率分配是通过协调控制风电场内的各台风电机组，使风电场能按照电网期望输出有功功率。风电场的有功功率分配通过采集风电场内风电机组的实时状态，以及风功率预测上传的风电机组功率预测结果，采用超短期功率概率性风功率预测，可较好地预测下一周期风功率变化的概率分布结果，通过对风功率预测结果，对风电机组进行不同工况的分类。上级调度中心会以风功率预测结果为基础，在考虑运行安全等因素的基础上，将有功出力参考值分配到各台风电机组。风电机组接收到调度指令，实时调节风电机组完成分配任务。

5. 有功控制模式组合运行

风电场功率控制系统的模式既可单独运行，亦可组合运行。风电场的组合运行是为了满足电网调度机构对风电场输出功率的多方面要求。

（1）功率限制模式＋功率增率控制模式。

这两种模式的组合运行是风电场最常见的模式组合，因为这两种模式组合后可以对风电场输出功率的幅值和变化率都进行限制。在一般情况下，电网调度机构都要求风电场同时运行在这两种控制模式下。

（2）功率限制模式＋功率增率控制模式＋差值模式。

这三种模式组合运行，能够在将风电场输出功率控制到指定有功裕量 ΔP 的基础上，同时满足输出功率幅值和变化率的限制，因此这种组合运行模式可以使风电场参与电网频率的调整。

图 5.38 反映了风电场各种功率控制模式组合运行的出力情况，在不同时间段先后运行功率限制模式、平衡控制模式、功率增率限制模式和差值模式。

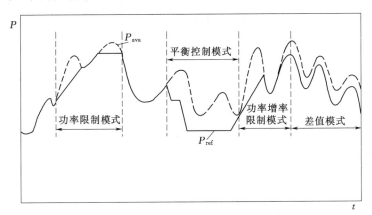

图 5.38　风电场功率控制模式组合运行

5.3.5　风电场系统稳定控制系统实现

5.3.5.1　自动发电控制系统（AGC）

1. 自动发电控制功能

电网为了维持自身的稳定性和安全性，要求其管辖的风电场具有自动发电控制功能，当电网的调度部口下达的调度指令发生变化后，风电场的风电机组能够按照规定的调节精度，对风电机组的输出功率进行调整，维持电网的有功和无功功率的供需平衡，保证电网电能的频率和电压恒定，确保电能的质量。

电力系统运行过程中最关键的问题是：如何维持电网频率及电压的恒定、如何使系统的负荷分配更为合理及相邻系统功率如何进行交换。自动发电控制系统的工作重点就是解决这些问题。供电频率是电力系统运行的重要参数之一，供电频率是否恒定取决于电力系统中所有的供电单位所提供的总的有功功率和所有电力消耗（耗电单位及供电过程中电网自身消耗之和）是否平衡。两者平衡时，电网的供电频率保持恒定；供大于需则电网频率升高，供小于需则电网频率降低。当供需严重不平衡时，会造成供电频率严重偏离额定值引起供电系统崩溃。电力系统的总负荷量在不停地变化，如果电网中的供电单位不能快速的按照电网调度部口的调度指令做出快速响应，电网的供电频率就会发生波动。为了确保供电的质量，就必须不停地对电网的供电频率进行监控并根据具体情况进行调整。当供电频率偏离额定值时，风电场能够随电网调度指令自发的调节风电场内风电机组的出力，以此来响应电网调度指令。最终通过各个供电单位的综合作用使电力系统的供需关系达到新的平衡，进而维持供电频率在允许的范围内。电网中各个站点电压取决于电力系统中的无功是否平衡，如果无功过剩则系统电压升高，反之，如果无功不足则会造成电压降低，关于无功平衡的控制属于自动电压控制（AVC）系统的研究范畴，本文主要针对有功平衡的研究，重点介绍 AGC 系统。

2. 风电场 AGC 系统的功能

AGC 系统功能框架如图 5.39 所示。

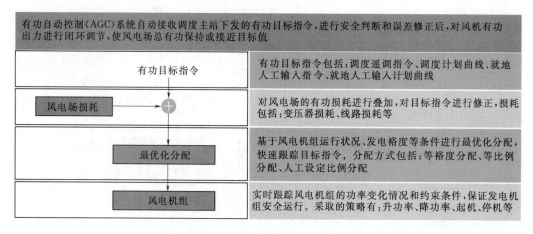

图 5.39 AGC 系统功能框架图

关键技术点包括：①机群分配策略，即全场风电机组统一建模，统筹控制，实现功率平稳变化；针对于多个风电机组群，根据各个风电机组群的当前发电额度，可采用等裕度、等比例、人工设定比例进行分配；②单机控制策略，即针对各个风电机组的运行状态、发电裕度等对风电机组进行分类控制（分为升功率类、降功率类、起机序列类、停机序列类），实现最小频度的调节风电机组，保证调节速率和精度的前提下，尽量延长风电机组的使用寿命；③风电机组自动启停控制，即根据调度指令和风电机组最小发电功率，对风电机组进行循环队列启停控制，可人工进行启停优先级设置。通过定值进行此项功能的投退，并通过后台监控进行启停机告警提示；④与风功率预测兼容，即结合超短期风功率预测进行风电场功率裕度计算，减少风速波动造成的冲击。

动态有功管理模块模拟风电场 AGC 系统功能进行，可根据电网调度、风电场运行的需求通过自动或手动形式准确控制风电场输出有功功率或有功功率变化率，或通过和扇区管理的衔接进行有功功率调控。AGC 系统根据已设计的调度算法将电网的调度指令合理可靠地分配给风电场中的风电机组。实现的功能主要包括：

（1）调节风电场总的有功功率输出，使其在并网处的有功功率与电网调度指令的偏差小于风电场的功率调节死区范围。

（2）系统可以运行在闭环控制模式和开环控制模式两种模式切换。

1）闭环：根据电网调度部门的 AGC 系统有功控制目标值进行的实时的控制模式。

2）开环：根据电网调度部门要求的发电计划曲线，有操作人员手工输入的计划曲线或者是风电场以有功目标值为目标进行跟踪的控制模式。

3）切换：自动或手动切换。

当系统处于闭环控制模式下，系统与电网的调度部门发生通信不畅或超过设定的超时时间而没有收到调度指令时，系统应给予运行人员以故障警示，并自主的将控制模式切换为开环控制模式。

4）约束：系统在考虑设备、通信、系统接地等方面出现故障或异常而没有通过安全校核时系统具有闭锁自动控制的功能，系统不能自动解除闭锁，只能由操作人员手动解除。

（3）通过算法实现风电场有功控制。该调度算法可以根据电网调度部门的 AGC 系统功率目标，综合考虑风电场内风电机组的健康状态、升压站当前的运行状况，把电网和风电场内的各种设备的安全性要求考虑在内，根据不同的调度目标要求（如参与调节的风电机组数量最少、总的风电机组启停转化次数最少、调节速度最快、总的功率偏差较小或对风电机组运行造成的负面影响最小），利用一定的算法（如智能算法）进行优化求解，计算出风电场中每台风电机组的最优有功分配值，然后自动的下发给风电场中的风电机组。

（4）系统能够对电网调度中心的 AGC 系统功率指令和风电场下发给风电场内每台风电机组的调度指令进行检核。检核包含的控制指令有：风电场及集群风电机组设定的最大、最小出力值；风电场的最大功率调节速度等。

风电场 AGC 控制系统是指能够结合风功率预测系统信息及电网调度信息并智能地对风电场中风电机组进行功率分配的控制系统。风功率预测系统可以根据当前及未来的气象信息，运用空气动力学原理对风电场的风电机组建立动力学分析模型，进而为风电场提供未来一定时间尺度上较为准确的风功率预测信息。在准确计算超短期的风能裕度和当前风电机组状态下的基础上，AGC 系统依据设计好的调度算法将电力的调度指令合理可靠地分配给风电场中的风电机组。该系统应具有下功能：

（1）可调节风电场总的有功功率输出，使其在并网处的有功功率与电网调度指令的偏差小于风电场的功率调节死区（可根据风电场自身情况进行设置）范围。

（2）系统可运行闭环控制模式，即根据电网调度部的 AGC 系统有功控制目标值进行的实时的控制模式；系统也可以运行在开环控制模式，即根据电力调度部要求的发电计划曲线，由操作人员手工输入的计划曲线或者是风电场的有功目标值为目标进行跟踪的控制模式。控制系统应该能够同时支持这两种模式，并且两种模式可以根据控制的需要进行自动切换，也可以手动切换。

（3）当系统处于闭环控制模式下，系统与电网的调度部口发生通信不畅或超过设定的超时时间而没有收到调度指令时，系统应给予运行人员以故障警示，并自主的将控制模式切换为开环控制模式。

（4）系统在考虑设备、通信、系统接地等方面出现故障或异常而没有通过安全校核时系统将闭锁自动控制的功能，且系统不能自动解除闭锁，只能由操作人员手动解除。

（5）系统能够对电网调度中的 AGC 系统功率指令和风电场下发给风电场内每台风电机组的调度指令进行校核。校核包含的控制指令有：风电场及集群风电机组设定的最大、最小出力值；风电场的最大功率调节速度。

5.3.5.2 风电场 AGC 系统的技术要求

风电场 AGC 系统硬件装置应通过国家相关权威机构的全面测试，终端的基本性能、绝缘性能、电源影响、环境条件影响、电磁兼容性能、连续通电稳定性、功能、传输规约等应符合标准要求。

1. 总体要求

风电场 AGC 系统采用网络系统应满足，开放式结构、具有冗余备份、支持分布式处理环境的网络。系统在标准性、可扩展性、安全性方面应满足如下要求：

（1）标准性。为了保证信息交互的标准化，通信应采用国际上通用的通信规范。风电场信息采集满足《风电场综合信息传输规约》、MODBUS 协议、IEC 60870 – 5 – 101/104 等通信规约和协议，适应不同系统间及系统与风电场内设备之间的数据交换。

（2）可扩展性。系统对软件、硬件都应具备扩展的功能，包括软件功能和容量的扩充，为增加硬件留有余量。

（3）安全性。系统的技术支持系统及其技术装备体系必须满足电力二次系统安全防护规定要求，确保整个系统、数据及其控制行为的安全。

2. 基本要求

（1）风电场应配置 AGC 系统。在电网正常运行或者扰动后动态恢复过程中，风电场 AGC 系统应根据电力调度机构实时下达（或预先设定）的命令，自动调节其发出的有功功率，控制风电场并网的有功功率在要求运行范围内。

（2）风电场 AGC 系统的主要任务是协调风电场内的各可控风电机组，实时跟踪电力调度机构下发的有功功率调节指令，同时实时反馈风电场的运行信息。

（3）风电场 AGC 系统适用于电网稳定条件的秒级/分钟级自动控制，在电网事故或异常情况下，必要时封锁或退出风电场有功功率自动控制。

（4）风电场 AGC 系统应满足设备安全和现场运行安全要求，与电力调度机构之间的通信满足《电力监控系统安全防护规定》（中华人民共和国国家发展和改革委员会令第 14 号）要求。

（5）风电场 AGC 系统可作为功能模块集成于风电场综合监控系统，也可新增外挂式独立系统。风电场 AGC 系统负责监视风电场内各风电机组的运行和监控状态，并进行在线有功分配，相应执行电力调度机构的调度指令或者人工指令。

（6）风电场 AGC 系统具备远方/就地两种控制方式，在远方控制方式下，实时追踪电力调度机构下发的控制目标；在就地控制方式下，按照预先给定的风电场有功功率计划曲线进行控制。正常情况下风电场 AGC 系统应运行在远方控制方式。

（7）当风电场 AGC 系统位于就地控制时，风电场 AGC 系统与电力调度机构要保持正常通信，上送电力调度机构的数据（包括但不限于全风电场总有功、风电场理论最大可发有功、风电场有 AGC 系统的运行和控制状态等）要保持正常刷新。

3. 图形监控界面的要求

（1）系统能够监控整个风电场的实时运行数据，将一次设备的运行数据实时准确地显示在监控画面上，AGC 系统功能的投退，AGC 系统开关控制装置所处的位置，以及报警等信号的显示，AGC 系统功能投入与退出可以通过监控画面的切换按钮进行切换。

（2）系统可通过多种表达形式（曲线图、棒状图、饼状图、玫瑰图等）来表达不同物理参量值随时间的变化情况，同一类参量的多条曲线可以在同一图形中绘制，曲线的颜色、宽度、线性等特征能够根据用户的习惯进行修改，同时可以对各种参量进行统计量的显示（均值、极大值、极小值及它们的发生时间等）。对于重要参量如实际出力、目标值、功率预测值等可以再同一图形中进行对比，对于采集量的实时和历史趋势曲线具有显示并存储等功能。

（3）系统可以在监控画面上通过人机交换装置实现对系统控制模式的人工切换。

（4）系统可以在监控画面上对风电场的发电计划或风电场目标有功功率值指令进行控制的功能。

（5）系统可以对不同的操作人员巧置不同的操作权限，对应权限的操作需操作人进行权限密码验证，并对操作人、操作内容进行记录，形成操作日志，方便查看及出现故障时进行排查，已确定造成故障的责任人。

（6）系统可以在界面上完成对系统参数（包括通信参数、信息点表、安全约束条件、死区范围、超时时间）配置信息的读取、修改、更新等操作。

（7）系统能够监视装置所有通信接口的通信。

（8）系统能够对通信、运行、装置供电，及 AGC 系统相关的升压站、分电厂设备的异常或故障报警，并提供故障存储记录和查询功能，另外还会对控制模式切换、控制的闭锁及原因等各种人工操作进行存储并提供查询的功能。

（9）系统还应提供对 AGC 系统功能可用率、遥测量的平均值、最大值和最小值及发生的时间等进行统计，并提供查询手段。

4. 通信要求

（1）在与主站通信方面，支持与至少 3 个主站通信，满足风电机组实时运行信息上传、风电功率功率在线预测、配置维护等相关方面应用要求。

（2）AGC 系统与风电机组监控系统进斥通信，支持 OPC DA/OPC XML DA 标准，同时支持 MODBUS 协议、IEC 60870 - 5 - 101/104 规约，从而使终端具有良好的扩展性和适应性。

（3）AGC 系统采用串口或网络通信接口与升压站系统通信，通信规约支持 MODBUS

协议、CDT、IEC 60870 - 5 - 101/104 规约等在风电 AGC 的子系统中，各个子系统间的结构关系及通信协议要求如图 5.40 所示。

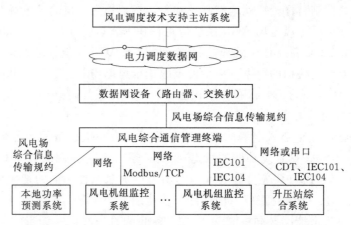

图 5.40　风电 AGC 各系统的组成结构及通信协议关系

5.3.5.3　AGC 系统监控界面

风电场有功功率控制系统由前置机和监控前台两部分组成。

（1）前置机。装载有 AGC 系统的核心软件，分别和风电机组能量管理平台、升压站远动装置、风电场综合通信管理终端、AGC 系统监控后台连接。前置机和上述设备通信采集相应数据和下发相关指令。

（2）监控前台。装载有风电场有功功率系统监控软件，主要和前置机通信。主要功能是显示风电机组及系统的相关重要数据，在本地控制状态下下发相关控制指令，接收调度下发的实时消息，同时作为整个 AGC 系统的运行监控平台。监控系统界面主要由风电机组运行状况界面（图 5.41）和综合主监控界面（图 5.42）组成。

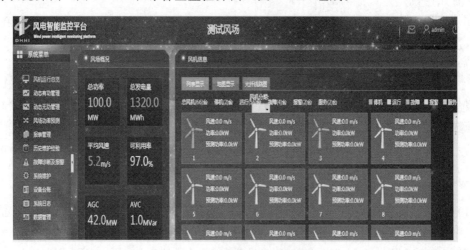

图 5.41　风电机组运行状况界面

图 5.41 中界面主要用于显示风电场风电机组当前运行的实时数据，主要包括风电机组处当前的风速，功率输出及风电机组的运行状态，运行人员可以简单快捷地监控风电场

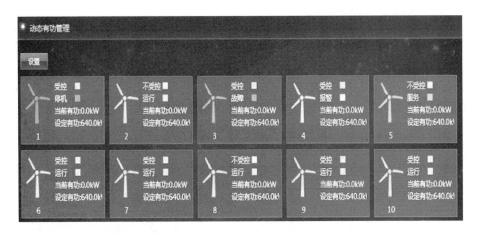

图 5.42 综合主监控界面

当前各个机组的运行状态。

图 5.42 中界面是 AGC 系统的主操作界面，从该界面中可读取 AGC 系统的主要参数，同时可以操作下遥调值，读取调度实时消息。值班员的主要操作都是在这界面上进行操作。其主要功能是显示风电场 AGC 系统设置值、实测值、系统可调参量、调度计划查询、AGC 系统控制模式选择及 AGC 系统中各个调节量的当前状态，在本地控制状态下下发相关控制指令，接收调度下发的实时消息，同时作为整个 AGC 系统的运行监控平台。

本系统与设备运行数据库连接后，数据库中所有的风电机组对象会自动添加到组态软件的数据数据库，这样风电机组的运行数据才能被软件实时访问。所有的风电机组信息以风电机组的 ID 为索引，排列显示在对话框右部主表格中，包括风电机组名称、描述以及一些属性信息等（图 5.42）。"M"按钮用于对所选定的风电机组的非只读属性信息修改后进行确认提交，即通过本软件对设备运行数据库中该风机的属性进行修改。"＋"按钮用于向数据库添加新的风电机组。"－"按钮用于删除所选定的风电机组记录。通过数据的配置，实现 AGC 系统与风电机组的通信控制。

5.3.5.4 AGC 系统控制性能指标及应用

控制性能指标如下：

（1）遥控遥调正确率为 100%。

（2）在无调节速率限值时有功调节速率大于 $5MW/min$。

（3）AGC 系统调节精度：$[（风电场头力－目标值)/风电场容量×100\%]≤3\%$。

（4）AGC 系统响应时间：小于等于 $1min$。

（5）AGC 系统功能可用率：$[（AGC 系统功能可用时间/并网运行时间)×100\%]≥98\%$。

（6）AGC 系统功能投入率：$[（AGC 系统功能投用时间/并网运行时间)×100\%]≥90\%$。

（7）AGC 系统控制合格率：$[（AGC 系统控制合格时间总和/投入时间)×100\%]≥95\%$。

风电场 AGC 系统及其支持系统主要由风电场、电力调度中心、电力调度数据网络 3 个部分组成。电力调通中也的风电调度技术支持主站接收气象局的数值天气预报信息、风电场本地功率预报结果、风电机组实时和历史信息并将这些信息发送给调度中心的 SCADA/EMS，SCADA/EMS 系统结合功率预测结果生成 AGC 系统调度指令发送到风电调度技术支持主站。技术主站和风电场之间通过电力调度数据网进行交换数据：支持中也将生成的 AGC 系统功率控制指令、数值天气预报、主站功率预测结果等信息发送给风电场的风电综合通信管理终端，同时风电综合管理终端将风电场风电机组的实时信息和历史记录信息，风电场的风电机组计算出的功率预测结果发送给风电调度技术支持主站进行下一个控制周期的控制。

在风电场的内部，风电综合通信管理终端将接受到的数值天气预报和主站功率预测结果下发给本地功率预测系统，本地功率预测系统根据接收到信息计算风电机组处的功率预测结果并往回传；AGC 系统功率指令通过风电监控系统下发给风电场中的风电机组，并把实时信息向上传递。

风电场风电机组监控系统、本地功率预测系统、升压站综自系统组成的风电场 AGC系统与电力调通中心的支持机构配合完成风电 AGC 系统功能，结构如图 5.43 所示。

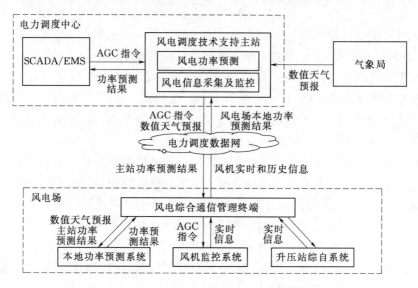

图 5.43　风电场 AGC 系统及其支持结构

图 5.43 中风电场综合管理终端采集风电机组监控系统与升压站综自系统实时运行及数据信息，并与省中调的风电 AGC 系统主站通信，同时接收省中调下发的风电场有功功率目标值、有功功率曲线、通知等命令。风电场 AGC 系统根据实时采集的风电场风电机组、升压站的运行情况，考虑电网和设备的各种安全约束，通过优化计算确定监控系统风电机组的有功功率，同时考虑风电机组功率损耗问题，输出计算后的总目标值，分别下发给风电机组监控系统执行。

习　　题

1. 风电场的风电机组排列方式有哪几种？

2. 风电场参数等值方法有哪些？

3. 风电场输出功率控制模式有哪几种？

4. 风电场运行并网标准要求的有哪些内容？

5. 风电运行频率范围技术要求有哪些?

6. 低电压穿越技术要求如何规定?

7. 风电机组低电压穿越的控制措施有哪些?

8. 风电场动态无功补偿的基本原理是什么?

9. 从能量传输角度说明为什么电网电压跌落会导致风电机组的哪些运行变化?

10. 有哪些方法能增强风电机组低电压穿越性能?

参 考 文 献

［1］ 边晓燕,罗竹平,符杨. 新能源发电特性研究［A］. 华东电力,2012,40（9）.

［2］ 周双喜,鲁宗相. 风力发电与电力系统［M］. 北京:中国电力出版社,2011.

［3］ 陈庆斌. 风力发电机组和风电场的功率特性测试研究［D］. 重庆:重庆大学,机械电子工程学科硕士学位论文,2008.

［4］ 魏来. PMSG 机组的低电压穿越技术研究［D］. 吉林:东北电力大学,电气工程学科硕士学位论文,2017.

［5］ 刘斯伟. 并网双馈风电机组对电力系统暂态稳定性的影响机理研究［D］. 河北:华北电力大学,电气工程学科博士学位论文,2016.

［6］ 王来磊. 风电机组机侧变流器控制策略研究［D］. 上海:上海交通大学,电气工程学科硕士学位论文,2015.

［7］ 徐凤星. 双馈型变速恒频风力发电机转子侧变流器控制技术研究［D］. 湖南:湖南工业大学,电力电子与电力传动学科硕士学位论文,2010.

［8］ 周天保. 双馈风电机组电磁暂态解析及 Crowbar 拓扑研究［D］. 安徽:合肥工业大学,电力电子与电力传动学科硕士学位论文,2016.

［9］ Alepuz S,Calle A,Busquets M,et al. Use of Stored Energy in PMSG Rotor Inertia for Low Voltage Ride Through in Back - to - back NPC Converter - based Wind Power Systems［J］. IEEE Transactions on Industrial Electronics,2013,60（5）:1787 - 1796.

［10］ 石权利. 电网电压骤升下双馈风力发电机网侧变流器控制策略的研究［D］. 安徽:合肥工业大学,电力电子与电力传动学科硕士学位论文,2013.

［11］ S. Liu,Zhang,T. Bi,et al. Coordinated Control of DFIG Subjected to Grid Faults［C］. Power System Technology（POWERCON）,2014:2891 - 2896.

第6章 海上风力发电

海上风力发电的研究和开发始于 20 世纪 90 年代，经过近 30 年的发展，海上风力发电技术正日趋成熟。由于海上风力发电具有占用土地资源少、风能资源丰富且相对稳定等优点，加上当今技术的可行性，使得海上风力发电成为一个迅速发展的能源市场。本章从海上风能利用特点、海上风电机组、海上风电场以及海上风电场运行与维护等 4 个方面进行分析和介绍。

6.1 海上风能利用特点

海上风能利用具有海上风能资源的能量效益比陆地高、风湍流强度小、风切变小，受到地形、气候影响小等有利特点，但同时也受盐雾腐蚀、波浪荷载大、海冰撞击、台风破坏等诸多海上环境的不利因素影响，因此海上风力发电施工难度大，维护困难，成本较高，对风电机组本身也有着更高的技术要求，所涵盖的学科和专业较陆上风力发电更多、更广。

6.1.1 海上风能特点

海上风能资源丰富、海面粗糙度比陆地的小，海上年平均风速明显大于陆上。据研究表明，离岸 10km 的海面上其风速比岸上风速高 25% 以上。海上风能较之陆上风能，主要具有以下特点。

6.1.1.1 海上风随高度的变化特性

从空气运动的角度，大气层自下而上被分为底层、下部摩擦层、上部摩擦层和自由大气层。其中底层和下部摩擦层总称为地面境界层（0～100m）；底层、下部摩擦层和上部摩擦层总称为摩擦层（0～1000m）。地面境界层内空气流动受涡流、黏性和地面植物、建筑物等影响，风向基本不变，但越往高处风速越大。风速随高度的变化情况及其大小因地面平坦度、地表粗糙度和风通道上的气温变化情况的不同而有所差异。

由于海面粗糙度比陆地的要小得多，一般在所关注的海上风电机组轮毂安装高度上，风速变化梯度已经很小，因此通过增加轮毂高度的方法来增加海上风能的捕获在某种程度上不如陆地的有效。

海上风速与陆上风速剖面比较如图 6.1 所示。

6.1.1.2 海上风湍流特性

风湍流度，又称风湍流强度，是度量风速度脉动程度的一种标准，描述了风速相对于其平均值的瞬时变化情况，用风速的标准方差除以一段时间风速的平均值来表示。

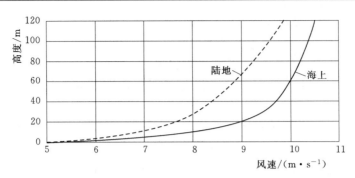

图 6.1 海上与陆上风速剖面比较

海上风湍流度比陆上的要低，通常海上湍流度为 8%，海岸边的陆上湍流度为 10%，因此风轮旋转产生的扰动回复慢，海上风电场效应大。海上风湍流度一般先随风速增加而降低，再随风速增大、海浪增高而逐步增加，海上风湍流度随风速变化的关系具体如图 6.2 所示。此外，海上风湍流度还随高度增加而几乎呈线性下降趋势，其变化关系如图 6.3 所示。

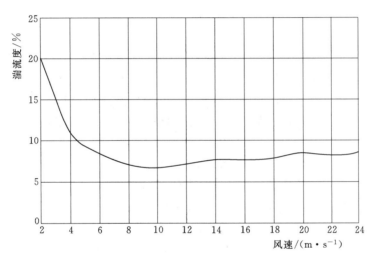

图 6.2 海上风湍流度随风速的变化关系

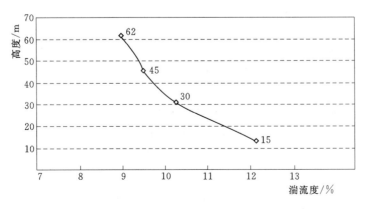

图 6.3 海上风湍流度随高度的变化关系

6.1.1.3　海上风速的主要影响因素

海上风速主要受海上地理位置、垂直高度和障碍物等因素的影响。

（1）海上地理位置。由于地表摩擦阻力的作用，海面上的风速通常比海岸的风速要大，而沿海的风速要比陆上的风速要大的多。例如，在平均风速为 4～6m/s 时，海岸线外 70km 处的风速要比海岸的大 60%～70%。

（2）垂直高度。由于风与地表摩擦的结果，风速是随着垂直高度的增加而增大的，只有离地表 300m 以上的高空才不受其影响。

（3）障碍物。风流经障碍物时，会在其后面产生不规则的涡流，致使流速下降，这种涡流随着远离障碍物而逐渐消失。当距离大于障碍物高度 10 倍以上时，涡流可完全消失。由于海平面上障碍物较少，因此海面风速相对较大。

6.1.2　海上环境特点

在进行海上风能利用时，不仅要考虑海上风能的特点，也要考虑海上环境的特殊因素。海上环境对海上风电开发起主要影响作用的有盐雾、温湿度、台风、波浪载荷、挤压与撞击、雷击等因素。

6.1.2.1　盐雾

盐雾是悬浮在空气中含有氯化钠（NaCl）的微小液滴的弥散系统，是海洋性大气运动的显著特点之一。沿海地区及海上空气中含有大量随海水蒸发的盐分，其溶于小水滴中便形成了浓度很高的盐雾。盐雾的出现和分布与气候环境条件及地理位置有密切的关系，离海洋越远的大气运动中含盐量越低。同时盐雾的浓度还受到物体阻隔的影响，阻隔越多，盐雾量越少。

盐雾的主要成分为 NaCl，其是以 Na^+ 和 Cl^- 的形态存在的，盐雾的沉降率与 Cl^- 的浓度成正比，因此，在含盐浓度高的海边，盐雾的沉降率很大。盐雾沉降量代表了一个区域受到盐雾腐蚀的程度，陆上盐雾沉降量一般小于 0.8mg/（m^2·天），海上则为陆上的 20～80 倍，高盐雾浓度下金属腐蚀速率非常高。盐雾腐蚀破坏海上风电机组基础结构，造成螺栓等紧固连接件强度降低，叶片气动性能下降，电气部件触点接触不良，风电机组机械传动系统、叶片、电气控制系统故障率大大增加等不良影响，甚至有可能引起风电机组坍塌等安全事故。

1. 盐雾腐蚀原理

盐雾对金属的腐蚀是以电化学的方式进行的，其原理基于原电池腐蚀。盐雾颗粒通常很微小（直径 1～5μm），颗粒越小，在空气中悬浮的时间越长。由于盐雾中含有大量的 Cl^-，当盐雾与金属和防护层接触时，盐雾中的 Cl^- 由于具有较小的离子半径，具有很强的穿透本领，从而很容易穿透金属的保护膜。同时有着保护膜的阴极表面（保护膜中总是存在高电位的阴极部位）很容易吸附水合能不大的 Cl^-，结果使 Cl^- 排挤并取代氧化物中的氧而在吸附点上形成可溶性的氯化物，导致保护膜上出现小孔，破坏了金属的钝化，加速了金属腐蚀。

盐雾的腐蚀作用受到温度和盐液浓度的影响很大。当温度在 35℃、盐液浓度在 3% 时，盐雾对物体的腐蚀（化学反应）作用最大。盐雾中高浓度（NaCl）迅速分解为 Na^+

和活泼的 Cl^-，Cl^- 与很活泼的金属材料发生化学反应生成金属盐，其中的金属离子与氧气接触后又还原生成较稳定的金属氧化物。

盐雾对海上风电设备造成腐蚀破坏的主要原因是其中所含的各种盐分。自然界中的盐雾对海风电设备的腐蚀影响见表 6.1。

表 6.1   盐 雾 腐 蚀 类 别

影响类型	原　　理
腐蚀效应	反应造成的腐蚀
	加速应力腐蚀
	水中盐分电离形成酸性溶液
电效应	水中盐的沉积使电子元件损坏，接触不良
	产生导电层
	绝缘材料及金属的腐蚀
物理效应	机械部件及组合件活动部分的阻塞或卡死
	由于电解作用导致漆层起泡

盐雾环境是海上风电设备零部件腐蚀的主要影响因素。任何金属材料在介质中都有自己的腐蚀电位，在同一介质中标准电位越正的金属活泼性就越差，金属就不易腐蚀。而目前用于海上风电机组设备上的主要为铁、铝、铜等活性极强的金属材料，盐雾造成的金属腐蚀会使金属零部件的性能下降，影响海上风电机组的正常运行，甚至造成重大事故，因此在盐雾的环境下，尤为需要对材料进行防腐蚀处理。

2. 盐雾产生的危害

盛行的海陆风把含有盐分的水汽吹向风电场，与设备元器件大面积接触，使得设备受盐雾腐蚀的速度大大加快。盐雾给海上风电机组带来的危害主要有以下方面：

（1）在叶片静电的作用下，盐雾与空气中的其他颗粒物在叶片表面形成覆盖层，严重影响叶片气动性能，产生噪声污染。

（2）盐雾与设备电器元件的金属物发生化学反应，使载流面积减小，生成氧化物使电气触点接触不良，从而将导致电气设备故障或损坏，给海上风电场的安全、经济运行造成很大影响。

（3）经过一系列的化学反应后使设备原有的强度遭到破坏，海上风电机组承受最大荷载的能力大大降低，使设备不能达到设计运行要求，给设备安全运行带来严重后果。

3. 海上风电机组防盐雾措施

要避免盐雾对海上风电机组的危害，首要考虑的是将盐雾和风电机组零部件隔离，使盐雾无法进入风电机组内部。

（1）加装空气过滤装置。目前，在风电机组上安装空气过滤装置，使空气进入风电机组前先进行干燥处理，并在机舱内部形成正压，防止潮湿的空气进入机舱。这种方式理论上可行，但在实际操作上存在较大难度。因为在风电机组运行过程中，机舱内的发电机、齿轮箱、轴承等零部件会产生大量的热量，这些热量如果通过空气循环排出机舱外，需要大量空气在机舱内外不断循环，空气过滤装置就会很大，从而大大增加机舱的重量和体积。而且没有任何一种过滤介质是永恒有效的，一定时间后，过滤介质就会饱和失效，更换过滤介质会大大增加海上风电机组的维护成本。

（2）"水冷＋空调"的防盐雾新方法。首先，将机舱密封，减少或避免外部空气进入机舱内部，并将主要发热零部件的冷却方式由空冷改为水冷，水冷的散热器安装在机舱外部，使发热部件的大部分热量通过冷却水导到机舱外部；其次，在机舱内部安装空调，通过空调将发热零部件散发到机舱内部的部分热量导到机舱外部，同时空调还可以用来干燥机舱内的空气，大幅降低机舱内空气的水汽含量；另外，机舱密封尤为重要，若处理不好有可能使整个方案失效。例如，机舱与塔筒连接处的密封性不好，塔筒就会形成烟囱效应，使潮湿的热空气通过塔筒进入机舱内，从而加大空调损耗且很难降低机舱内空气的温度和湿度。

对于海上风电机组，有大量的海水资源可以利用，可以考虑采用水源热泵空调方式，从而大幅度提高空调的热经济效率，降低空调能源消耗。并通过空调冷冻方式干燥空气，将干燥后的空气补充到机舱内部，使机舱内部形成正压，防止外部潮湿空气进入。由于空调将部分机舱内部热量导到机舱外部，无需机舱内外的空气进行对流实现热交换，使得机舱内补充的空气量比较小，因而容易实现。

6.1.2.2　温湿度

湿热沿海地区每年有 5～6 个月处于高湿环境，3～4 个月处于高温高湿环境，使得海上风电机组常处于高温高湿的环境中。高温高湿环境会加快电气设备金属材料的腐蚀和绝缘材料的老化，给整个海上风电机组的安全运行带来不利影响。

变频器和开关设备大多靠空气间隙绝缘，空气湿度大时，绝缘性能下降，变频器内部运行积累的灰尘也容易吸收水分，使绝缘电阻降低，最终导致变频器线路板绝缘性能差，电压击穿，发生短路，甚至引起设备自燃。环境温度为 25～30℃，相对湿度为 90％～100％时，是霉菌繁殖的良好环境条件，风电机组的机舱内部通风不好，有利于霉菌的生长，霉菌自身含有的水分和代谢过程中分泌出的酸性物质与绝缘材料相互作用，使设备绝缘性能下降。

高温、高湿环境对海上风电机组的叶片也有重要的影响。叶片的材料主要为玻璃钢复合材料，在高温、高湿环境下，复合材料基体内部因为吸湿发生溶胀，使分子间间距增加，材料刚度降低，同时水分子扩散使基体内部的微裂纹、微孔等发生形态变化。湿热环境对复合材料界面的耐水性能和力学性能也有较高的要求。塔筒内外表面有镀锌和聚合树脂组成的防腐蚀涂层，高温高湿环境条件可以加快涂层的老化，使涂层粉化、起泡等，涂层的附着力减小，保护性能下降，导致机舱底盘和塔筒的金属材料受到腐蚀。

另外，高温、高湿环境使海上风电机组内部发电机和齿轮箱的润滑油油温升高，油黏度下降，导致轴承和齿轮等关键部件因润滑不良产生磨损，严重时会使整个风电机组发生故障。

6.1.2.3　台风

在西北太平洋的沿岸国家中，中国是受台风袭击最多的国家，每年登陆中国或在中国沿海经过的台风总在 10 个以上，所产生的风暴潮危害很大。表 6.2 为历年来台风登陆各地的强度频数。

表 6.2   1961—2012 年登陆各区域台风强度频数

区域	超强台风/次	强台风/次	台风/次	强热带风暴/次	合计占总登陆数的比例/%
海南	3	8	28	23	21.16
广西	0	0	0	1	0.34
广东	1	11	53	59	42.32
福建	3	7	31	23	21.84
浙江	1	8	11	10	10.24
上海	0	0	1	1	0.68
江苏	0	0	2	1	1.02
山东	0	0	0	6	2.05
辽宁	0	0	0	1	0.34
合计	8	34	126	125	100

1. 台风研究现状

（1）台风过程的风特征。台风影响过程与冷空气大风相比有极端风速、异常湍流和突变风向 3 个不同特点，这些因素是设计不当的海上风电机组在台风中易受破坏的主要原因。

1）极端风速。通常台风风眼边缘宽度 10～20km 的云墙区是台风破坏力最猛烈、最集中的区域，而台风前进方向的右前方风力最为强大。作用在物体上的风载荷与风速的平方成正比，可以想象台风过程中出现的极端风速对海上风电设备的巨大影响。

2）异常湍流。台风过程中的湍流强度有其独特之处，它不仅与下垫面状况有关，还与距台风中心远近有关，越靠近台风中心，发生异常湍流现象越明显。湍流扰动引发风电机组某些部件产生一种随机的强迫振动，强烈的湍流扰动可能是变桨机构损坏的主要原因。

3）突变风向。台风中心通过时，所有测风点的风向在短时内（小于 6h）变化角度超过 45°，靠近中心位置的甚至会发生 120°～180°的突变。风向的剧烈变化对风电机组的影响非常大，对于已经顺桨停机的变桨风电机组，整个风电机组的受风面积随之变化。通常侧面吹来的风产生的风压比正前方来风的风压大 30% 以上，同时，侧风和湍流使叶片受力最不利，继而造成风电机组的偏航系统损坏。台风登陆过程中风电场外部电网往往也遭受破坏，使得风电机组无法按预先的控制策略进行操作，增加了风电机组损害程度。

（2）台风研究情况。

1）风特性数据库。一些风工程研究发达的国家已经建立了本地区的风特性数据库，例如挪威的 Froya 数据库，加拿大和英国的近海风观测数据库等，还有类似美国斯帕克斯，日本加腾和大熊等在时间或空间上大规模的观测工作也能得到比较完整的分析结果。中国的风特性实地观测研究相对薄弱，尤其是沿海地区的强风特性的实测资料还明显欠缺。

2）台风数学模型。目前国内外学者研究台风模型主要适用于气象领域，通常利用台风中心探测记录、卫星云图分析记录和地面观测站监测资料，确定台风风场的数值模型，主要用于台风预报和地面建筑物的影响。常见的台风风场模型有兰金涡风场模式、Jelesn-ianski-Ⅰ模型、Jelesnianski-Ⅱ模型、陈孔沫模型、MM5-v3模型等。

3）台风模拟软件。根据美国国家大气研究中心（NCAR）的资料，现阶段的台风模拟软件主要针对台风的预测和台风走势的研究。国际空气协会发布的模型可用于 NCAR 的 CLASIC/2 和 CATRADER 模拟软件。目前还没有针对海上风电机组的台风模拟软件，主要原因是台风风场的随机性很大，影响因素复杂。

2. 台风对海上风电场的破坏

（1）台风对风电场的破坏机理。造成风电场在台风过程中破坏的主要原因有三个，即台风登陆过程中的风特征、海上风电场的外部环境和风电机组自身结构。其中，风特征是损坏海上风电场的主要因素，可造成海上风电机组结构屈服、设备失控。

（2）台风对海上风电场的破坏分类。

1）台风风力带来的破坏。面向海口处和台风登陆前进方向的高山风口处的海上风电机组，当受到超过设计风速的强台风袭击时，易造成叶片断裂、倒塔、折弯，引起线路跳闸；变电站内主变压器引下线受台风影响时易引起风偏放电，造成主变压器跳闸。台风风力对海上风电机组的常见破坏形式有：①叶片因扭转刚度不够而出现通透性裂纹或被撕裂，风向仪被摧毁，如图6.4所示；②叶片断裂（多见于根部），破坏机舱，如图6.5所示；③变桨机构疲劳断裂；④偏航系统受损；⑤基础或塔筒中下段断裂。

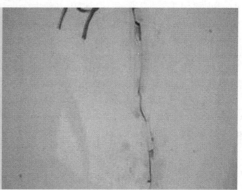

图6.4 叶片撕裂

2）台风强降雨带来的破坏。雨水冲刷线路杆塔基础，引起杆塔倾斜甚至坍塌，洪水、泥石流对变电站、配电室特别是地下开闭带来严重影响，造成二次设备如端子箱、直流系统进水，引起继电保护装置不能正常工作或误动、拒动，甚至整个变电站停运。历次强台风都对海上风电场的变电站及架空输电设备造成很大影响，严重威胁了海上风电场发电及输电、变电系统安全，给海上风电场带来巨大损失。

6.1.2.4 波浪荷载

1. 海浪的形成

海洋上的波浪主要是由风引起的，人们习惯上将风浪、涌浪以及由它们形成的近岸浪统称为海浪。

本质上，海浪是海面起伏形状的传播，是水质点离开平衡位置作周期性振动，并向一

定方向传播而形成的一种波动，其周期为
$0.5 \sim 25s$，波长为几十厘米到几百米，一般
波高为几厘米到 20m，在罕见的情况下波高
可达 30m 以上。水质点的振动能形成动能，
海浪起伏能产生势能，动能和势能的累计数
量是惊人的，巨浪对海岸的冲击力一般为
$20 \sim 30t/m^2$，大者可达 $50 \sim 60t/m^2$。在全球
海洋中，仅风浪和涌浪的总能量相当于到达
地球外侧太阳能量的 1/2，海浪的能量沿着
海浪传播的方向向前。海洋中具有各种不同
频率的波，但其大部分能量集中在特征周期

图 6.5　叶根断裂

为 $4 \sim 12s$ 的范围，属于重力波。一般情况下，当风速小于 1m/s 时，在平静的海面上会形
成微波；当风力加强时，就会产生较大的和明显的重力波；当风速度达到 $7 \sim 8m/s$ 时，海
面上就开始形成波浪。根据风速的大小，波浪的分类如下：

（1）风浪。指由风的直接作用所引起的水面波动。风浪的传播方向总是与风向保持一
致，风浪的大小与风区、风时有关，充分成长的风浪只取决于风速。风速越大，风浪充分
成长所需要的最小风时和最小风区也越大。充分成长的风浪可以用波浪谱加以描述，而且
风浪的大部分能量集中在一个比较狭窄的范围内。风速大小不同，风浪对应的特征周期也
发生相应的变化。

（2）涌浪。涌浪是一种比较规则的移动波，是风浪离开风区后传至远处，或者风区里
的风停息后所遗留下来的波浪。随着传播距离的增加，涌浪逐渐衰减，涌浪波高逐渐降
低。因为涌浪的传播速度比风暴系统本身的移速快得多，所以涌浪的出现往往是海上台风
等风暴系统来临的重要预兆。

（3）近岸浪。风浪或涌浪传至浅水或近岸区域后，因受地形影响将发生一系列变化。
外海传来的波浪，当它接近海岸时，通常波峰线总是与海岸平行的，波长变小，波高增
大，而且在岬角处浪高，海湾内浪较小。

波浪的年均强度是水域大小、风的强弱和地形特征的综合体现，是判断波浪动力的最
佳指标：水域面积越大，风携海浪行走的距离越长，海浪有更多的时间增大体积、积攒能
量，海浪越大；风越大，给海水提供的能量越多，海浪越大；地形因素对海浪产生的摩擦
力越小，海浪越大。

2. 海浪的影响

中国海域分布广，不同海域的灾害性海浪分布存在明显差异：南海海域，14.1 次/
年；东海海域，9.8 次/年；台湾海峡，6.1 次/年；黄海海域，5.9 次/年；渤海海域相对
较小，0.9 次/年。统计资料表明，影响中国的台风 80% 都能形成高 6m 以上的台风浪。台
风及其伴随的灾害性台风浪可能会对海上风电机组产生破坏性影响。海浪周期性的巨大冲
击力对海上风电机组基础带来以下影响：

（1）海浪对基础周期性的冲刷，在海浪夹带作用下，逐渐转移基础附近的泥沙土壤
等，对基础造成掏空性破坏。

（2）海浪导致地基孔隙中水压力周期性变化，不断松动地基，使其可能产生液化现象，弱化基础承载力。

（3）灾害性海浪的频率一般较低，与基础的基频比较接近，存在产生谐振的可能性。

（4）一般来说，浪高越大，对基础的影响越大。东海大桥海上风电场基础设计时发现有效浪高 5.81m、波周期 7.76s、波速 9.5570m/s 的情况下，对风电机组基础造成的水平冲击力达 100t 以上。

（5）海浪与台风的载荷耦合作用对海上风电机组基础产生叠加弯矩，破坏力巨大，在极限阵风为 70m/s、浪高 6m、水深 20m 的情况下，风电机组基础根部受到的最大组合弯矩可以达到 $2 \times 10^5 \text{kN} \cdot \text{m}$，比纯气动弯矩增加了 125%。

（6）海浪还影响到海上风电机组基础的施工和正常维护保养，增加工程施工和维护难度。

因此，进行海上风电机组基础设计需要考虑风荷载对风电机组基础的作用，还要考虑海浪对基础的冲击、淘刷、谐振作用以及风浪的耦合作用，提高设计裕度，确保基础安全、可靠。

3. 波浪荷载计算

波浪组成要素有：波长 $2L$，波高 $2h$，波峰的周期 $2T$（两个相邻的波峰在某一断面处出现的时间间隔），波浪传播速度 v_r（波峰的移动速度），如图 6.6 所示。

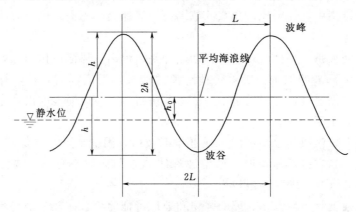

图 6.6　波浪组成要素

根据《海港水文规范》（JTS 145 - 2—2013）计算波浪对桩基或墩柱的作用，平台上的波浪荷载在性质上是动力的，但对于设计水深小于 15m 的近海平台，波浪荷载对平台的作用可以用其等效静力来分析，即只计算作用在固定平台上的静设计波浪力，忽略平台的动力响应和由平台引起的入射波的变形。

水流设计流速可采用风电机组基础所处范围内可能出现的最大平均流速，其值根据现场实测资料分析得到或采用潮流和余流流速的叠加值。

（1）最大潮流流速计算。潮流可能最大流速可参考 JTS 145 - 2—2013 的规定给出。

1）规则半日潮流海区的最大潮流流速为

$$\dot{V}_\text{max} = 1.295 \dot{W}_{\text{M}_2} + 1.245 \dot{W}_{\text{S}_2} + \dot{W}_{\text{K}_1} + \dot{W}_{\text{O}_1} + \dot{W}_{\text{M}_4} + \dot{W}_{\text{MS}_4} \qquad (6.1)$$

式中 $\dot{V}_{\max}$——潮流可能最大流速，cm/s；

  $\dot{W}_{M_2}$——主太阴半日分潮流的椭圆长半轴矢量；

  $\dot{W}_{S_2}$——主太阳半日分潮流的椭圆长半轴矢量；

  $\dot{W}_{K_1}$——太阴太阳赤纬日分潮流的椭圆长半轴矢量；

  $\dot{W}_{O_1}$——主太阴日分潮流的椭圆长半轴矢量；

  $\dot{W}_{M_4}$——太阴四分之一日分潮流的椭圆长半轴矢量；

  $\dot{W}_{MS_4}$——太阴—太阳四分之一日分潮流的椭圆长半轴矢量。

2）规则全日潮流海区的最大潮流流速为

$$\dot{V}_{\max}=\dot{W}_{M_2}+\dot{W}_{S_2}+1.600\dot{W}_{K_1}+1.450\dot{W}_{O_1} \tag{6.2}$$

3）不规则半日潮流海区和不规则全日潮流海区取式（6.1）和式（6.2）中的大值。

（2）最大余流流速计算。由风引起的风海流是最大余流流速主要组成部分，近海余流的流向近似与风向一致。利用风海流与风速的近似关系估算出最大余流流速为

$$v_U=K_c v_{10} \tag{6.3}$$

式中 v_U——最大余流流速；

  v_{10}——平均海面上 10m 处 10min 最大持续风速；

  K_c——系数，一般取 $0.024\leqslant K_c\leqslant 0.05$。

（3）实测资料不足时的水流流速计算。实测资料不足时，水流流速的估算方法为

$$u_{cx}=(u_s)_1\left(\frac{x}{d}\right)^{1/7}+(u_s)_2\frac{x}{d} \tag{6.4}$$

式中 u_{cx}——设计泥面以上 x 高度处的水流速度；

  $(u_s)_1$——水面的潮流速度；

  $(u_s)_2$——风在水面引起的水流速度。

6.1.2.5 挤压与撞击

1. 冰荷载

冰荷载是位于寒冷、冰情严重地区的海上风电机组基础的一项重要设计荷载，其作用形式主要是风和水流作用下大面积冰场运动时产生的净冰压力。冰荷载中的挤压力是由冰排在运动中被结构物连续挤碎或滞留在结构物前时产生的，而撞击力是由孤立流冰块产生的。

2. 船舶荷载

在海上风电场施工期或风电机组设备检修维护时，施工船舶或检修船舶必须停靠在基础结构上。船舶的挤靠力是指在船舶系泊时，船舶在风和水流的作用下直接作用在基础结构上的力。而船舶的撞击力是指在船舶靠泊过程中或系泊船舶在波浪作用下撞击基础结构产生的力。其计算具体如下：

（1）船舶靠泊或偏航船舶意外走锚产生的撞击力。借鉴港口水工建筑物的设计经验，考虑船舶有效撞击能量全部被橡胶护舷吸收，根据橡胶护舷的性能曲线即可得到撞击力大小。船舶撞击时的有效撞击能量为

$$E_0 = \frac{e_0}{2} m v_{\mathrm{n}}^2 \tag{6.5}$$

式中　E_0——船舶撞击时的有效撞击动能，kJ；

　　　e_0——有效动能系数，取 $0.7\sim0.8$；

　　　m——船舶质量，按满载排水量算，t；

　　　v_{n}——船舶撞击时的法向速度，一般应根据可能出现的船舶大小综合确定，m/s。

（2）系泊船舶在波浪作用下的撞击力。这种撞击力主要由横向波浪引起，在某些情况下，可能大于靠泊时的船舶撞击力。由于情况复杂，一般均应通过模型试验确定。

3. 海冰和船舶对海上风电场的影响

（1）在海流及风作用下，大面积冰呈整体移动，挤压海上风电机组基础，伴随有海上风电机组基础的振动和自由漂移的流冰对海上风电机组基础的冲击作用。

（2）冻结在基础四周的冰片因水位的变化对基础产生上拔或下压。中国大部分有冰海域，海冰不会在海上风电机组基础表面冻结，大多数海上结构会遭受到摩擦损害，当海冰与基础表面接触时，两者之间出现相对运动，产生摩擦。

（3）流冰沿结构物侧面擦过，对海上风电机组基础产生严重的切割。

（4）冻结在冰中的海上风电机组基础因温度变化对基础产生的作用。堵塞冰的膨胀对基础的挤压作用。渗入混凝土基础表层毛细管孔道的海水结冰时产生的膨胀压力，导致混凝土内部呈现应力状态。随着温度的剧烈变化，海冰的冰融交变过程频繁发生，混凝土会产生冻损。

（5）海上风电机组的维护船舶停靠时可能对单桩基础造成刮擦磕碰，破坏基础表面防腐蚀涂层。

（6）船舶与浮冰的碰撞使基础发生整体弯曲或局部屈曲，结构承载能力降低，直接影响到海上风电机组基础的安全性和耐久性，甚至可能引起风电机组坍塌等灾难性后果。

6.1.2.6　雷击

海上风电机组的单机容量往往大于陆地风电机组，单机容量的增大使得风电机组叶片长度随之增加、整机高度随之增高，且海上雷雨多、无遮挡物，更容易受雷电袭击。雷击是影响海上风电场安全运行的重要因素之一。国际标准 IEC TR 61400-24 中的统计表明，由于雷击造成的海上风电机组停工时间（这个停工时间主要是由电气系统的检测期、配件的订购期和运输期等造成的）是海上风电机组各种故障中停工期最长的故障，停工期会造成大量发电量的损失，从而也会带来相应的经济损失。

1. 雷电的破坏机理与形式

海上风电机组遭受雷击的过程实际上就是带电雷云与风电机组间的放电过程。据美国国家可再生能源协会的统计显示，每年有 8% 的风电机组会遭受 1 次以上直击雷击，雷击损坏的机理与雷击放电的电流波形和雷电参数密切相关。雷电参数包括峰值电流、转移电荷及电流陡度等。在雷电流陡度相同的情况下峰值电流越高，在雷击瞬间转移的电荷越多，所携带的能量越大；雷电流陡度越大，释放能量的时间越短，对与被击中物体的损害越大。随着海上风电机组的体积和高度不断增加，风电机组设施遭受雷击的几率也随之加大。

设备遭雷击受损通常有 4 种情况：①设备直接遭受雷击而损坏；②雷电脉冲沿着与设备相连的信号线、电源线或其他金属管线侵入设备使其受损；③设备接地体在雷击时产生瞬间高电位形成地电位"反击"而损坏；④设备因安装的方法或安装位置不当，受雷电在空间分布的电场、磁场影响而损坏。

2. 雷击对海上风电场的危害

雷击会导致海上风电场很多方面出现故障，主要设备被雷电毁坏率由高到低排列为：叶片、发电机、电控系统、通信系统等。雷电击中海上风电机组时，雷电流会在泄流通道产生热效应和机械效应，对风电机组的叶片、齿轮、轴承和传动构件造成直接的损坏，引起叶片断裂、着火，损坏齿轮轴承的表面，从而加速其磨损。最为严重的是击中机舱导致风电机组着火，使机组停运甚至导致整个

图 6.7　雷击引发风电机组火灾

风电机组的损坏，如图 6.7 所示。雷击严重危害海上风电场的安全。

雷击对海上风电场的危害可分为直击雷和雷电流两大方面。

（1）直击雷对海上风电场的危害。

1）直击雷对叶片的损坏。为使海上风电机组叶片更为轻便结实，叶片从里到外采用不同材料，而这种设计却对雷电流的泄放很不利，不同材料结合处的电场畸变程度加剧，容易造成雷击。另外，叶片表面状况对于雷击损坏程度有明显影响：表面光滑的叶片在遭受雷击时，不容易产生较大的电场畸变，不容易引发沿面放电闪络；有污染的叶片遭受雷击的概率会更大，且在遭受雷击时叶片的破坏面积更大。

2）直击雷对海上风电机组传动系统的损坏。直击雷击中海上风电机组叶片后，沿着叶片上接闪器传至风电机组的主轴部分。在雷电流经过轴承时，瞬间产生的极大热量会损坏轴承内的滚子和套圈，导致滚子和套圈表面光滑程度大大降低，加速轴承磨损，长此以往则会对整个轴承内部造成严重损坏并发生运行失效。另外，在雷击后相当长的时间内，雷电流都会泄放流经滚子和套圈表面受损部位，使得损坏面积不断扩大，造成轴承本身在机械负荷作用下加速磨损，造成更加严重的后果。

（2）雷电流对海上风电场的危害。

1）暂态电位抬高对海上风电场的损坏。风电机组叶片或机舱遭雷击后，雷电流沿多条泄放通道，经风电设备接地体对地放电，整个通道中会出现暂态高电位分布。由于不同风电机组中设计情况、制造工艺以及安装过程中重要部位电位连接状况等不同，在雷击暂态电位抬高效应发生时，从叶尖到塔底分布的高电位就会存在很大的差距，当不同部位电位差达到一定数值时，就会击穿设备内部零件之间的空气间隙，严重破坏风电机组内部设备。

2）雷电流电磁脉冲对海上风电场危害。海上风电机组遭受雷击后会在塔筒内产生强电磁脉冲，由于风电机组控制系统和主电源装置等均安装在塔筒内，电磁波会在狭小的塔筒内部不断传播反射，从而对塔筒内部的设施产生直接辐射危害。同时电磁脉冲会在塔筒

内部各种信号、电源传导线内部产生感应电流，形成过电流和过电压波侵入电子设备，这些过电压损坏会造成风电机组设备工作失灵或者永久性损坏。

3）二次损坏对海上风电场危害。海上风电机组遭受雷击后，由于冲击电阻的存在还会产生地电位反击的损坏。以地电位反击为主包括雷电流脉冲和电磁辐射的二次损坏因素，是导致风电机组雷击过程中设备损坏的一个重要原因。由于接地电阻存在，在雷电击中风电设备时，冲击接地电阻在雷电流作用下迅速增大，雷电流冲击使地电位不断升高至最大值，此时如果设备接地点与接地体之间的距离较近，而等电位连接未达到标准要求时，就会发生放电和闪络等地电位反击现象发生，从而危及到连接在这些接地系统上的设备安全。

6.2　海上风电机组

海上风电机组是海上风力发电的最核心部分，相对于陆上风电机组，海上风电机组具有其自身的特点和适应性。下面从海上风电机组的基础、特点、发展趋势以及防腐蚀等 4 个方面分别进行阐述。

6.2.1　海上风电机组的基础

海上风电机组基础作为海上风电机组的支撑结构，对海上风电系统的安全运行至关重要。海上风电机组基础除了承受结构自重、风荷载以外，还要承受波浪、水流力等，且对基础刚度、基础倾角和振动频率等要求严格，因此海上风电机组基础设计复杂，结构型式也因海况的不同而多样化。根据地理位置及地质条件的不同，海上风电机组基础设计模式主要分为重力式基础、单桩基础、三脚架式基础、导管架基础和浮式基础五种型式，如图 6.8 所示。

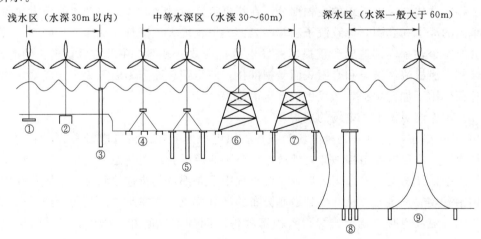

图 6.8　适用于不同水深的各种基础型式

①—重力式浅基础；②—吸力桶；③—单桩；④—吸力桶支撑的三脚架；⑤—单桩支撑的三脚架；
⑥—吸力桶支撑的导管架；⑦—单桩支撑的导管架；⑧—张力式基础；⑨—浮式基础

6.2.1.1　重力式基础

重力式基础就是利用基础的重力使整个系统固定。重力式基础依靠自身的重力能提供足够的刚性，有效避免基础底部与顶部的张力载荷，并且能够在任何海况下保持整个基础稳定，基础的重力可以通过往基础内部填充铁矿、砂石、混凝土和岩石等来获得，如图6.9所示。重力式基础一般适用于水深小于10m的海域，不适合流沙形的海底情况，但能适用于海底岩石较多的情况。总体来说，对海床地质条件的要求比较小。

图6.9　重力式基础

重力式基础一般利用岸边的干船坞进行预制，然后将其漂运至安装地点，用沙砾或铁块等重物填充到基础空腔内以获得必要的质量，并将海床预先处理平整并铺上一层碎石，再将基础沉入海底。与海平面接触的部分呈圆锥形，可减小冰荷载带来的影响，降低浮冰对基础的撞击危险。

1. 重力式基础结构型式

根据墙身结构型式不同，重力式基础可分为沉箱基础、大直径圆筒基础和吸力式基础。沉箱基础和大直径圆筒基础是常用的重力式基础型式，一般为预制钢筋混凝土结构，依靠自身力及其内部填充物的重力来维持整个系统的稳定使风电机组保持竖直。

吸力式基础是一种底端开口、上端封闭的大直径钢质圆桶结构，分为单桶（图6.10）、三桶和四桶等多种结构型式。吸力式基础安装过程分为两步：①利用自重沉至海底并切入海床一定深度；②通过水泵抽出桶体内密闭水体，从而使桶体内外形成压力差，在吸力的作用下沉入海底。

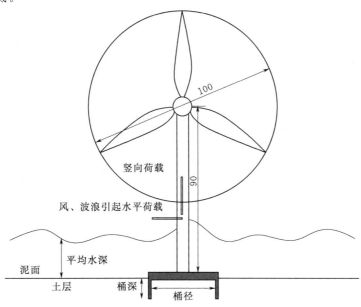

图6.10　吸力式基础示意图（单位：m）

2. 重力式基础的优缺点

不同水深和地质条件对重力式基础的设计建造要求不一样，成本相差比较大，重力式基础的优缺点比较如下：

（1）重力式基础的优点在于结构比较简单，造价低，抗风暴和风浪袭击的性能好，稳定性和可靠性是所有基础中最好的。

（2）重力式基础的缺点在于需要预先进行海床准备，体积和重量较大，安装不方便；适用水深范围太小，随着水深的增加，其经济性不仅不能得到体现，造价反而比其他类型基础要高。这也是重力式基础使用范围的一个主要限制因素。

为了克服混凝土重力式基础体积大、重量大、施工运输成本高等缺点，有学者提出了锚杆重力式基础。锚杆是一种能够将力传递到稳定岩层或土体的锚固体系，还可以对其施加预应力来提高构筑物的稳定性。锚杆重力式基础借助于锚杆的预应力，对重力基础施加预压力，增加基础的稳定性，相应地减小基础的尺寸和重量，从而降低了施工和运输的难度。

6.2.1.2 桩承式基础

根据基桩的数量和连接方式的不同，可将桩承式基础分为单桩基础、三脚架基础、导管架基础和群桩承台基础等。

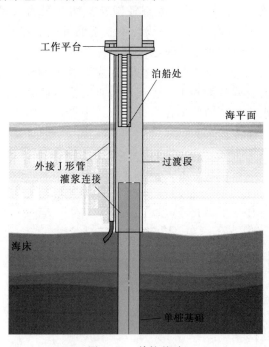

1. 单桩基础

单桩基础是最简单的基础结构，为目前应用比较广泛的基础型式。它由焊接钢管组成，桩和塔架之间的连接可以是焊接法兰连接，也可以是套管法兰连接，通过侧面土壤的压力来传递海上风电机组荷载，如图6.11所示。桩的直径根据负荷的大小而定，一般为3～5m，壁厚约为桩直径的1%，插入海床的深度与地质情况、桩直径等有关，一般桩基打桩至海床下10～30m，但受海底地质条件和水深约束较大，需要防止海流对海床的冲刷，则单桩基础适宜的水深是不大于25m。有支撑的单桩适宜的水深为20～40m，尤其适用于非均质土。如果海床下有较深的软土，不建议采用单桩基础，因为需要安装的桩长较长，费用昂贵。

图6.11 单桩基础

单桩基础一般在陆上预制完成，由液压锤或振动锤打入海床，或在海床上钻孔后沉入。对于软地基可采用锤击沉桩法，对应的桩直径要小一些；对于岩石地基，可采用钻孔方法，对应的桩直径可以大一些，但壁厚要适当减小。

单桩基础的优点主要是制造简单、安装方便，且不需要做任何海床准备。而其不足之处是受海底地质条件和水深的约束比较大，水太深时容易出现弯曲现象，安装时需要专用的设备，施工安装费用较高，而且对海水冲刷很敏感，在海床与基础相接处需要做好防冲刷防护。

2. 三脚架基础

三脚架基础采用标准的三腿支撑结构，由中心柱、三根插入海床一定深度的圆柱钢管和斜撑结构构成。三脚架基础是由单塔架结构演变而来的，同时增强了周围结构的刚度和强度。其中钢管桩通过特殊灌浆或桩模与上部结构相连，中心柱提供海上风电机组塔架的基本支撑。类似单桩结构，三脚架可以采用垂直或倾斜管套，且底部三角处各设一根钢桩用于固定基础，三个钢桩被打入海床 10~20m 的地方，在单桩基础的设计上又增强了周围结构的刚度和强度，增加了基础的稳定性和可靠性，同时使其适用范围得到了扩大。三脚架基础一般应用于水深为 25~50m 且海床较为坚硬的海域，如图 6.12 所示。

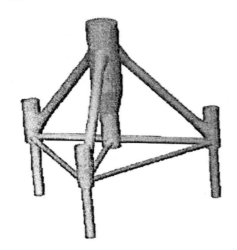

图 6.12 海上风电机组三脚架基础

门架式基础与三脚架基础有些类似，采用 3 根或 3 根以上的钢管桩打入海床，上部采用钢结构门架与之相连。该基础采用先打桩后安装导管架的施工方式，并将整个门架结构设置于远离海平面以上的位置，从而减少水下施工工程量，但同时也减低了基础的稳定性，且高出水平面的基础段易受到波浪的作用。

三脚架基础除了具有单桩基础的优点外，具有不需做冲刷保护、刚度较大等优点。而三脚架基础依然存在受海底地质条件约束较大的问题，不宜用作浅海域基础。在浅海域安装或维修船有可能会与结构的某部位发生碰撞，同时增加冰荷载，并且建造与安装成本比较高。

3. 导管架基础

导管架基础与海上石油钻井平台类似，由导管架与桩组成，先在陆地上将钢管焊接好，再将其漂运到安装点，钢管桩与导管架一般在海床表面处连接，通过导管架各支角处的导管打入海床。在导管架固定好以后，在其上安装海上风电机组塔筒即可。导管架可以适用的水深范围比较大，可以安装在水深很深的水域。但考虑其经济性，最适用于水深为 20~50m 的海域。

导管架基础的优点在于基础的整体性好，对打桩设备要求较低，建造和施工方便，承载能力强，受到波浪和水流的作用荷载比较小，且对地质条件要求不高。其不足之处在于现场作业时间长，造价随着水深的增加呈指数上升。导管架基础的示意图如图 6.13 所示。

4. 群桩承台基础

群桩承台基础主要借鉴港口工程中靠船墩或跨海大桥桥墩桩基型式进行设计，主要由桩和钢筋混凝土承台组成，其中桩一般采用预制钢管桩，主要适用于 0～25m 水深的软土海床地基风电场，尤其适用于沿海浅表层淤泥较深、浅层地基承载力较低，且外海施工作业困难，难以保证打桩精度的区域。该类型基础是目前中国近海风电机组普遍采用的基础型式，且未来一段时间内仍将是中

图 6.13 海上风电机组导管架基础

国海上大型风电机组的主要基础结构型式。群桩承台基础如图 6.14 所示。

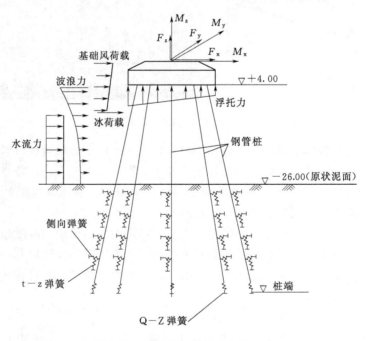

图 6.14 群桩承台基础（单位：m）

群桩承台基础的优点是结构刚度大、承载力高、整体性好，抗水平荷载能力强，沉降量小且较均匀，不需另设防护栏，且施工风险可控。但其不足之处是施工工序多、自重大、工作量大，现场作业时间长。

6.2.1.3 浮式基础

浮式基础结构是海上风电机组基础结构的深海结构型式，利用锚固系统将浮体结构锚定于海底，并作为安装风电机组的基础平台，特别适用于 50m 以上水深海域。由于深海海上风电机组承受荷载的特殊性、工作状态的复杂性、投资回报效率等，这种基础型式目前在风电行业仍处于研发和示范阶段。

1. 浮式基础结构型式

漂浮式基础总体上分为单柱（Spar）式基础、张力腿（TLP）式基础、半潜式基础和驳船型基础，如图 6.15 所示。其中，单柱（Spar）式基础通过压载舱使得整个系统的重心压低至浮心之下，以保证整个风电机组在水中的稳定，再通过辐射式布置的缆绳来保持风电机组的位置。张力腿（TLP）式基础利用系缆张力实现基础的稳定性，即通过处于拉伸状态的张力腿将塔筒平台与海底连接，从而抑制平台垂直方向上的运动而实现水平方向上的相对运动。半潜式基础主要由立柱、桁架、压水板和固定缆绳构成，通过位于海面位置的立柱来保证整个海上风电机组在水中的稳定，再通过缆绳来保持风电机组的位置。驳船型基础结构最为简单，它利用大平面的重力扶正力矩使整个平台保证稳定，其原理与一般船舶的相同。

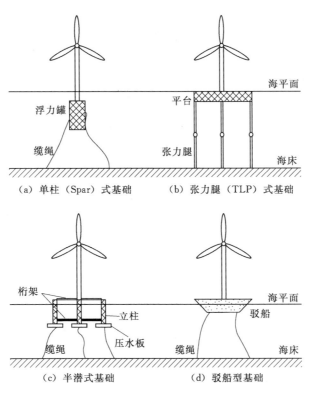

图 6.15　浮式基础的型式

2. 浮式基础的优缺点

（1）浮式基础的优点：①适用的国家和地区多；②可安装在中等深度海域，该区域风速稳定，风资源丰富，可利用小时高；③建造和安装程序的灵活性强，且便于拆除；④采用集成结构，在风电机组寿命终止时，拆除费用低；⑤波浪荷载较小。

（2）浮式基础的缺点：①风电机组和海浪引起的波动最小化；②设计过程中的额外复杂性，包括支架结构和风电机组之间的连接设备的认识和建模；③电气设备设计和成本，尤其是挠性电缆；④建造、安装和维护程序，尤其需要关注建造和运营程序；⑤稳定性差；⑥平台与锚固系统的设计。

6.2.1.4 风电基础型式比较

以某型号海上风电机组为例，对混凝土（PHC）群桩基础、钢桩群桩基础、单桩、混凝土式重力基础、三脚架、导管架、浮式基础等7种基础，在应用范围、优势、缺陷及制约因素三方面进行比较分析，分析结果见表6.3。

表6.3　　　　　　　　　　　　海上风电机组基础方案比较

基础型式	应用范围	优势	缺陷及制约因素
PHC群桩基础	滩涂、浅海区，水深0～10m	施工技术成熟，但其整体重量较大，材料及运费也比较贵	消耗材料量大，工期长
钢桩群桩基础	近海，所有土壤条件适合水深10～20m	安装简便，工期较短，钢桩承载力加强，基础承台尺寸相应减小	成本高
单桩	多种地质条件。目前国内可施工最大桩径为4.5m，适合水深0～10m	结构型式简单、轻、通用，受力明确，工期较短；最深35m	施工较困难；受制于打桩锤直径
混凝土式重力基础	所有土壤条件都可以，适合水深0～10m	适合所有海床状况	需平整海床，重量大，运输安装费用中等，工期比较长
三脚架	使用水深大于20m	稳定性强，对风暴的承受能力强	底座较重，结构复杂，制造成本高；纠偏的难度和施工费用均较大
导管架	适合水深大于40m	与三桩基础类似，但整个基础的受力得到改善，桩基承载力更高	底座较重，结构复杂，制造成本高；纠偏的难度和施工费用均较大
浮式基础	适合水深大于50m	适合水深范围大	实际应用较少，技术上还有很多难题待解决

6.2.2　海上风电机组的特点

海上风电机组是在已有的陆上风电机组的基础上，针对海上风能特点和海上环境进行适应性"海洋化"发展起来的。海上风电机组主要存在以下特点。

1．高翼尖速度

在海上，风电机组的噪声影响比陆上的要小，因此可以更大地发挥海上风能的最大效益，采取高翼尖速度和小的桨叶面积，从而能给海上风电机组的结构和传动系统带来设计上的有利变化。

2．变桨速运行

海上风电机组的高翼尖速度桨叶可提高风电机组的启动风速，但同时也会带来较大的气动力损失。采用变桨速运行则可以使机组在额定转速附近以最大速度工作，从而最大限度地捕获风能，稳定发电机的输出功率，最终提高整个风力发电系统的发电效率和电能质量。

3.叶片数量少

陆上风电机组大多采用三叶片型式，海上风电机组除采用三叶片型式以外，还可采用二叶片、柔性叶片等新型结构型式，以降低制造、安装成本。

4.发电机简单、高效

海上风电机组通常采用结构简单、高效的发电机，如直驱同步环式发电机、直驱永磁式发电机、线绕高压发电机等。

5.适应海洋环境下的风电机组主要部件

由于海上环境的特点，海上风电机组的控制系统具备岸上重置和重新启动功能，风电机组的塔筒中具有升降设备满足运行维护的需要，机组变压器（箱式变压器）和其他电气设备安放在上部吊舱或离海面一定高度的下部平台上。

6.2.3　海上风电机组的发展趋势

1.风电机组更加大型化

随着风电机组技术的快速发展，海上风电机组的单机容量和风轮直径都在不断地增加。目前中国海上风电机组主要以 3～5MW 为主，国外已达 5～6MW。今后，随着海上风电场规模的不断扩大，海上风电机组的单机容量将会逐步增大到 8～10MW，甚至更大。

2.由浅海向深海发展

浅海区域的风电机组具有安装维护方便、成本较低的特点。早期的海上风电一般选择在浅海区域。随着海上风电技术的发展，浅海域风电场的建设远远无法满足海上风能利用的要求，风电机组向深海的发展成为必然趋势。

3.液压变桨和电气变桨并存

电气变桨的优点是不存在液压油泄露，对环境友好，技术成熟等。液压变桨的优点是低温性能好，响应速度快，对系统的冲击小，缓冲性能好，成本较低，并且备品备件较少，故障率较低。随着海上风电机组规模的不断扩大，海上风电机组将逐步采用液压变桨和电气变桨并存的方式。

4.直驱系统的市场扩大

齿轮箱是风电机组容易出现故障的部件。直驱系统的特点则是没有齿轮箱，直接采用风轮与发电机耦合的传动方式，从而降低了生产成本和风电机组的故障发生率，进一步提高了海上风电机组的可靠性和发电效率。

5.叶片技术的改进

海上风电机组由于受到噪声和视觉影响的限制较小，因此在海上风力机设计中，两叶片风力机越来越受到关注，其优点显而易见：减少叶片数量和轮毂设计的复杂性，且安装方便；有利于减少台风等破坏性风速对风力机的影响。因此，今后在保证风电机组可靠性的前提下，两叶片及复合材料叶片将会得到更为广泛的应用。

6.永磁同步发电机的更多应用

永磁同步发电机因不从电网吸收无功，无需励磁绕组和直流电源，也不需要滑环和碳刷，结构简单且技术可靠性高，对电网运行影响小。在大功率变流器技术和高性能永磁材料日益发展完善的背景下，今后大型海上风电机组将越来越多地采用永磁同步电机。

7. 总装机容量迅速增加

近年来，全球海上风电机组的总装机容量有了很大的增加，今后随着陆上风能资源开发的逐步饱和，海上风能资源将得到进一步的开发利用，海上风电机组的总装机容量也将再攀新高。

6.2.4　海上风电机组的防腐蚀

防腐蚀是指降低腐蚀的速度，以免容许极值被超越。这不可能达到理论的零腐蚀速率，但是可能达到几乎可以忽略的 0.01mm/a 的腐蚀速率。

1. 腐蚀分区

海上风电机组基础的腐蚀分区如图 6.16 所示，从风电机组、塔架到水下基础，共分为海洋大气、飞溅、潮差、全浸及海泥 5 个区。各区腐蚀环境不同，使得腐蚀特征也不同。

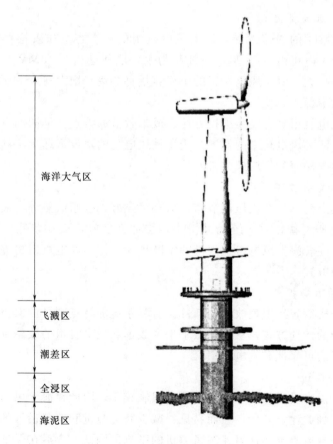

图 6.16　风电机组基础的腐蚀分区

（1）海洋大气区。海洋大气区是指海上风电机组常年不接触海水的部分。海洋大气区的钢结构表面由于盐粒或盐雾存在，会在钢结构表面形成液膜，具有强导电性的液膜在不均匀的钢铁表面形成腐蚀电池，从而引起钢铁腐蚀；同时液膜中具有穿透作用的氯离子能加速钢铁的点蚀、应力腐蚀、晶间腐蚀和缝隙腐蚀等局部腐蚀，使得钢铁表面难以形成长期稳定的致密锈层，导致腐蚀率上升。另外，昼夜的干湿交替对腐蚀有加速作用。

（2）飞溅区。飞溅区是指海水飞溅能够喷洒到，但海水涨潮时不能被海水浸没的结构部分。飞溅区海水含氧量充足，干湿交替频率快，海盐离子大量积聚等是造成腐蚀速度加剧的重要因素。飞溅海水中的气泡会冲击破坏材料表面，使得该部分的防腐蚀涂层很容易脱落。因此在整个海洋环境中，浪花飞溅区是腐蚀最为严重的区域。

（3）潮差区。潮差区是指平均高潮位和平均低潮位之间的区域。钢结构基础的全浸区与潮差区部分由于氧含量不同而形成氧浓差电池，潮差区部分由于供氧充分而成为宏观电池的阴极区，水下部分则变为阳极向阴极区提供保护电流，而使得潮差区部分腐蚀较轻。另外，海洋生物能够栖居在潮差区结构的表面，附着生物均匀分布时，会在结构表面形成保护膜从而减轻腐蚀；局部附着时，则会因供氧不同而导致附着部位下面的钢表面腐蚀严重。

（4）全浸区。全浸区是指常年低潮位以下直至海床的区域，根据海水深度不同分为浅海区（低潮位以下 20～30m 以内）、大陆架全浸区（30～200m 水深区）和深海区（200m以下）。全浸区以电化学和生物腐蚀为主，其中浅海区海水流速大，存在近海化学和泥沙污染，溶解氧和二氧化碳处于饱和状态且生物活跃，是全浸区腐蚀较为严重的部分。随着水深的增加，海水流速降低，水温下降，含气量降低，生物活动减少，大陆架全浸区以电化学腐蚀为主，深海区则以电化学腐蚀和应力腐蚀为主，腐蚀较浅海区轻。

（5）海泥区。海泥区位于全浸区以下，主要由海底沉积物构成。海泥区腐蚀环境十分复杂，海底沉积物的物理性质、化学性质和生物性质都会影响腐蚀性。海底沉积物通常含有细菌，细菌会生成具有腐蚀性的气体和化合物，加速钢铁的腐蚀。但泥下区含氧量少，腐蚀往往比海水中的缓慢。

无防护低合金或者非合金钢在海水中的平均腐蚀速率见表 6.4。

表 6.4　　　　　　　　　　不同区域平均腐蚀速率　　　　　　　　　　单位：mm/a

区　　域	腐蚀速率	区　　域	腐蚀速率
大气区	0.05～0.007	全浸区	0.03～0.09
飞溅区	0.12～0.27	海泥区	0.01～0.015

按相关国际标准，飞溅区额定腐蚀速率为 0.3mm/a，全浸区为 0.1mm/a。在 20 年的设计寿命中，飞溅区腐蚀度为 6mm，全浸区的腐蚀度为 2mm。

2. 风电机组的防腐蚀方法

（1）结构性防腐蚀。通过绝缘的方法防止两种不同贵金属（混合结构）的直接接触，混合结构应该尽量避免使用。间隙和凹坑应尽量避免出现，因为它们会引起潮动的聚集并且促成腐蚀的生成和蔓延。提供足够的通气孔可以避免水汽凝聚在钢结构上，由于焊接引起的小孔需要从钢结构表面去除，毛刺和锐边必须去除，以达到良好的防腐蚀涂层的条件，这有助于提高涂层的耐久性。

（2）采用防腐蚀涂层。重防腐蚀涂层是由底漆、中间漆和面漆组成的多层涂装体系。

重防腐蚀涂料多由合成树脂型的涂料组成，如以有机、无机富锌为底漆，以环氧云母氧化铁为中间漆和以环氧类、氟碳涂料、脂肪族聚氨酯可复涂涂料为面漆等组成。目前，重防腐蚀涂料的防腐蚀寿命一般为 $10\sim15$ 年，英国标准 BS5493 中也规定，防腐蚀年限在 15 年以上主张采用金属喷涂防腐蚀。喷涂金属防腐蚀一般有喷锌、喷铝和喷锌铝合金，技术上均较成熟，与封闭涂料相配合，特别是加重防腐蚀涂装防腐蚀年限可达 $20\sim30$ 年，甚至更长。对于海上风电机组考虑将重防腐蚀涂层与金属喷涂相结合，形成双重防腐蚀涂层。

总之，重防腐蚀涂层较过去一般涂层厚，使用的涂料为高性能的合成树脂型的多层组合，其优点是防腐蚀效果较好，防腐蚀寿命较长，可达 $10\sim15$ 年；缺点是施工设备较过去要求高且涂装的前处理（防锈）要求也较高，须达 Sa 1/2 级，粗糙度应达到 GB/T 13288 的中级要求。

（3）采用耐腐蚀的金属材料。可以选择电位较正、活性较低的金属材料或者耐腐蚀性较好的材料，使其在盐雾的气候下不易发生腐蚀。

（4）使用锌铬膜（达克罗）涂层。锌铬膜（达克罗）涂层中的锌粉起到自我牺牲的保护作用，铬酸在处理时使工件表面形成不易被腐蚀的稠密氧化膜，并且层层覆盖的锌片相互叠加的涂层形成了屏蔽作用，增加了到达工件表面所经过的路径。由于达克罗干膜中铬酸化合物不含结晶水，其抗高温性及加热后的耐腐蚀性能也很好，海上风电机组的螺栓内紧固件均采用这种防腐蚀措施。

（5）采用耐盐雾的密封材料。对电气元器件集中的区域进行密封防潮、降温保护以减缓腐蚀速度，如氰化丁腈橡胶、氟橡胶及聚氨酯等材料。

（6）定期维护。腐蚀从起始到暴露经历一个诱导期，但长短不一，有的需要几个月，有的需要一年或两年。一般光滑的和清洁的表面不易发生点蚀。积有灰尘或各种金属和非金属杂屑的表面则容易引起点蚀，因而可以通过定期巡检进行防腐蚀涂层的维护与保养。

海上风电机组应用最多的是防腐蚀涂装技术。不同的防腐蚀涂装技术具有不同的优点、缺点及使用范围。海上风电机组的防腐蚀需要根据各部件的材料、位置、裸露面积、环境条件等选择合适的防腐蚀涂装技术。为了便于防腐蚀涂装技术的选择，下面对几种防腐蚀方法的优缺点进行比较，结果见表 6.5。

表 6.5　　　　　　　　　　　　　防腐蚀涂装技术比较

防腐蚀方法	优　　点	缺　　点	已使用区域
重防腐蚀涂料	施工技术成熟，防腐蚀效果较好，一期投入少	在海洋环境中易老化脱落，寿命短（$4\sim5$ 年）	①埕岛滩海油田；②湛江港码头；③港口设备等
热喷金属＋封闭层	适用范围广，无需维护，寿命大于 20 年	一次投入较高，耐冲击性不高	①胜利油田 2 号平台导管架；②老塘山港区二期煤炭专用码头等
热喷金属＋重防腐蚀涂层	具有更好的屏障保护功能、良好的耐冲击性和耐磨性，寿命大于 30 年	一次性投入较高	①英格兰 TAMA 桥；②山东石臼码头；③Vestas 海上风电机组

3. 海上风电机组各部件防腐蚀措施

海上风电机组的防腐蚀需根据不同部件采用相应的防腐蚀措施，总体来说主要可以分为机组内部防腐蚀措施和外部防腐蚀措施。不管机组内部防腐蚀，还是外部防腐蚀，都要遵循相同的防护原则：各部位按所在区标准涂装，与外界接触部位加强防护。

（1）风电机组内部防腐蚀措施。机组内部防腐蚀是通过保持空气干燥来实现的。Nysted 海上风电场的建设中，腐蚀防护就是通过一种空调系统来确保较低的空气湿度及塔架的水密性。空调投入是海上风电机组需要特别考虑的，如果不注意防护，则可能造成风电机组停产。还有一种措施是来自改进后的喷涂系统和内部机械营造的干燥环境。需要安装一个密封机，同时齿轮箱和发电机的冷却由使空冷系统中的空气再循环的热交换实现。为了保持内部空气的低湿度，降湿装置放置于塔架和机舱室内，降湿装置将内部相对湿度控制在低于任何钢材腐蚀界限之下。

（2）风电机组外部防腐蚀措施。风电机组外部防腐蚀主要有增加腐蚀允量、电极防护、镀层、喷涂四种方法。机组主要元部件，如构架、轮毂、齿轮箱、转轴和发电机等都需要镀层防护。各种钢结构元件，如机舱、引擎罩、塔架等，其外部腐蚀防护主要特征在于满足标准的喷涂系统、钻台和平台。玻璃钢叶片表面与玻璃钢船壳相同，因此用于海上风电机组的叶片不再需要其他腐蚀防护措施。钢材地基的腐蚀防护可以通过无需人工干预的阴极防护完成。此外，高质量的防腐蚀系统还包括一些用于不同型式塔架的环氧镀层或热镀锌，以起到保护结构、延长寿命的作用。

4. 海上风电机组重要部件的防腐蚀措施

对海上风电机组进行防腐蚀保护时，根据各部件特性、工作环境、所受载荷的不同，需要特别重视基础、塔筒、齿轮箱、发电机、变桨和回转支承等部件的防腐蚀。

（1）基础防腐蚀。无论采用何种结构型式，海上风电机组基础的结构材料均为钢材或钢筋混凝土。海上风电机组基础的防腐蚀需针对各腐蚀区区别对待，具体防腐蚀实施方案如下：

1）对于基础中的钢结构，海洋大气区的防腐蚀一般采用涂层保护或喷涂金属层加封闭涂层保护。

2）飞溅区和潮差区的平均潮位以上部位的防腐蚀一般采用重防腐蚀涂层或喷涂金属层加封闭涂层保护，亦可采用包覆玻璃钢、树脂砂浆以及包覆合金进行保护。

3）潮差区平均潮位以下部位，一般采用涂层与阴极保护联合防腐蚀的措施。

4）全浸区的防腐蚀应采用阴极保护与涂层联合防腐蚀措施或单独采用阴极保护，当单独采用阴极保护时，应考虑施工期的防腐蚀措施。

5）海泥区的防腐蚀应采用阴极保护。

6）对于混凝土墩体结构，可以采用高性能混凝土加采用表面涂层或硅烷浸渍的方法，可以采用高性能混凝土加结构钢筋采用涂层钢筋的方法，也可以采用外加电流的方法，对于混凝土桩，可以采用防腐蚀涂料或包覆玻璃钢防腐蚀。

（2）塔筒防腐蚀。一般来说，海上风电机组的塔筒分布于海洋大气区、飞溅区、潮差区。塔筒位于不同腐蚀区的内表面防腐蚀措施相差不大，而外表面位于海洋大气区、飞溅区、潮差区的各部分就应该有区别对待。塔筒内部部件的防腐蚀需要根据其特性、工作载荷而定。此外，塔筒门必须密封好，防止盐雾通过塔筒门进入塔筒内部，对塔筒内表面和内部件造成腐蚀。海上风电机组塔筒内外表面的防腐蚀方案见表 6.6。

表 6.6　　　　　　　　海上风电机组塔筒内外表面的防腐蚀方案

位　　　置	涂　　层	涂料品种	干膜厚度/μm
塔筒内表面	底漆	环氧富锌底漆	60
	中间漆	环氧云铁	120
	面漆	聚氨酯面漆	60
塔筒外表面	底漆	环氧富锌底漆	80
	中间漆	环氧云铁	160
	面漆	聚氨酯面漆	80

（3）齿轮箱防腐蚀。在海上风电机组的各部件中，齿轮箱是故障率比较高的部件之一，除了疲劳载荷的作用，其腐蚀影响也是很重要的一方面，处于海上风电机组运行环境下的钢结构极易受到严重的腐蚀。海上风电机组齿轮箱的内表面、外表面、箱体结合面的工作环境都不同，需要分别采取相应的措施。必要时要安装空气滤清器，以吸收空气中的水分和盐分，同时捕获齿轮箱中溢出的油雾，分离油和空气，避免油的动化损失。

（4）发电机防腐蚀。同齿轮箱一样，发电机的防腐蚀措施也需要根据发电机各部分的材料、工作环境而定，电机表面、轴承部分、电机引线接头、冷却器外壳等的防腐均需根据各部分特性及工作环境而定；冷却器换热管设计、冷却器结构设计和制造等也应避免各种可能的腐蚀破坏。

（5）变桨、回转支承防腐蚀。变桨、偏航回转支承对防腐蚀的要求较高，涂层的防腐蚀寿命要求不低于 20 年。

6.3　海上风电场

海上风电场从构成上来看，主要包括海上风电机组、海上集电系统、海上变电站以及向外输送电力等部分，如图 6.17 所示。其中海上风电机组部分在本章 6.2 节已做了详细的阐述，这里重点阐述海上集电系统、海上变电站以及海上电力输送方式。

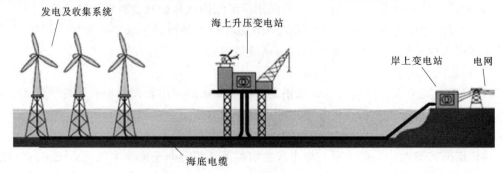

图 6.17　海上风电场构成示意图

6.3.1 海上集电系统

在海上风电场中，集电系统部分是将各台海上风电机组产生的电能汇集到海上升压变电站。

6.3.1.1 海上集电系统构成

海上集电系统主要包括海底电缆线路和开关设备。集电系统采用就近原则，按组汇集电能，每组风电机组数目大致相同，一般为 3～10 台。图 6.18 为树状拓扑布局的海上集电系统示意图，一座海上升压变电站连接着 7 条馈线，每条馈线集电线路连接 7～10 台风电机组，图 6.18 中数字代表风电机组编号，箭头代表电流流向。

在海上集电系统中，电缆是其主要构成设备，它连接着风电机组与海上变电

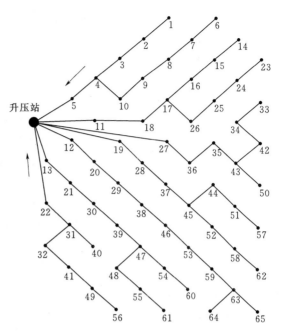

图 6.18　海上集电系统示意图

站，是主要的输电线路形式。电缆设置在海底之下，通常是由几根或几组导线绞合而形成的导体。不同于架空线路，不需要条形或格形布置，海底电缆更利于设备检修，并且视觉上更美观，但直埋电力电缆设备的难度更大、投资更高。由于海底自然环境的变化不可预见，海上风电场所用的海底电缆在设计和制造方面难度较大。电缆具有多种材料、截面积和截面形状，应根据电压等级和环境条件并满足运行的安全稳定性进行合理选择。

断路器、隔离开关、接地开关、互感器、母线、出线套管或电缆终端头分别密封，由高压配电设备集中并充满了绝缘介质 SF_6 气体的整体外壳，这便是全封闭组合电器（GIS）。它拥有小且轻、结构紧凑、受大气影响小、检修所需时间短、能有效避免触电和电磁干扰等诸多优点，十分适合在复杂的海上工作环境中使用。

6.3.1.2 海上集电系统布局

1. 集电系统布局的影响因素

（1）稳定性。进行集电系统布局，首先要保证整个系统的正常稳定运行，主要体现在电气特性方面：海上风电场运行时集电系统能够正常工作，长时间地维持安全稳定的电流传输，并且在发生故障时能够及时采取应对措施，恢复功率传输。检验集电系统稳定性的主要指标主要有海上风电场有功损耗以及汇流电压偏差。一般情况下，集电系统的电气特性包括稳态性能和动态性能两部分。经分析计算，常用的集电系统布局方案其稳定性和动态性能均能满足稳定性的要求。

（2）实用性。海上风电场建设受到建设、施工、环境等各方面的约束。因此，在设计集电系统布局方案时，需要综合全面地分析评估施工背景，否则缺乏实用性的布局方案难以投入生产带来预期效益，具体包括以下内容：

1）集电网络不能存在电缆交叉。考虑到敷设的水下深度和海水的冲刷作用，海底电

缆之间的交叉净距将难以确保，因此交叉敷设方式将严重妨碍处于下层的海底电缆的日常维护和故障维修。

2）海底电缆两侧应留有空隙。这一空隙应至少有50m，以保证检修船便于开展检查和维修工作。

3）尽量避免与其他线路重叠。

4）海底电缆的线路应避开来往船只多的海域。在海上风电机组和海上升压变电站之间或风电机组与岸上变电站之间，海底电缆的传输距离较长，由于线路区域较大，有可能会与繁忙的航道发生重叠穿叉。因此，海底电缆路由必须充分考虑风电场海域周围的航道限制。

（3）可靠性。集电系统可靠性，是指集电系统能够向海上变电站提供质量合格、连续电能的能力。其中，充裕度与安全性两方面是可靠性的主要体现。可通过定量的指标来度量可靠性。在海上风电场中，作为海上风电机组和海上升压变电站之间的关键电气部分，若集电系统发生内部故障，会显著影响整个海上风电场的工作效力、增加故障机会成本、影响经济效益，甚至可能影响电网的安全稳定运行。提高集电系统的可靠性，将有效降低集电系统的故障机会成本，保障海上风电场的经济效益。

（4）经济性。海上风电场集电系统的一次性投资和运行维护的成本一般较高，显著影响整个海上风电场的总投资成本。而在发电收入一定的情况下，投资成本又决定了发电的经济效益，最终的经济效益转化为利润，利润代表了企业管理者和所有者的最终利益实现。因此，在进行海上风电场规划设计时，集电系统的经济性问题不容忽视。

2. 集电系统布局形式

海上风电场常用的集电系统布局形式主要有放射形布局、单边环形布局、双边环形布局、复合环形布局、星形布局5种。

（1）放射形布局。放射形布局将若干风电机组连接在同一条海底电缆上，整个海上风电场的电能通过若干个海底电缆输送到汇流母线上。放射形布局中主电缆较短，从集电系统母线到馈线末端电缆截面可以逐渐变细。其优点是结构简单、操作简便、接线方式灵活可变、购置成本较低，能适用于风电机组布点不规则的场合；缺点是结构可靠性不高，如果电缆的某处发生故障，那么整条电缆都将被迫切除，与其相连的所有风电机组都将停运。基于放射形布局的海上风电场集电系统采用的设计通常为变压器接口处每根中压电缆配置一个开关。这种配置方案开关数量少，投资成本较低。但是，一旦电缆发生故障，引起开关跳闸，所在电缆将终止风电功率输出，进而带来很大的故障损失。

（2）单边环形布局。单边环形布局是基于放射形布局的基础，通过增加的一条冗余的电缆，将每一条电缆末端连回汇流母线。一旦海底电缆某处发生故障，可以通过加装在海底电缆上的断路器进行故障切除，以确保风电机组的正常有序运行。该布局的优点是集电系统可靠性大大提高；缺点是新增电缆回路的投资成本较高，操作方法不够简便。

（3）双边环形布局。双边环形布局也是基于放射形布局，通过增加的一条冗余的电缆，将两条相邻电缆末端的风电机组相连。由于电缆连接的风电机组数量加倍，电缆额定功率也将加倍，对馈线传输容量有更高的要求。该布局的优缺点基本与单边环形布局的优缺点相同。

（4）复合环形布局。复合环形布局将单边环形布局与双边环形布局进行结合。将所有电缆末端的风电机组互连，然后通过一条冗余的电缆连回到汇流母线上。该布局相比于单边环形布局冗余电缆的数量更少，相比于双边环形布局电缆额定容量要求更低。

（5）星形布局。星形布局结构的每条电缆馈线上连接单台风电机组。星形布局结构的优点是能保证系统的可靠性，也同时降低了对电缆额定容量的要求。但由于星形结构中心处需要复杂的风电机组开关配置，增加了该结构的投资成本。此外，星形布局结构在能量捕获能力方面不够理想。星形结构在风源风向变化较大的海域应用较多。

6.3.2 海上变电站

海上变电站是海上风电场除风电机组外的重要组成部分，其作用在于提高海上风电场的电压输送等级，从而减少电能损耗，尤其在远距离输电上此作用更为突出。

6.3.2.1 海上变电站总体布局和设备选择原则

1. 海上变电站总体布局

海上升压变电站一般布置于近海海域，属环境潮湿、重盐雾地区。由于海上升压变电站造价昂贵，平台上电气设备宜布置紧凑合理，选择符合运行要求的产品，尽量减少设备维护工作量。参考国外工程经验，海上升压变电站功能室主要包括以下部分：

（1）主变压器室、220kV 配电装置室、35kV 配电装置室、无功补偿设备室、站用变压器室、柴油机室等一次设备室。

（2）计算机监控室、继电器室、蓄电池室等二次设备室。

（3）水泵房、消防室、储油室、休息室、卫生间等辅助设备室。

（4）电缆层、油坑、电缆竖井等辅助房间。

（5）逃生通道、走廊、楼梯等通道。

（6）直升机平台。

海上升压变电站一般采用钢结构建筑物，三层布置。底层甲板为电缆层；一层甲板布置 220kV 主变压器、220kV 配电装置、35kV 配电装置及无功补偿装置等；二层甲板布置二次设备室、蓄电池室等；顶层布置直升机平台。

2. 海上变电站设备选择原则

海上升压变电站总体布置和设备选择应充分考虑以下原则：

（1）站址选择应结合海上风电场布置整体考虑。应根据风电场位置、装机容量、离岸距离、接入系统方案、海洋环境、地形地质条件、海底电缆、场内外交通情况，综合考虑设计、施工、运行及维护、投资、建设用海等因素，合理选择海上升压变电站的站址。

（2）总平面布置应考虑设计施工和运行维护特点。应综合考虑设计施工和运行维护特点、海洋环境要求等因素，确定海上升压变电站平台的总体布局方案，布置划分各功能系统区域、选择合理的电气设备布置型式。海上升压变电站宜采用户内型式，模块化布置。按功能和电压等级划分各功能室模块，模块的长宽高宜统一，便于海上运输、拼接和更换。

（3）设备选择应满足海洋运行环境要求。海上升压变电站设备及生产辅助设施应满足海洋运行环境的要求。电气设备的设计、制造与安装应考虑安全和便于检修，注重集约化、小型化、无油化、自动化、免维护或少维护的技术方针，选择性能优越、可靠性高、免维护或少维护、能满足潮湿重盐雾等恶劣环境条件下稳定运行要求的设备。

（4）电气布置应充分考虑基础平台结构要求。海上布置的变电站建设成本较高、难度较大，变电站基础平台的面积由电气设备的布置决定，同时海上变电站平台结构对电气设备布置也提出了很高的要求和大量的限制条件。因此电气布置应充分考虑基础平台结构要求，布置尽量紧凑、设备荷载均匀、结构受力合理、基础型式经济。

一般情况下，海上升压变电站主变压器、高压配电装置室、35kV 配电装置室宜布置在海上平台主结构层。土建工程宜一次建设完成，不考虑扩建。

（5）满足现行海上建筑物相关标准要求。海上升压变电站作为海上建筑物有其特殊性，除需满足电力行业相关标准和规范要求外，在通航标识、安全逃生、暖通消防、海洋环保等方面需参照海上建筑物的相关标准要求执行。

3. 海上变电站与陆上变电站的比较

海上变电站与陆上变电站在电气结构方面并没有太多的差异，其主要异同点见表 6.7。

表 6.7　　　　　　　　　海上、陆上变电站主要异同点

比较项目	陆 上 变 电 站	海 上 变 电 站
电气结构	基本一致	
建筑结构	无地基平台，可选户内、户外型变电站	需建基础、平台，只采用户内型变电站
电压等级	所用现行电压等级均可	110kV 或 220kV 交流，±30kV，±80kV
变电方式	采用三绕组变压器，连接 3 个电压等级	采用双绕组变压器，连接 2 个电压等级
设备选择	各类型均可	多采用 GIS 等占地小的设备
保护	可利用自然接地体，防潮要求一般	需设可靠接地体，防盐雾要求高
散热	一般采用普通空气散热	采用分体式设备与特殊散热材料
通风	一般采用自然通风	自然通风再结合局部通风方式

6.3.2.2　海上变电站设计

随着海上风电场建设规模的不断扩大，海上变电站已成为不可或缺的部分。以中国某102MW 大型海上风电场为例，设计专用 35/110kV 海上变电站，主要内容包括海上变电站选址、主接线设计、主要电气设备选型与校验（包括主变压器、35kV 海底电缆、母线、断路器、隔离开关与电流互感器在内的 GIS 设备等）、雷击过电压与接地等海上变电站保护措施以及短路电流计算。

1. 海上变电站选址

综合分析丹麦 Nysted 与 Horns Rev 海上变电站选址情况，海上变电站的选址需要考虑相应水文条件、海底岩层情况与生态环境保护影响，还需要考虑海底电缆的情况。海上变电站的建设应有利于降低海底电缆的成本与铺设费用，提高海底电缆的可靠性，并能够提供一个海上平台用于对海上风电机组与电缆的检修与维护。

该海上变电站的选址参考了相关工程建设的经验，在符合水文条件、岩层条件与生态条件的情况下，选择在离海上风电场较近的位置建设海上变电站，具体位置位于图 6.19

中西侧第二排风电机组北面 0.5km 处、离某大桥 2km，离岸边 8km，粗略估计可以节省 30% 左右的海底电缆，大幅减少海底电缆投资，并提高了其可靠性。

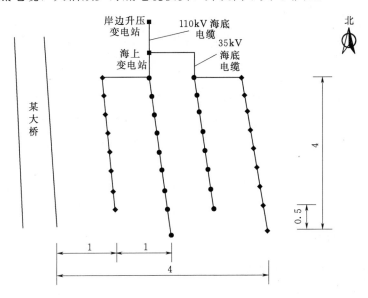

图 6.19　海上风电场风电机组与变电站方位图（单位：km）

●—风电机组；■—升压变电站

2. 主接线设计

（1）电气主接线设计（图 6.20）原则如下：

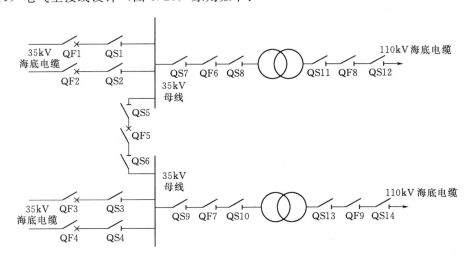

图 6.20　电气主接线图

1）可靠性。主接线应保证对用户供电的可靠性，特别是针对重要负荷，还要求能够在线路、电气设备故障或检修时保障供电的可靠性。

2）灵活性。主接线应能灵活地适应各种工作情况，便于切换线路、调配负荷，在设备检修或出现故障时，能够安全并灵活地停运相关设备扩建时，能满足初期建设到最终接线的要求。

3) 经济性。主接线要求在保证可靠性、灵活性与其他技术条件的前提下，应尽量减少投资、运行费用和占地面积。

(2) 确定电气主接线形式。常用的电气主接线形式主要有线路变压器主接线、桥形接线、多角形接线、单母线分段接线、双母线接线、双母线带旁路接线、双母线分段带旁路接线和 3/2 断路器接线等。

根据海上风电场的规模，并考虑到运行可靠性要求，确定海上变电站配置两台主变压器。根据主变压器台数以及占地等因素，并考虑低压侧采用 GIS 设备后可靠性得以提高，低压侧采用单母线分段接线方式，故障时可以通过合分段来转移负荷，接线简单、节省占地高压侧则采用线路变压器接线方式，不仅接线布置方便、占地少，且利于实现无人运行，适合海上变电站实际情况。此外，采用线路变压器接线，高压侧海底电缆只需足够输送一台主变压器容量即可，不需要太大的预留量，有利于降低海底电缆成本。

6.3.3　海上风电场电力输送方式

6.3.3.1　海上风电场电力输送现状

由于海上风电场的风速更大、更加连续不断，海上风电场比陆上风电场的风能利用效率更高，但技术难度更大。陆上风电场大多采用 110kV 的中压电缆传输，由于海上风电场的产能量大，从 1998 年开始在海上风电场中均采用 110kV 及以上的中高压电缆传输，技术难度加大。随着已建和拟建的海上风电场容量的不断增大，海上风电场电力输送技术越来越引起业界的重视。

海上风电场电力输送方式主要有高压交流（HVAC）输电和高压直流（HVDC）输电两种基本方式。其中，直流输送方式又分为 3 类：①传统的基于晶闸管换流器（PCC）的直流输电技术；②基于电压源变流器（VSC）的轻型直流输电技术；③混合 HVDC 输电技术，组合了 VSC 轻型 HVDC 输电与传统晶闸管 HVDC 输电的特点。

从经济和技术上考虑，输电方式取决于海上风电场的类型和风电场到电网连接点的距离。

研究海上变电站抵抗恶劣环境的技术，保证其在海浪、强风、盐雾、潮湿等条件下安全运行，海上风电场变电站的有效建设/布置方法和技术，以及柔性直流输电等适合海上风电的先进输电技术。主要包括：①海上风电场变电站技术和建设方案研究；②易维护和轻型化的海上风力发电输变电技术研究；③海上风电柔性直流输电技术研究。

6.3.3.2　海上风电场电力输送形式及其特点

1. 高压交流（HVAC）输电方式

HVAC 输电使用海底电缆连接风电场和电网，能够单独运行和双向输电，其主要由交流高压海底电缆、风电场侧变压器、升压主变压器、高低压开关设备、动态无功补偿装置和陆上变压器等构成，原理图如图 6.21 所示。海上风电场的高压交流输电系统一般包括：海上风电场内部交流电采集系统、带有海上风电场无功补偿的海上变电站、连接到陆上电网的三芯高压交流聚乙烯绝缘电缆和陆上静态无功补偿装置（SVC）。

目前，海上风电场普遍采用交流输电加静止无功补偿器的形式。海上风电场的场内集电线路一般采用 35kV 电压等级，风电机组采用"一机一变"的方式升压至 35kV，多台风电机组发出的电能经集电系统汇集后再送入升压变电站。根据海上风电场的规模大小以及离岸距离的远近，升压变电站可建设在陆地或海上。

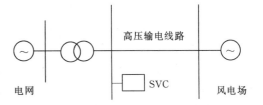

图 6.21 HVAC 输电的原理图

海上升压变电站往往通过更高电压等级的交流电力电缆接入岸上电力传输系统。

当海上风电场的规模相对较小且风电场离海岸距离较近时，风电机组一般采用加无功功率补偿装置的交流电缆的输电方式接入陆上电网。其中，对于大功率或长距离输电而言，则必须使用无功补偿装置。但对于短距离和小功率的情况，可直接连接，而不需要无功补偿装置。

交流输电具有造价成本低、功率损耗低、功率翻转快的优点，但大容量远距离的输电会造成输电线路的损耗增大且线路的电压降也很大，造成线路末端的电网电压不能满足电能质量的要求，同时风电场的稳定运行也需要一定的无功功率的支撑，线路传输有功功率的增大也会引起线路无功功率需求的增大，这将造成系统无功的不足，影响局部电网的电压稳定性。另外，当系统出现短路等故障时会引起系统电压的降低，而这会迅速传递到风电场侧。由于风电机组的稳定运行受机端电压的影响较大，电压的降低会引起风电机组的脱网，进一步造成系统有功功率的不足进而引起频率的波动等。

2. 传统的 HVDC 输电方式

由于 HVDC 输电方式固有的物理特性，当其应用于大功率远距离输电、海底电缆和交流系统间异步连接等场合时，HVDC 输电方式的优点超过交流输电方式。图 6.22 为采用双极型 HVDC 输电系统结构。双极型 HVDC 输电系统由两个基于晶闸管技术的换流站和两条直流输电线路构成，两个换流站结构相同，主要包括直流和交流滤波器、换流变压器、基于晶闸管阀的换流器、平波电抗器、电容器组和静态同步补偿器、直流电抗器和回传通道、辅助功率设备及控制和保护设备。在整个系统中，最关键的技术就是晶闸管技术和基于相控的换流器技术，并通过相位控制的方式来调节直流电压的大小。

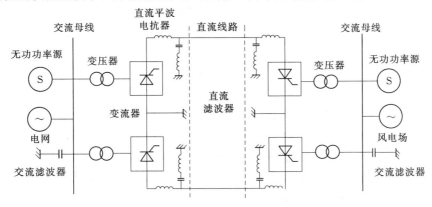

图 6.22 双极性 HVDC 输电系统结构

203

　　传统的 HVDC 输电方式需要配置大型的陆上和海上变电站,为满足必要的性能和可靠性要求,需要借助辅助设备供应换向电流。此外,换流站的晶闸管阀会吸收大量无功功率并产生谐波,因此,需要安装大量的滤波装置。

　　传统 HVDC 输电方式可以控制有功功率的流动、实现非同步联网,具有一定的阻尼功率振荡的作用,且不存在稳定性问题。另外由于晶闸管能承受的电压和电流容量仍是目前电力电子器件中最高的,而且工作可靠,因此传统 HVDC 传输的功率比较大,传输距离长。但传统 HVDC 也存在一定的缺陷,如换流站需要吸收大量的无功功率;传统 HVDC 功率的翻转需要改变电压的极性使得功率的翻转速度较慢;谐波次数低、容量大,滤波设备复杂且占用面积大等。

　　3. VSC - HVDC 输电方式

　　VSC - HVDC 输电方式采用 IGBT 和 PWM 技术,三相交流电通过换流站整流成直流电,然后再通过直流输电线路送往另一个换流站并逆变成三相交流电,如图 6.23 所示。VSC - HVDC 主要由 VSC 换流站的电路断路器、电网侧谐波滤波器、连接变压器、换流站侧谐波滤波器、VSC 单元、VSC 直流电容、直流谐波滤波器、直流电抗器、直流电缆或架空输电线及辅助功率设备等构成。

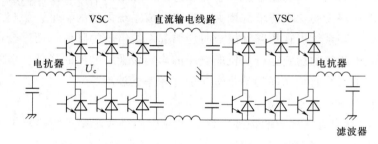

图 6.23　VSC - HVDC 输电的原理图

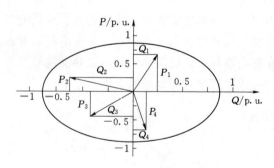

图 6.24　VSC - HVDC 输电的 PQ 图

　　使用 VSC - HVDC 输电方式可以在所有的 PQ 工作区域内的 4 个象限运行,即有功功率可以双向传输,同时产生容性或感性无功功率,如图 6.24 所示。晶闸管换流器只能吸收感性无功功率,如图 6.25 所示。

　　在海上风电场中,VSC - HVDC 输电方式将风电机组产生的有功功率输送给电网,同时把电网产生的无功功率输送给风电机组,因此,易于控制连接点的电压和无功功率。VSC - HVDC 输电方式可以独立运行,双向输电,提高交流电网的功角稳定性,所用的滤波器少,有功和无功功率能够独立控制,直流电流反向即可实现潮流反向,具有出现故障后系统快速恢复供电和黑启动能力,且海上风电场不必与电网同步等。

　　即使在发电和负荷变化极快的情况下,VSC - HVDC 能给交流电网增加很大的稳定裕度,同时可以消除湍流风引起的电压闪变。根据风速调节风电机组,实现最大功率跟踪(MPPT)并控制风电机组的母线频率,实现风能的最大捕获,提高风电机组的使用效率。

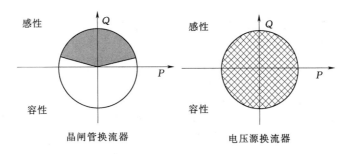

图 6.25 晶闸管换流器和电压源换流器的 PQ 图比较

此外，由于隔离了海上风电场与电网的扰动，因此海上风电场可以运行在变化的频率，实现风能的最大捕获，并根据电网的要求控制输出功率。

目前，国外采用 VSC - HVDC 输电的代表性海上风电工程有丹麦的 Tjaereborg 风电场、瑞典的 Gotland 风电场，这两个海上风电工程的直流电压分别为 $\pm 9kV$ 和 $\pm 80kV$，传输功率及传输距离分别为 8MW/4km 和 65MW/70km。

4. HVAC 与 HVDC 输电并联的输电方式

该输电技术方案经济实用，通常由于大型海上风电场往往会分多个阶段建成，在第一阶段往往会建设容量相对较小的风电场，在后续阶段再完成整个风电场建设。在这种情况下，可以采用 HVAC 和 HVDC 输电的组合输电方式，如图 6.26 所示。其中，在第一阶段由于风电场功率较小，采用 HVAC 输电方式；在后续阶段，采用 HVDC 输电方式。

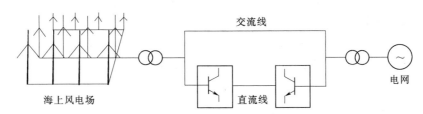

图 6.26 用 HVAC 和 HVDC 输电并联连接海上风电场与电力系统的原理图

5. 海上风电场中各种输电方式的综合分析比较

表 6.8 分析比较了 HVAC、传统的 HVDC 和 VSC - HVDC 输电方式的特点。

表 6.8 HVAC、传统的 HVDC 和 VSC - HVDC 输电方式比较

输电方式	HVAC	传统的 HVDC	VSC - HVDC
电压水平	132kV 已建，220kV 和 400kV 更高电压等级在开发中	可达到 $\pm 500kV$	可达到 $\pm 150kV$，已提出 $\pm 320kV$ 电压等级
最大可传输容量	800MW（400kV）、380MW（220kV）及 220MW（132kV），传送距离 100km	可达到 600MW（$\pm 500kV$）	已建 350MW（$\pm 150kV$）；500MW（计划中）；1080MW（研究中）
工程建设情况	已有若干海上风电场工程经验	无海上风电场工程经验	已有多个海上风电场示范工程经验，如 Tjaere - borg 工程（丹麦）、Gotland 工程（瑞典）

续表

输电方式	HVAC	传统的 HVDC	VSC-HVDC
大面积停电后系统的自恢复能力	有	无	有
支持电网的能力（无功功率控制功能）	无，需要 SVC/SVG 提供感性无功功率	无，需要 FC/STATCOM 提供感性无功功率	有，VSC 可吸收和产生感性无功功率
解耦连接的电网	否	能	能
海上变电站	已有实际工程建造及运行经验	无工程经验	已有工程示范经验
海底电缆及模型	交流电缆，R-L-C 参数模型	直流电缆，R 参数模型	直流电缆，R 参数模型
需要辅助设备	不需要	低风速时需要	低风速时需要
海上升压站规模	同等容量下最小	同等容量下最大	同等容量下较大
建造费用	建变电站的花费最小，仅仅是变压器的少量花费，但电缆的花费很高	建变电站的花费比较高（变压器、晶闸管阀、滤波器及电容器组），但电缆的花费低	比传统直流输电的电站的费用高 30%~40%（因 IGBT 比晶闸管更贵），电缆花费也比采用传统直流输电的高
风电场与电网同步	需要	不需要	不需要
损耗	最大	较小	最小

其中，HVDC 和 HVAC 相比较，显著减少了系统的故障，避免了对变压器、开关设备和其他设备必要的升级。因为没有容性电流，所以直流输电更有利于长距离输电。但相对于 HVAC 输电，HVDC 输电的陆地和海上变电站的建设费用很高。VSC-HVDC 输电方式相对于传统的 HVDC 输电方式，能够对有功和无功功率进行独立控制，解决了传统 HVDC 输电需要吸收大量无功功率和容易出现换相失败等问题。

此外，各种输电方式的使用范围也不一样，总的来讲，HVAC 输电方式结构简单、成本低，但是传输距离和容量受限，适合小容量、近距离的海上风电场并网；传统的 HVDC 输电方式不受传输距离的限制，风电场的频率可以大范围变化，但换流站成本较高，一般用于特大型海上风电场并网；VSC-HVDC 输电方式优点最多，非常适合于海上风电场与岸上电网的并网连接，但受大功率 IGBT 发展水平的限制，VSC-HVDC 输电系统的最大传输容量目前只能达到数百兆瓦，且换流站成本较高，因此较适用于中大型海上风电场的并网。

6. 海上风电场电力输送应用

图 6.27 为海上风电场电力输送距离与输送功率的关系。可见，在小功率和短距离的情况下，最好采用 HVAC 输电方式；随着功率的增加和距离的增大，采用 VSC-HVDC

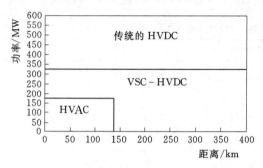

图 6.27　海上风电场电力输送距离
与输送功率的关系

输电方式比较合适；而对于大负荷和长距离，则需要采用传统的 HVDC 输电方式。

6.4　海上风电场运行与维护

随着海上风电技术的迅猛发展，海上风电逐渐步入规模化发展的新阶段，浅海区域远远不能满足海上风电发展要求，海上风电场离岸距离会不断加大，由浅海向深海发展将成为必然趋势，对其进行有效的运行维护管理也成为必须面对的问题。由于受到风电机组本身的特点以及海洋条件的制约，海上风电场的运行与维护，相对于陆上风电场的难度更大，要求更高。

海上风电场的运行是指通过一定的规范操作和管理，使风电场正常发电运行，实现其预期经济和社会效益的过程。海上风电场的运行通常包括日常运行、调度运行、监测、试验检测等环节。海上风电场的维护是指对海上风电机组及其他风电场内主要设备进行保养或发生故障后进行维修，使其恢复正常工作能力。而海上风电场的可维护性是指对海上风电场进行保养是否方便，或海上风电场内发生故障后进行维修，使其恢复正常工作能力的能力，反映了海上风电场保养维修的难易程度。

6.4.1　海上风电场运行与维护内容及特点

1. 海上风电场运行与维护工作内容

（1）海上风电场运行的主要工作内容如下：

1）监测海上风电场所在海域的海洋水文天气信息。

2）监测海上风电机组、海上升压站设备及海缆监控系统各项参数变化情况，发现异常情况应进行连续监测，并及时处理。

3）监控钢结构基础防腐蚀外加电流系统。

4）监控海上升压站平台生产、生活辅助设施。

5）检查海上作业登记及交接班情况。

6）根据海上风电场安全运行需要，制定海上逃生救生、船损、火灾、爆炸、污染等各类突发事件及台风、风暴潮、寒流、团雾、冰凌等恶劣天气下的应急预案。

7）在运行过程中发生异常或故障时，属于海洋海事管辖范围的，应立即报告。

8）与陆上风电场相同的运行工作按照《风电场运行规程》（DL/T 666—2012）的有关规定执行。

9）海底电力电缆运行按照《海底电力电缆运行规程》（DL/T 1278—2013）的有关规定执行。

（2）海上风电场维护的主要工作内容。海上风电场维护包括巡视和定期维护，其主要工作如下：

1）根据海上风电场所在海域的海洋水文天气信息等情况，确定维护计划。

2）检查海上风电机组基础及其安全监测系统。

3）检查钢结构基础防腐蚀外加电流系统或阴极保护系统。

4）检查、维护和管理海上风电机组和海上升压站平台生产、生活辅助设施。

5) 检查海缆监控系统。

6) 检查海床稳定及冲刷情况。

7) 检查海上作业交通工具、助航标志及靠泊系统。

8) 检查海上逃生救生安全器具。

2. 海上风电场运行与维护的特点

海上风电场运行与维护的特点具体体现在以下方面：

(1) 海上风电场运行与维护的技术要求更高。由于海洋带来的不利影响，在设计时就会兼顾考虑海上侵蚀、船舶运输、海上吊装等相关因素，同时需要更高的技术手段来保障海上风电场的安全运行。此外，海上风电场通常会配备更多的监控模块来监控风电场的运行情况，使得风电场的技术装备相对更为复杂，也给风电场运行与维护提出了更高的要求。

(2) 海上风电场维护受环境影响的程度更大。海上风电场多处于海洋性气候和大陆性气候交替影响的区域，这些区域气候变化较大，使得在海上进行风电场维护作业的时间大大缩短，对风电场的及时有效维护影响较大。

(3) 海上风电场运行与维护的费用更高。据统计，海上风电场的运行与维护成本约为陆上风电场的 2~4 倍，甚至更高。从而亟须从根本上来提升风电场整体运营效率以降低其运营费用。

6.4.2　海上风电场运行与维护策略及方案

1. 海上风电场运行与维护策略

海上风电场一般采用预防性维护与事后修复相结合的运维策略。

(1) 预防性维护。主要包含定期维护与状态检修两种。

1) 定期维护，是依据事先制定的维护计划进行的风电场预防性检查与维护，主要是对风电机组各部件进行状态检查与功能测试。定期维护可以让设备保持最佳的状态，并延长风电机组的使用寿命，一般安排在风速较小的情况下进行。如中国东海大桥海上风电场的定期维护避开热带气旋与风能丰富时期，通常安排在每年的 5 月和 11 月。

2) 状态检修，是指通过海上风电场状态监测系统提取的相关状态信息，结合在线或离线健康诊断或故障分析系统的结果，而制定的维护策略。状态检修可以在一定程度上基于风电场各主要设备以及风电机组各部件的健康状态进行预防性维护，还可以结合海上天气信息、风电场多台风电机组状态、故障信息、维护成本、资源损耗与生产效益之间决策出最优平衡点，并由此确定出效率最高的维修方式。

(2) 事后修复。主要分为故障修复和应急维护两种。

1) 故障修复，是指故障发生后进行的维护，其间隔周期具有不可预见性，维修方式从手动重启到更换大型部件等，依具体故障情况而定。由于故障元件的大小不同，所需的船只与设备也不尽相同，可能遭遇的天气及现实条件具有很大的随机性，导致海上风电场故障检修相对陆上风电场存在更多的不确定性因素。

2) 应急维护，是指在突然出现应急情况下做出的设备反映与处理。在海上风电场运维中主要是指海上风电机组在遭遇海上飓风、超强雷暴等极端气象灾害的袭击或电网故障引起的高强电涌冲击后造成整体致命损毁时，对风电机组若干部件或整机进行的修复。

2. 海上风电场运行与维护方案

海上风电场的运维方案必须基于天气因素及运维成本考虑，合理分配维护人员数量、船只、备件等，选择实时情况下的可进入方式。一个典型的海上风电场故障修复逻辑如图6.28 所示。

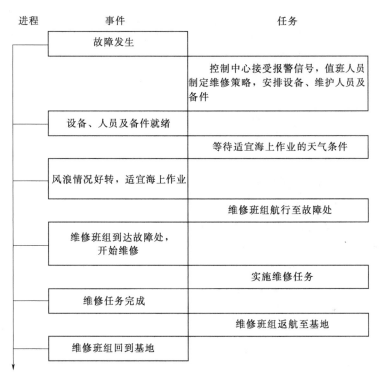

图 6.28 海上风电场故障修复逻辑图

6.4.3 海上风电场运行与维护的主要影响因素

1. 海上风电机组的可靠性

在海上环境中风电机组必须能忍受在波浪和风的双重载荷中长期持续的运行、刚启动时扭矩的快速变化和周围的盐雾腐蚀等影响，提高风电机组可靠性能，提高其可利用率，降低运维成本。

2. 海上风电场的可及性

海上风电场的可及性是在经济和安全上可接受的天气状况下，将维护人员和配件运抵现场进行检修或维护。海上风电场现场作业受潮位、天气影响大，海上作业时间短，风电机组缺陷处理花费时间长，完成与陆上风电场相同的工作量所耗费的时间远高于陆上的。

3. 海上风电场的维护检修成本

海上风电场运维的困难程度大，船只使用费用昂贵，无论从设备还是人员费用支出远远高于陆上风电场的，因此要综合考虑设备费用和发电损失以选择合适的通达方式。

4. 供应链

由于海上风电发展较晚，海上风电机组维护供应链的成熟度不高。目前海上风电场的备品备件库存可由主机厂家、风电场或第三方来管理。考虑到海上的盐雾、湿度和温度等的腐蚀影响，备品备件可存放在靠近海上风电场的岸上或海陆分库存放。同时有必要借助相应的供货渠道优势，降低关键零部件的采购价格，使运行维护成本更加合理化。

习　题

1. 简述海上风能的特点有哪些。

2. 简述盐雾、温湿度对风电机组造成的危害。

3. 海上风电机组受到的环境荷载与陆上风电机组有何不同？

4. 简述雷击对风电机组造成的危害及对应的防护措施。

5. 简述海上常见的风电机组基础形式及其特点。

6. 简述海上风电机组的特点和发展趋势。

7. 简述海上风电机组的防腐蚀方法。

8. 海上风电场的集电系统有哪几部分构成？

9. 简述海上风电场集电系统布局的主要形式。

10. 简述海上变电站与陆上变电站的差异。

11. 简述海上风电场的电力输送形式及其特点。

12. 简述海上风电场运行与维护的特点、策略和主要影响因素。

参 考 文 献

[1] 李俊峰，蔡丰波，乔黎明，等. 2014 中国风电发展报告 [M]. 北京：中国环境科学出版社，2014.

[2] 郑伟，何世恩，智勇，等. 大型风电基地的发展特点探讨 [J]. 电力系统保护与控制，2014，42 (22)：57 - 61.

[3] LEMMING J K, MORTHORST P E・CLAUSEN N E. Offshore wind power experiences, potential and key issues for deployment//IEA Workshop on Offshore Wind Power, Experiences. Potentials&Key Issues for Deployment, December 3, 2007, Berlin. Germany.

[4] MORGAN C A, SNODIN H M, SCOTT N C. Offshore wind, economics of scale, engineering resource and load factors [D]. Garrad Hassan and Partners Report, 2003.

[5] 吴佳梁，李成锋. 海上风力发电技术 [M]. 北京：化学工业出版社，2010.

[6] 王志新. 海上风力发电技术 [M]. 北京：机械工业出版社，2012.

[7] 张金接，符平，凌永玉. 海上风电场建设技术与实践 [M]. 北京：中国水利水电出版社，2013.

[8] 张万祥，常征，包道日娜. 海上风电机组防盐雾措施探讨 [J]. 风能，2011 (9)：66 - 67.

[9] 李慧，黄海军，王俊，等. 湿热沿海地区环境条件对风电机组的影响分析 [J]. 装备环境工程，2013 (5)：17 - 21.

[10] 吴远伟. 台风对沿海风电机组的危害及对策 [J]. 风能，2015 (2)：88 - 93.

[11] 陆道辉，杨勇，黄冬明. 随机波浪荷载作用下海上风电机组基础关键结构疲劳强度分析 [J]. 风能，2016 (8)：54 - 56.

[12] 赵海翔，王晓蓉. 风电机组的雷击过电压分析 [J]. 电网技术，2004，28 (4)：27 - 29.

［13］ 巴德新. 海上风电机组基础设计方案选型及灌浆连接设计［J］. 中国科技博览，2014（37）：80 -80.

［14］ 王伟，杨敏. 海上风电机组地基基础设计理论与工程应用［M］. 北京：中国建筑工业出版社，2014.

［15］ 杨校生. 风力发电技术与风电场工程［M］. 北京：化学工业出版社，2011.

［16］ 詹耀. 海上风电机组的防腐技术与应用［J］. 现代涂料与涂装，2012，15（2）：15 - 18.

［17］ 黄玲玲，曹家麟，张开华，等. 海上风电机组运行维护现状研究与展望［J］. 中国电机工程学报，2016，36（3）：729 - 738.

［18］ Muyeen S M，Takahashi R，Tamura J. Operation and Control of HVDC - Connected Offshore Wind Farm［J］. IEEE Transactions on Sustainable Energy，2010，1（1）：30 - 37.

［19］ 张曰强. 交直流混合风电并网协调运行方式研究［D］. 北京：华北电力大学，2013.

［20］ 王凯，孙海顺，胡晓波，等. 五端直流电网电压控制及功率分配策略［J］. 电力建设，2015，36（4）：52 - 58.

［21］ 吴杰，王志新，王国强，等. 电压源型直流输电变流器系统中电网侧变流器的反步法控制［J］. 控制理论与应用，2013，30（11）：1408 - 1413.

［22］ 张海亚，郑晨. 海上风电安装船的发展趋势研究［J］. 船舶工程，2016（1）：1 - 7.

［23］ 刘志杰，刘晓宇，孙德平，等. 海上风电安装技术及装备发展现状分析［J］. 船舶工程，2015（7）：1 - 4.

［24］ 黄必清，张毅，易晓春. 海上风电场运行维护系统［J］. 清华大学学报（自然科学版），2014（4）：522 - 529.

［25］ 黄玲玲，符杨，胡荣，等. 基于运行维护的海上风电机组可用性评估方法［J］. 电力系统自动化，2013，37（16）：13 - 17.

［26］ 刘志杰，刘晓宇，孙德平，等. 海上风电安装技术及装备发展现状分析［J］. 船舶工程，2015（7）：1 - 4.

［27］ 郑小霞，张秦墉，符杨，等. 面向海上风电机组运行维护的 Petri 网模型［J］. 电力系统及其自动化学报，2014，26（6）：10 - 13.

［28］ 高宏飙，孙小钎. 重力式海上风电机组基础施工技术［J］. 风能，2016（5）：62 - 65.

附　　录

　　　　　　　　　　　　中国风电标准分类与体系框架

序号	分　类	体　系　框　架	标准编号或计划号
风电场规划设计			
1	风能资源测量与评价	风电场风能资源测量方法	GB/T 18709—2002
2		风电场风能资源评估方法	GB/T 18710—2002
3	风电场工程可行性研究	风力发电项目可行性研究报告编制规程	DL/T 5067—1996
4		海上风电场工程可行性研究报告编制规程	NB/T 31032—2012
5	风电场设计	海上风力发电机组防腐规范	GB/T 33630—2017
6		风力发电场设计规范	GB 51096—2015
7		风力发电场设计技术规范	DL/T 5383—2007
风电场施工与安装			
8	风电场施工	海上风力发电工程施工规范	GB/T 50571—2010
9	风电场工程验收	风力发电场项目建设工程验收规程	GB/T 31997—2015
风电场运行维护管理			
10	风电场运行	风力发电场运行规程	DL/T 666—2012
11		风力发电场防雷技术规范	DB65/T 3931—2016
12		风力发电场安全规程	DL/T 796—2012
13	风电场维护	风力发电场检修规程	DL/T 797—2012
风电并网管理技术			
14	风电场接入电网	风电场接入电力系统技术规定	GB/T 19963—2011
15	风电入网检测	风电机组低电压穿越能力测试规程	NB/T 31051—2014
风力机械设备			
16	风力发电机组基础	电工术语 风力发电机组	GB/T 2900.53—2001
17		风力发电机组 通用技术条件和通用试验方法	GB/T 19960.1~2—2005
18	小型风力发电机组	风力机 术语	JB/T 7878—1995
19		小型垂直轴风力发电机组	GB/T 29494—2013
20		小型风力发电机组	GB/T 17646—2017/ IEC 61400-2：2013
21		小型风力机设计通用要求	GB/T 13981—2009
22	风力发电机组通用	风力发电机组 设计要求	GB/T 18451.1—2012
23		风力发电机组 功率特性测试	GB/T 18451.2—2012
24		风力发电机组 基于机舱风速计法的功率特性测试	GB/T 33225—2016
25		风力发电机组 验收规范	GB/T 20319—2017

序号	分类	体 系 框 架	标准编号或计划号
26		风力发电机组 电能质量测量和评估方法	GB/T 20320—2013
27		失速型风力发电机组	GB/T 21150—2007
28		双馈式变速恒频风力发电机组	GB/T 21407—2015
29		低温型风力发电机组	GB/T 29543—2013
30		台风型风力发电机组	GB/T 31519—2015
31		高海拔型风力发电机组	20170354－T－604
32		电励磁直驱风力发电机组	GB/T 35207—2017
33		直驱永磁风力发电机组	GB/T 31518.1～2—2015
34		风力发电机组 噪声测量方法	GB/T 22516—2015
35		风力发电机组 合格认证规则及程序	GB/Z 25458—2010
36		风力发电机组 运行及维护要求	GB/T 25385—2010
37	风力发电机组通用	风力发电机组 系列型谱	GB/T 25381—2010
38		风力发电机组 机械载荷测量	GB/Z 25426—2010
39		风力发电机组及其组件机械振动测量与评估	GB/T 35854—2018
40		风力发电机组 安全手册	GB/T 35204—2017
41		风力发电机组 时间可利用率	GB/Z 35482—2017
42		风力发电机组 发电量可利用率	GB/Z 35483—2017
43		风力发电机组 风力发电场监控系统通信	GB/T 30966.1～5—2014/ GB/T 30966.5～6—2015
44		风力发电机组 公称视在声功率级和音值	GB/Z 25425—2010
45		海上风力发电机组 设计要求	GB/T 31517—2015
46		海上风力发电机组 防腐规范	GB/T 33630—2017
47		风力发电机组 雷电防护	GB/T 33629—2017
48		风力发电机组 防雷装置检测技术规范	QX/T 312—2015
49		风力发电机组 塔架	GB/T 19072—2010
50		风力发电机组 风轮叶片	GB/T 25383—2010
51		风力发电机组 风轮叶片全尺寸结构试验	GB/T 25384—2010
52		风力发电机组 一般液压系统	JB/T 10427—2004
53		风力发电机组 偏航系统	JB/T 10425.1～2—2004
54	风力发电机组-系统 及零部件	风力发电机组 制动系统	JB/T 10426.1～2—2004
55		风力发电机组 球墨铸铁件	GB/T 25390—2010
56		风力发电机组 环形锻件	NB/T 31025—2012
57		风力发电机组 变桨距系统	GB/T 32077—2015
58		风力发电机组 高速轴液压钳盘式制动器	NB/T 31023—2012
59		风力发电机组 偏航液压钳盘式制动器	NB/T 31024—2012
60		风力发电机组 高强螺纹连接副安装技术要求	GB/T 33628—2017

序号	分 类	体 系 框 架	标准编号或计划号
61	风力发电机组-系统及零部件	风力发电机组 全功率变流器	GB/T 25387.1~2—2010
62		风力发电机组 双馈式变流器	GB/T 25388.1~2—2010
63	小型风力发电机组零部件	风力机械 产品型号编制规则	JB/T 7879—1999
64		小型风力发电机组	GB/T 19068.1~2—2017
65		离网型风力发电机组 第3部分：风洞试验方法	GB/T 19068.3—2003
66		离网型风力发电机组 安装规范	JB/T 10395—2004
67		离网型风力发电机组 验收规范	JB/T 10397—2004
68		离网型风力发电机组基础与联接 技术条件	JB/T 10405—2004
69		离网型户用风光互补发电系统	GB/T 19115.1~2—2003
70		小型风力发电机组用发电机 第1部分：技术条件	GB/T 10760.1—2017
71		离网型风能、太阳能发电系统用逆变器	GB/T 20321.1~2—2006
72		小型风力发电机组用控制器	GB/T 34521—2017
73		离网型风力发电机组 风轮叶片	JB/T 10399—2004
74		离网型风力发电机组 制动系统	JB/T 10401.1~2—2004
75		离网型风力发电机组 塔架	JB/T 10403—2004
76		离网型风力发电系统 售后技术服务规范	JB/T 10398—2004
77		离网型风力发电集中供电系统 运行管理规范	JB/T 10404—2004
78	风电电器设备基础	电工技术 风力发电机组	GB/T 2900.53—2001
79		风电电气安全通用要求	NB/T 31095—2016
80		低温型风力发电机组	GB/T 29543—2013
81		高原用风力发电设备环境技术要求	GB/T 31140—2014
82	风力发电机	永磁风力发电机制造技术规范	NB/T 31012—2011
83		风力发电机组低速永磁同步发电机	GB/T 25389.1~2—2010
84		双馈风力发电机制造技术规范	NB/T 31013—2011
85		风力发电机组 双馈异步发电机	GB/T 23479.1~2—2009
86		风力发电机组 异步发电机	GB/T 19071.1~2—2013
87	风电变流系统	双馈风力发电机变流器制造技术规范	NB/T 31014—2011
88		永磁风力发电机变流器制造技术规范	NB/T 31015—2011
89		失速型风力发电机组 控制系统 技术条件	GB/T 19069—2017
90		失速型风力发电机组 控制系统 试验方法	GB/T 19070—2017
91		风力发电机组 变速恒频控制系统	GB/T 25386.1~2—2010
92		双馈风力发电机组主控制系统技术规范	NB/T 31017—2011
93		风力发电机组电动变桨控制系统技术规范	NB/T 31018—2011
94	风电储能设备	储能用铅酸蓄电池	GB/T 22473—2008
95		全钒液流电池通用技术条件	GB/T 32509—2016

序号	分　类	体　系　框　架	标准编号或计划号
96	风电输配电设备	高压/低压预装式变电站	GB 17467—2010
97		风力发电用干式变压器技术参数和要求	NB/T 31062—2014
98		风力发电用低压成套开关设备和控制设备	NB/T 31037—2012
99		风力发电用低压成套无功功率补偿装置	NB/T 31038—2012
100		风力发电机组 双馈异步发电机用瞬态过电压抑制器	NB/T 31059—2014
101		风力发电机组 雷电防护	GB/Z 25427—2010
102	风电用电线电缆	风力发电机用绕组线	NB/T 31048.1～6—2014
103		风力发电导电轨（空气性母线槽）	GB/T 30123—2013

附表 2　　　　　　　**风电场各系统具体检修维护项目和周期表**

一、塔筒系统检修项目和周期

序号	项　目	检修方法及标准	定 检 周 期		
			首检（通常为投产后的 500h)	半年期	全年期
1	塔筒表面	是否有污物、脱漆或起泡现象	√	√	√
2	塔筒入口爬梯检查	梯子是否变形、开裂、脱漆，台阶是否水平，梯子是否固定牢靠	√	√	√
3	塔筒照明系统	全部塔筒灯安装固定良好，照明灯正常无损坏	√	√	√
4	塔筒门	检查百叶窗、门框和密封圈是否生锈或腐蚀、缺失、裂纹、损坏、堵塞	√	√	√
5	基础环处接地扁铁	接地扁铁与接地耳板的搭接面焊缝处无虚焊、开裂或生锈现象；汇流排各线鼻搭接面，严禁覆盖尘土层，须连接紧固	√	√	√
6	塔筒内电缆及电缆夹安装板	电缆表面有无划伤、磨损；电缆夹安装板处电缆有无磨损现象；法兰处电缆扭曲弧度不小于最小弯曲半径	√	√	√
7	塔筒螺栓防腐	塔筒连接螺栓的防腐层无脱落，完全覆盖螺栓，具有防腐作用	√	√	√
8	塔筒内壁防腐	塔筒内壁及塔筒连接法兰处油漆均完好、无脱落、起泡，完全覆盖起到防腐作用	√	√	√
9	塔筒内所有平台	平台固定平稳牢靠，无变形，无螺栓缺失，平台干净整洁，无油污或危险物品堆放	√	√	√
10	塔筒爬梯及钢丝绳	全部安装螺栓紧固，梯子无松动变形、无油脂，钢丝绳无损伤，固定牢固	√	√	√
11	塔筒法兰防雷接地线	接触面无油污、尘土等杂物，连接螺栓全部紧固无锈迹	√	√	√
12	马鞍桥处电缆及电缆包衣	马鞍桥处电缆无磨损及变形，电缆排列整齐，电缆垂弯部分距平台距离达到厂家要求；电缆包衣完好且无松脱现象	√	√	√

序号	项　目	检修方法及标准	定检周期		
			首检（通常为投产后的 500h）	半年期	全年期
13	灭火器	是否过期，压力是否充足，摆放指定位置	√	√	√
14	助爬器、免爬器或电梯（若有）	引钢丝绳、导轨无损伤，助爬器功能正常	√	√	√
15	母线排（若有）	维护连接器螺栓、支架板螺栓、安装柱螺栓所规定的力矩值			√
16	第一节塔筒与基础环、各塔筒间、主机与最后一节塔筒的连接螺栓力矩检查	按照制造厂维护手册给定力矩进行紧固检查，抽检不低于 20%，若有某一螺母松动或未拧紧，必须拧紧所有的螺母	√		√

二、主控系统检修项目和周期

序号	项　目	检修方法及标准	定检周期		
			首检（通常为投产后的 500h）	半年期	全年期
1	塔基柜人机面板及功能测试	触摸屏灵敏，颜色正常；面板各功能可正常设置，故障文件正常记录最新故障信息	√	√	√
2	控制柜面板控制旋钮测试	外观完好功能正常	√	√	√
3	安全链测试	对机组进行超速、振动、紧急停机、扭缆、PLC 故障的安全链断开功能测试，机组能够正常顺桨	√	√	√
4	柜体卫生	无粉尘杂物，清理散热风扇叶片和加热器表面污垢及滤网灰尘（必要时更换滤网）	√	√	√
5	直流 24V 蓄电池（塔基柜、机舱柜）	断开开关电源控制开关，检查直流 24V 蓄电池输出电压，小于 22.5V 时需要更换电池			√
6	控制柜断电检查	检查柜内电缆是否破损，接线是否松动			√
		检查柜体接地线是否紧固			√
		检查柜内各元器件（继电器、接触器、防雷器等）安装是否紧固可靠，及线耳和连接铜排之间螺栓是否紧固			√
		检查刀熔开关底座及接线是否紧固，清理灭弧罩外部污垢，操作机构是否完好、合闸位置是否准确到位			√
		检查熔断器有无损伤、开裂、变形，瓷绝缘部分是否有闪络放电痕迹，检查 PLC 模块是否安装牢固、连接完好			√
7	通信光纤检查	检查光纤接线是否紧固，检查光纤接口指示灯是否绿色闪烁	√	√	√
8	控制柜体检查	柜体表面是否脱漆、生锈，柜体结构是否完好、无破裂、松动，柜体密封性能是否完好	√	√	√

序号	项 目	检修方法及标准	定 检 周 期		
			首检（通常为投产后的 500h）	半年期	全年期
9	控制柜体安装固定检查	机舱柜支架固定良好，无脱焊、松动，塔基柜安装螺栓固定牢固			

三、变频系统检修项目和周期

序号	项 目	检修方法及标准	定 检 周 期		
			首检（通常为投产后的 500h）	半年期	全年期
1	空气滤网检查	拆下空气滤网，清理灰尘，必要时更换	√	√	√
2	冷却风扇检查	检查运行噪音是否异常，冷却散热效果是否正常，检查散热风扇内是否有异物	√	√	√
3	散热器检查	使用吹风电机组清理散热器内灰尘	√	√	√
4	电抗器维护	使用吸尘器清理电抗器内灰尘，检查接线是否牢固、无灼烧痕迹、无变色、变形	√	√	√
5	滤波电容检查	是否开裂、变形变色，散热可靠。容量测量，符合制造商厂家规定值	√	√	√
6	功率模块检查	24V 供电回路接线牢固、可靠，吸收电容无隆起、开裂等现象，功率模块与直流母排连接牢固无松动	√	√	√
7	变频器侧定转子电缆检查	检查定转子电缆接线是否牢固，力矩值是否达到制造商厂家规定值	√		√
8	UPS 不间断电源检查	检查指示灯是否正常，插头是否有松动	√	√	√
9	主断路器维护	外观是否存在尘土、污垢、碳迹，记录断路器动作次数，检查断路器机械结构是否变形、开裂、磨损并添加润滑油		√	√
10	整体维护	柜体螺栓是否齐全牢固，所有线路连接是否良好，温度湿度控制器工作是否正常			√

四、偏航系统检修项目和周期

序号	项 目	检修方法及标准	定 检 周 期		
			首检（通常为投产后的 500h）	半年期	全年期
1	力矩检查	偏航轴承外圈与机座连接螺栓力矩值：是否达到制造商厂家规定值	√		√
2		偏航制动器与机座连接螺栓力矩值：是否达到制造商厂家规定值	√		√
3		偏航减速机与机座连接螺栓力矩值：是否达到制造商厂家规定值	√		√

序号	项目	检修方法及标准	定检周期		
			首检（通常为投产后的500h）	半年期	全年期
4	偏航制动器维护	检查制动器表面清洁度，防腐涂层，检查制动器和液压站之间的液压管路、各连接接头处是否存在漏油	√		√
5	偏航摩擦片检查	清理摩擦片碳粉，摩擦片磨损不低于制造商厂家规定值。否则立即更换	√	√	√
6	偏航制动盘检查	清理制动盘上的碳粉，检查偏航制动盘表面是否有裂纹、划痕、磨损或变形	√	√	√
7	偏航轴承齿面和减速机小齿轮齿面检查	偏航轴承齿面和减速机小齿轮润滑充分，检查齿面是否有点蚀、腐蚀	√	√	√
8	偏航轴承和减速机小齿轮啮合间隙检查	间隙值是否在是否达到制造商厂家规定范围值内		√	√
9	润滑脂加注	偏航轴承滚道 次加油量，按照制造商厂家规定加注	√	√	√
10	偏航轴承集中润滑（若有）	集中润滑泵工作正常，无漏油等，润滑脂量充足	√	√	√
11	偏航轴承噪音检查	检查偏航轴承运行时是否有异响，并查找异响来源	√	√	√
12	偏航扭缆装置/编码器检查	扭缆装置触发是否正常	√	√	√
13	偏航防雷装置	检查碳刷与偏航制动盘是否贴紧，碳刷剩余长度不低于制造商厂家规定值，压触良好，碳刷或支架未出现松动	√	√	√
14	偏航轴承密封检查	检查偏航轴承外密封圈是否完好，表面有无渗油，有无开裂、缺损及过度磨损的情况出现	√	√	√
15	偏航减速机润滑油检测	润滑油颜色正常，无变质，油位在正常范围内	√	√	√
16	偏航减速机外观检查	检查减速机表面是否有渗油或漏油，密封是否完好			
17	偏航电机接线盒电缆连接及接地线	各电缆连接、接地良好	√	√	√
18	偏航平台检查	清理偏航平台上的油污，杂物			
19	电磁抱闸	间隙在制造商厂家规定范围内			√
		刹车片完整无磨损及碎裂			

续表

五、叶轮检修项目和周期

序号	项 目	检修方法及标准	首检（通常为投产后的 500h）	半年期	全年期
			定 检 周 期		
1	叶片外观、内部检查	用望远镜仔细观察叶片表明有无缺陷；内部检查时叶片漆黑的内部无有光线射入	√	√	√
2	叶片人孔盖板检查	螺栓无松动，无锈斑	√	√	√
3	叶片内部垃圾清理	叶片内外部无垃圾	√	√	√
4	螺栓检查	维护叶片与变桨轴承连接螺栓力矩值是否在制造商厂家规定值内	√		√
5		维护变桨轴承与轮毂连接螺栓力矩值是否在制造商厂家规定值内	√		√
6		维护变桨减速机与电机连接螺栓力矩值是否在制造商厂家规定值内	√		√
7		维护变桨减速机与轮毂连接螺栓力矩值是否在制造商厂家规定值内	√		√
8	变桨轴承内外密封圈检查	表面无渗油，无开裂、缺损及过度磨损的情况	√	√	√
9	叶片防雷接地检查	叶片与轮毂接地电缆的连接情况，连接螺栓固定检查，氧化锈蚀检查，连接点除锈防腐，叶片接闪器，雷击计数器状况，引下线连接情况可靠无损伤	√	√	√
10	接地弹力绳检查	无磨损，连接可靠	√	√	√
11	变桨轴承齿面润滑	清理齿面污物，均匀涂抹制造商厂家规定的油脂型号以及数量；齿面应无点蚀、腐蚀、断齿等现象	√	√	√
12	轴承与减速机小齿轮齿面啮合间隙检查	变桨轴承和小齿轮齿面及啮合间隙值在制造商厂家规定的范围内	√	√	√
13	变桨轴承集中润滑（若有）	集中润滑系统工作正常，储油充足	√	√	√
14	变桨减速机油位、油品质量检查	油位足够，若不够则需添加润滑油，油品质量抽检15%，油品变质需换油			√
15	变桨电池检查及维护	检查电池电压是否不低于制造商厂家规定值，电池组无变形、漏液、腐蚀，且连接牢固	√		√
16	变桨电机	检查电机接线盒内电源线、电机编码器线是否松动，电磁抱闸、风叶动作是否正常	√	√	√
17	限位开关检查	检查限位开关支架无变形、91°、95°限位开关能够正常触发，连接线无脱皮	√	√	√
18	桨叶编码器检查	桨叶编码器支架无变形，编码器齿轮无开裂、损坏，接线无脱落、破皮现象	√	√	√

序号	项 目	检修方法及标准	定 检 周 期		
			首检（通常为投产后的500h）	半年期	全年期
19	叶片锁定装置检查	叶片锁定块固定螺栓无松动	√	√	√
20	轮毂外观检查及卫生清理	轮毂表面无掉漆、破损或裂纹，轮毂内部干净整洁	√	√	√

六、液压系统检修项目和周期

序号	项 目	检修方法及标准	定 检 周 期		
			首检（通常为投产后的500h）	半年期	全年期
1	液压站外观检查	液压站表面无油渍、无灰尘、无杂物；集油槽内无废油、无杂物	√	√	√
2	液压站油位检查	通常不低于标准油位的1/2	√	√	√
3	液压站密封性检查	系统各液压阀、制动器、管路接头处无渗漏	√	√	√
4	滤芯检查	过滤器堵塞指示器是否报警，过滤器是否堵塞，运行后每满一年更换滤芯	√	√	√
5	空气过滤器检查	检测空气过滤器是否堵塞	√	√	√
6	液压油油品质量抽检	抽检15%机组的液压油检测清洁度和水分等是否符合要求			√
7	检测油路输出力值	检测系统回路、偏航回路、高速刹车回路的压力是否在制造商厂家所规定的范围值内	√	√	√

七、传动系统检修项目和周期

7.1 主轴总成

序号	项 目	检修方法及标准	定 检 周 期		
			首检（通常为投产后的500h）	半年期	全年期
1	轮毂与主轴连接螺柱	检查力矩值是否在制造商厂家规定值内	√		√
2	轴承座与机座连接螺栓	检查力矩值是否在制造商厂家规定值内	√		√
3	主轴轴承PT100检查	检查PT100的信号线以及管接头是否松动	√	√	√
4	主轴防腐检查	主轴、轴承座、锁紧盘、外端盖、内挡圈、锁紧螺母表面的防腐层是否有脱落现象，是否有裂纹	√	√	√
5	主轴承密封圈检查	密封圈完整无损坏，轴承无漏油现象	√	√	√
6	主轴锁定装置维护	手柄动作灵活，润滑充分，从加油嘴处加润滑脂10g	√	√	√

序号	项　目	检修方法及标准	定　检　周　期		
			首检（通常为投产后的 500h）	半年期	全年期
7	轴承座下方接油盘清理	接油盘内外清洁无油污	√	√	√
8	主轴轴承滚道润滑	加注制造商厂家所规定的润滑脂型号以及数量	√	√	√
9	主轴轴承集中润滑（若有）	用手电筒检查润滑泵密封，打开加脂口注入干净润滑脂	√	√	√
10	主轴防雷接地碳刷	碳刷刷握弹力充足，力值在制造商厂家所规定范围值内，碳刷剩余量不低于 21mm	√	√	√
11	防雷碳刷与机座连接情况	固定牢靠、无锈蚀	√	√	√
12	主轴内部油污检查	打开轴承端盖，用手见检查主轴油是否变质、硬化、杂质，如果有及时将油抠出，更换新油		√	√

7.2 齿轮箱

序号	项　目	检修方法及标准	定　检　周　期		
			首检（通常为投产后的 500h）	半年期	全年期
1	管路检查	齿轮箱各管路接头处是否有漏油、松动或损坏现象，密封是否良好	√	√	√
2	齿轮箱弹性支撑检查	检查弹性体，查看橡胶弹性体有无裂纹，开裂或压溃现象，目测放松标记，检查安装螺栓是否松动	√	√	√
3	冷却系统检查	若是水冷系统：目测水压表，检查水压是否正常，低于规定值时补充冷却液。风扇正常运行，无堵塞，打开防护网，清理风扇叶污物	√	√	√
4		若是空冷系统：散热器管路无漏油、散热器翅片无堵塞、无污物	√	√	√
5	润滑油位检查	风电机组停止运行等待 30 分钟以上时间，再检查油位，若油位低于最低油位线，则需补加，并仔细检查箱体外表面是否有漏油点，并做好记录	√	√	√
6	润滑油质量检查	抽检 15% 现场机组，检查油品质量，并确定是否换油			√
7	空冷系统风扇检查（空冷齿轮箱）	散热器管路无漏油、散热器翅片无堵塞、无污物	√	√	√
8	风冷风扇波纹管卡箍检查	卡箍固定良好	√	√	√
9	齿轮箱接地检查	齿轮箱接地连接情况，连接点除锈防腐	√	√	√
10	齿轮箱滤芯更换	检查齿轮箱油滤芯是否堵塞，每年更换一次油滤芯	√	√	√
11	电气部件检查	检查压力指示器、油温传感器、加热器电气连接线是否正常	√	√	√

序号	项目	检修方法及标准	定检周期		
			首检（通常为投产后的500h）	半年期	全年期
12	主轴滑环检查	检查金刷与滑道贴合度，金刷是否变形，滑环清理	√	√	√
13		支架无扭曲并固定良好	√	√	√
14		滑环编码器固定良好、信号线无松动	√	√	√
15	齿轮箱噪音检查	齿轮箱噪音是指风力发电机组并网运行时，由齿轮箱内部发出的噪音。检查方法是用听针一头贴紧耳朵，一头贴紧齿轮箱箱体各个部位，看齿轮箱内部是否有异常的声音		√	√
16	油泵电机	油泵或电机有异响和振动		√	√
17	水汽滤芯	无变色	√	√	√

7.3 高速轴制动器

序号	项目	检修方法及标准	定检周期		
			首检（通常为投产后的500h）	半年期	全年期
1	制动器与齿轮箱连接螺栓维护	检查力矩值是否在制造商厂家规定值内	√		√
2	制动器表面清洁	检查制动器表面是否清洁，有无油污或漏油现象	√	√	√
3	制动器摩擦片与刹车盘间隙检查	两侧间隙相等，数值在制造商厂家所规定的范围内	√	√	√
4	管路检查	液压连接管路无漏油	√		√
5	磨损指示器检查	连接和信号正常，无松动	√		√
6	摩擦片磨损量	检查数值在制造商厂家所规定的范围内		√	√

7.4 发电机

序号	项目	检修方法及标准	定检周期		
			首检（通常为投产后的500h）	半年期	全年期
1	发电机对中检查	通常高低水平位置偏差：≤0±0.14	√		√
		通常高低水平角度偏差：≤0.07/100			
2	高速联轴器检查	维护联轴器弹性连杆与两端涨紧套连接螺栓力矩值是否在制造商厂家规定值内	√		√
3		检查是否打滑	√	√	√
4	高速联轴器检查	检查联轴器保护罩固定情况及是否变形	√		√
5	力矩检查	机座与发电机弹性支撑连接螺栓力矩值是否在制造商厂家规定值内	√		√
6		检测发电机与弹性支撑连接螺栓力矩值是否在制造商厂家规定值内	√		√

序号	项　目	检修方法及标准	定检周期		
			首检（通常为投产后的500h）	半年期	全年期
7	发电机滑环室清理	清理碳粉，保持清洁	√	√	√
8	发电机冷却系统清理维护	冷却系统风扇表面和内部清洁无污染	√	√	√
9	发电机防雷箱检查（若有）	检查导线连接情况，熔断器检查，检查箱体固定情况	√	√	√
10	发电机轴承润滑脂加注	加入制造商厂家规定的润滑油脂型号以及数量，并保证集油盒内废油量正常	√	√	√
11	发电机碳刷	主碳刷、接地碳刷长度均应达到制造商厂家所规定的值	√	√	√
12	发电机集中润滑（若有）	润滑泵工作正常，无渗漏，需要时进行油脂加注	√	√	√
13	发电机定子、转子接地连接检查	接地点无锈蚀，连接可靠，螺栓紧固力矩值是否在制造商厂家规定值内	√	√	√
14	发电机转动的声音	检查转动声音无异常，前后轴承运行无异响	√	√	√

八、机舱及罩体检修记录

序号	项　目	检修方法及标准	定检周期		
			首检（通常为投产后的500h）	半年期	全年期
1	机舱平台清理	清理平台油污和杂物	√	√	√
2	机座接地检查	机座接地连接情况，连接点除锈防腐	√	√	√
3	弹性支撑与机座连接检查	检查机舱罩弹性支撑与机座连接螺栓是否松动	√		√
4	线槽电缆检查	电缆是否排布整齐，无磨损、脱皮、老化现象	√	√	√
5	机舱罩体防雷接地线检查	机舱罩防雷接地铜编织带氧化锈蚀检查，连接点除锈防腐	√	√	√
6	机舱吊机检查	检查功能是否正常，紧固螺栓是否松动，链条是否锈蚀，并涂抹防锈油	√		√
7	测风桅杆和测风仪检查	风速风向仪是否固定牢固，线头无松动，气象桅杆固定牢固，无锈蚀，接地良好，线路连接正常，信号传输准确，电缆表皮无损坏	√	√	√
8	灭火器检查	检查灭火器是否在有效期内，压力是否正常，固定是否可靠	√	√	√
9	逃生装置（若有）检查	检查逃生装置是否在有效期内，是否损坏	√	√	√
10	航空灯检查	航空灯是否固定牢靠，安装底座无锈蚀，线路接线是否稳固，信号传输是否准确，电缆绝缘皮有无损坏或磨损	√	√	√

序号	项　目	检修方法及标准	定　检　周　期		
			首检（通常为投产后的 500h）	半年期	全年期
11	机舱照明检查	照明正常，灯管无缺失、插座是否通电、标牌是否缺失	√	√	√
12	机舱罩天窗、地窗	检查天窗、地窗有无损坏	√	√	√
13	机舱罩挡雨环检查	检查挡雨环有无损坏	√	√	√
14	检查罩体底部是否有雨水、油渍	仔细检查清理机舱罩底部的雨水和废油	√	√	√
15	机舱罩体表面检查	是否有损坏、裂纹	√	√	√
16	机舱加热器检查	检查加热器支架紧固螺栓并检查支架是否有变形开裂的情况，是否正常工作		√	√